KB065401

著 者_ 기준조(祁寯藻)

역주자_ **최덕경**(崔德卿) dkhistory@hanmail.net
경남 사천 출생
문학박사이며, 국립 부산대학교 사학과 교수를 거쳐 현재 명예교수로 있다.
주된 연구 방향은 중국농업사, 생태환경사 및 농민생활사이다. 중국사회과학원 역사연구소 객원교수
를 역임했으며, 북경대학 사학과 초빙교수로서 중국 고대사와 중국환경사를 강의한 바 있다. 저서로
는『중국고대농업사연구』(1994),『중국고대 산림보호와 생태환경사 연구』(2009),『동아시아 농업
사상의 똥 생태학』(2016)과『麗·元대의 農政과 農桑輯要』(3인 공저; 2017)가 있다. 역서로는『중
국고대사회성격논의』(2인 공역: 1991),『중국의 역사(진한사)』(2인 공역; 2004),『진한 제국경제사』
(2인 공역: 2019)가 있고, 중국고전에 대한 역주서로는『농상집요 역주』(2012),『보농서 역주』
(2013),『진부농서 역주』(2016),『사시찬요 역주』(2017) 및『제민요술 역주』(2018) 등이 있다.
그 외에 한국과 중국에서 발간한 공동저서가 적지 않으며, 중국농업사, 생태환경사 및 생활문화사 관
련 논문이 100여 편 이상이 있다.

마수농언 역주 馬首農言譯註

1판 1쇄 인쇄 2020년 6월 1일
1판 1쇄 발행 2020년 6월 10일

─
저 자 | 淸 祁寯藻
역주자 | 최덕경
발행인 | 이방원
─
발행처 | 세창출판사
　　　　신고번호 · 제300-1990-63호 | 주소 03735 서울시 서대문구 경기대로 88 냉천빌딩 4층
　　　　전화 02-723-8660 | 팩스 02-720-4579
　　　　이메일 · edit@sechangpub.co.kr | 홈페이지 · http://www.sechangpub.co.kr/

ISBN 978-89-8411-946-8 93520

이 도서의 국립중앙도서관 출판시도서목록(CIP)은 서지정보유통지원시스템 홈페이지(http://seoji. nl.go.kr)와
국가자료공동목록시스템(http://www.nl.go.kr/kolisnet)에서 이용하실 수 있습니다.
(CIP제어번호: CIP2020021900)

마수농언 역주

馬首農言譯註

마수농언 역주

馬首農言譯註

A Translated Annotation of the Agricultural Manual
"Mashounongyan"

淸 祁寯藻 著

최덕경 역주

세창출판사

⋮

　본서는 청대 산서山西 출신인 기준조(祁寯藻: 1793-1866년)가 함풍咸
豐 5년(1855)에 간행한 농서이다. 『마수농언馬首農言』의 '마수'는 산서성
수양현壽陽縣의 옛 이름이며, '농언'은 농업, 농촌 및 농민에 관한 다양
한 기록을 모은 것이다. 기존의 농서가 뚜렷한 경계가 없는 폭넓은
지역의 농업(기술)에 대한 서술이었던 것에 반해, 본서는 수양현의 농
업현실 전반을 주목하고 있다. 특히 격동의 19세기에 출판되어 당시
이 지역 농촌의 실상을 구체적으로 묘사함으로써 전통의 농업과 농
촌의 문화가 어떻게 계승되고 변모되었는지를 잘 보여 주고 있다는
점에서 매우 흥미롭다.

　이 책은 화북의 마수라는 농촌지역을 미시적으로 접근하여 당시
국내의 봉건적인 질서의 변화와 함께 교통과 상공업의 발달로 인한
곡물가의 영향이 궁벽한 농촌지역에까지 어떻게 나타나고 있는지를
잘 제시하고 있다. 그런 점에서 본서는 19세기 화북의 한전旱田 농업
의 유산인 것은 물론, 상공업이 기존의 농업과 농촌문화에 어떤 변화
를 주었으며, 이를 극복하기 위해서 어떤 방식을 취했는지를 이해하
는 좋은 지침서가 된다.

　저자인 기준조는 수양현 평서촌平舒村에서 태어났으며, 그의 집안
은 증조부 이래 고관을 거친 산서지역 명문가였다. 기준조는 여섯 형
제 중 다섯 번째로 태어났으며, 어려서부터 총명하고 배우기를 좋아

하여 15세에 수재秀才를 거처 22세에 진사進士에 합격하면서 관직에 올랐다. 기준조는 어느 관료와는 달리 농업을 통해 축적한 부를 최상으로 여겼으며, 부유한 자제들에게도 농업을 권유하여 곡식의 귀중함을 알게 하고 절약을 체득하게 하였다. 기준조가 이 책을 발간할 무렵에는 농민봉기와 열강이 침입한 내우외환의 시기로서, 향촌은 봉건착취와 소수가 농상의 이익을 독점하였는데, 이를 해결하기 위해 기준조는 농업기술의 보급을 통한 생산력을 도모했다.

본서의 구성은 크게 「마수농언」과 「부록」, 두 부분으로 이루어져 있다. 「마수농언」에는 농사와 관련된 14개 항목이 있으며, 「부록」은 왕녹우(王菉友: 1784-1854년)의 『교감기校勘記』와 각종 서언으로 구성되어 있다. 이 중 본서 내용의 대부분을 차지하는 「마수농언」은 「지세와 기후」를 비롯하여 「파종과 재배」, 「농기구」, 「농언農諺」, 「점험」, 「방언」, 「오곡병」, 「곡물가격과 물가」, 「수리」, 「목축」, 「재난대비」, 「사당제사」, 「베짜기」와 「잡설」 등 14개 항목으로 구성되어 있다. 주된 내용을 보면 농업기술과 농언, 물가와 재난대비와 풍속 등이다. 「부록」에서 주목되는 것은 『교감기』인데, 이것은 함풍 5년에 『마수농언』을 간행할 때 이미 끝부분에 첨부되어 있다.[1] 아마 처음 집필한 도광道光 16년(1836) 이후에 삽입된 듯하다. 『교감기』의 집필자인 왕균(王筠: 호는 菉友)은 산동 안구현安丘縣 출신으로 산서에서 관직을 역임하여 교감과정에 양 지역의 농업을 잘 비교하여 지역적인 특색을 드러내고 있다.[2]

---

1 본서에서는 「왕녹우마수농언교감기(王菉友馬首農言校勘記)」를 기준조(祁寯藻)의 저술과 구분하여 부록에 넣어 편집하였다.
2 양쯔민(楊直民), 「馬首農言提要」[任繼愈 主編, 『中國科學技術典籍通彙』(農學 권4),

『마수농언』을 완역하여 역주한 것은 본서가 세상에서 처음이다. 중국에서조차 아직 완역본은 출간되지 않았다. 본서를 역주하면서 기존의 구성에 적지 않은 변화를 주었다. 내용과 순서에는 변화가 없지만 내용이 길어 주제파악이 힘든 경우 몇 개의 작은 제목을 달아 독자의 이해를 편하게 하였다. 즉 농언의 경우 사시, 파종, 정지와 재배 및 물후 등으로 절을 나누었으며, 「잡설」의 경우 상례, 경제와 풍습, 저술, 내력과 인물 등으로 나누어 설명하였다. 그리고 기존의 각종 서언은 모아 뒤쪽에 배치하였다.

지금까지 『마수농언馬首農言』의 판본은 함풍 5년본과 민국 21년본 두 가지가 전해진다. 본서는 함풍 5년본을 저본으로 하였다. 민국 21년본은 1932년 산서에서 출판한 연인본鉛印本으로 현재 푸단대학 도서관에 소장(典藏號: 680022)되어 있는데, 최정헌崔廷獻과 유휘려劉輝藜 서序가 첨부되어 있다.[3] 양자는 기본적인 구성과 내용은 동일하지만 사용된 단어는 상이한 부분이 적지 않다. 이후 1991년에 까오은꽝[高恩廣]과 후푸화[胡輔華]가 『마수농언주석馬首農言注釋』을 출판할 때, 민국 21년본을 바탕으로 하면서 「부록」에 기준조의 연대기를 추가하여 저자의 활동모습을 두루 살폈다. 다만 원문마저 현대 중국인이 이해하기 쉬운 글자로 개변하면서 함풍 5년본과 민국 21년본과도 다른 모습을 띠고 있다.

본서의 주된 내용은 앞의 구성에서 보듯이 수양현의 농업과 농민의 모습이다. 「파종과 재배[種植]」편을 보면 가상 먼저 곡자(穀子; 조)가

河南敎育出版社, 1994], pp.981-982.

3 본서에서는 유휘려(劉輝藜)의 서(序) 중에서 「就吾人言語聲音上所見之進化」 부분은 생략하고 싣지 않았다.

등장하고, 이어서 흑두, 맥麥, 고량, 소두, 기장, 메밀, 귀리 순이며, 외[瓜], 마늘 등이 재배되고 있다. 중심 재배작물이 조와 콩, 그리고 맥, 기장이었던 것을 보면 이 지역이 전형적인 한전지대였음을 알 수 있다. 다만 수양현의 기후조건이 화북의 다른 지역에 비해 다소 한랭했는데, 이런 모습이 농언 중의 절기를 통해 잘 표현되고 있다. 흥미로운 점은 재배작물을 인문학적으로 자세하게 소개하고, "조는 지난해 콩밭에 파종한다."는 것처럼 콩과작물과의 윤작을 중시하고, 토양에 따른 파종량 등 그동안의 생산경험을 자세하게 언급하고 있다. 나아가 파종 전에 갈이, 써레질 및 호미질의 횟수까지 언급하며, 그 결과 곡물이 충실해진다는 사실을 수치로써 제시하고 있다. 게다가 토양의 종류에 따라 파종량을 달리하고, 김매기를 통해 복토와 모종을 조정하고, 습기의 정도에도 깊은 주의를 기울였으며, 보상保墒법과 발아를 위해 갈이의 심천深淺을 수치와 확인방식을 구체적으로 제시한 것은 이전의 농서에서 볼 수 없는 특징이다.

본서의 내용에서 주목되는 또 다른 부분은 농언農諺이다. 별도의 항목을 만들어 사시四時와 경작활동에 따라 223개의 향촌의 속어俗語인 농언이 자세하게 소개되어 있다. "호미 끝에 물이 있다.", "밀은 일찍 수확하면 낟알이 누런 콩보다 크고, 기장을 일찍 수확하면 짚이 한 무더기이다." 등과 같이 이를 잘 준수하면 수확할 수 있으나 이를 어기면 수확을 잃게 된다고 하여 오랫동안 지역의 경험이 농언을 통해 믿음으로 자리 잡아 왔음을 볼 수 있다. 뿐만 아니라 「오곡병五穀病」의 항목에서는 한전작물의 질병 23가지의 원인을 적기하여 생산량의 증대를 도모했으며, 또 「곡물가격과 물가[糧價物價]」편에서는 1759-1854년까지의 곡물, 농기구 및 일용품의 가격변동의 원인을 살피고, 특히 6-8명의 교활한 자들이 물건을 매점매석하고 가격의 상승을 부추기며, 이익을 독점함으로써 억만 사람이 고통을 받고 인간관계까지 황폐해지고 있음을 직시하였다. 이를 막기 위해 화육化育의 순환을 강조하고, 마을공동체가 함께 「재난대비[備荒]」하는 방법까지 제시하고 있다. 이처럼 농업생산과 외부유입상품의 유통과정에서 발생한 문제점과 그 대책까지 제시한 것은 일반 농서에서는 찾아볼 수 없으며, 이는 당시 사회발전과 농촌경제를 이해하는 중요한 자료이다. 게다가 본서는 농법과 농업기술뿐만 아니라 다양한 신에게 제사하여 화합을 도모했던 「사당제사[祠祀]」와 상례, 장례절차, 효의 변화 및 귀신에 대한 편견에 이르기까지 다양한 민속을 「잡설雜說」 항목에 모아 소개하고 있다. 이처럼 본서에 농업과 농민의 생활과 민속, 농촌의 일상이 종합적으로 담겨 있기 때문에 농언農言이란 제목을 붙인 듯하다.

　『마수농언』에 대해 우리 학계의 연구는 여전히 극히 초보단계에 머물고 있다. 중국문명의 요람이었던 화북지역의 한전농업은 『여씨춘추』, 『제민요술』, 『사시찬요』와 『농상집요』 등에서 잘 묘사되고 있으며, 이들 농업기술은 국가경제의 기초를 이루었다. 점차 경제중심지가 강남의 수전지대로 이전하면서 화북농업은 크게 주목되지 않았다. 이런 상황에서 등장한 19세기 『마수농언』은 그동안 화북의 한전농업기술이 어떻게 변모되고 어떤 방향으로 전개되었는지를 파악하는 데 좋은 지침서가 된다. 사용된 각종 농구와 공구는 『왕정농서』 단계의 기술을 크게 벗어나지 못하고 자연의 점후에 의존하였지만, 궁벽한 지역에까지 외부 영향으로 인한 집사集市가 열리고, 향촌의 변화현상 속에서 기존의 농법이 잘 준수되지 않아 생산력은 떨어지고 목축업의 비중도 크게 약화되었음을 살필 수 있다. 18세기 이후 수양현에도 수로[渠]를 개척하여 관개를 시작하였으며, 회회回回의 배추, 당근 등의 작물이 소개되고, 비단 대신 면화가 자리 잡게 되는 등 기존의 농업생태계가 구조적인 변화를 겪고 있으며, 그로 인해 전통과 풍속이 어떻게 달라지고 있는지를 본서는 잘 보여 주고 있다.

본 역주서의 간행작업은 코로나19가 한국사회에 상륙하여 기승을 부리기 시작하는 2월 말에 원고를 출판사에 보내면서 진행되었다. 어려운 시기에 도움을 받은 분들이 적지 않다. 우선 오랜 친구인 남경농대 후이부핑[惠富平] 교수는 역주를 하면서 이해하지 못하는 농언農諺에 대한 친절한 자문을 아끼지 아니했다. 그리고 교환학생으로 만난 정주대 제자인 장판[張帆]은 원문대조를 위해 꼭 필요했던 민국 21년판 『마수농언』을 어렵게 구해 보내 주었다. 이러한 도움 덕택에 판본 간의 원문의 차이와 기존 주석본이 지닌 문제점도 제시할 수 있었으며, 원고를 제시간에 출판사에 넘길 수 있었다. 특히 두 분은 코로나19로 인해 이동이 차단된 상태에서도 필자를 위해 희생적으로 정보를 제공한 것에 깊이 감사드린다.

역주자는 금년 초를 기점으로 과거와는 다른 새로운 삶을 디자인하고 있다. 회고하건대 한 연구자로 성장하는 데 주변의 도움은 절대적이었다. 나 스스로 결정한 삶을 사는 동안 나에게 지속적인 동력을 준 원천은 25년간 지속했던 마라톤과 자신의 일처럼 도와준 가족이었다. 부산대학교 사학과의 교수님과 조교, 조무와 중국사 연구자들의 가족 같은 도움이 절대적이었음을 새삼 실감한다. 시간에 대한 배려뿐 아니라 자료를 찾고 복사하고, 본서의 전후 뒤틀린 문장을 교정해 주어 필자에게 적지 않은 도움을 주었다. 당연 '농업사연구회'의 역할도 적지 않았다. 그리고 집안의 가족들도 내 연구의 상당한 몫을 차지할 것이다. 지금 사회 초년생이 된 내 자신을 되돌아보면 그동안 가정사에 신경 쓰지 않게 도맡아 주었던 아내 이은영과 집안의 무게중심을 잡아 주신 장모 초당 배구자 님, 뉴욕에서 언제나 응원을 아끼지 않는 멋쟁이 해민이와 진안이, 그리고 이제는 저녁시간을 아빠와 함께 보낼 수 있겠다고 좋아하고 있는 딸 혜원이, 책이 세상에 나올 즈음에는 그도 새 가정을 꾸리게 된다. 친구 같은 성재와 행복한 가정 이루기를 소망한다.

더불어 차세대를 위한 중국고전에 항상 관심을 가져 주시며 흔쾌히 출판을 허락해 주신 세창출판사 사장님과 김명희 이사님께도 감사드립니다. 여러분들이 진정 이 책을 만든 주인공들입니다.

2020년 3월 11일 코로나19에 대한 WHO의 팬데믹(Pandemic) 선언을 지켜보며
미리내언덕 617호에서 최덕경 쓰다

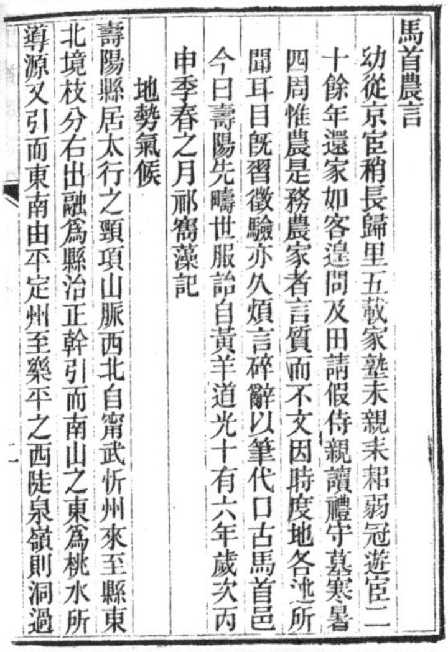

馬首農言
幼從京宦稍長歸里五載家塾未親耒耜弱冠遊宦二
十餘年還家如客邉問及田請假侍親讀禮守墓寒暑
四周惟農是務農家者言質而不文因時度地各泚所
聞耳目既習徵驗亦久煩言碎辭以筆代口古馬首邑
今曰壽陽先疇世服詒自黃羊道光十有六年歲次丙
申季春之月祁寯藻記
地勢氣候
壽陽縣居太行之頸項山脈西北自甯武忻州來至縣東
北境枝分右出融爲縣治正幹引而南山之東爲桃水所
導源又引而東南由平定州至樂平之西陡泉嶺則洞過

【그림 1】咸豐5년刻本

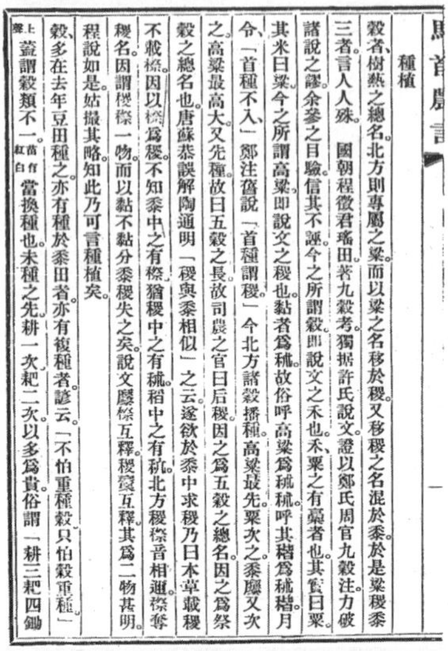

馬首農言
種植
穀者、樹蓺之總名。北方則專屬之粱。而以粱之名移於稷。又移稷之名混於黍。於是粱稷黍
三者。言人人殊。 國朝程徵君瑤田著九穀考。獨据許氏說文。證以鄭氏周官九穀注。力破
諸說之謬。余參之目驗。信其不誣。今之所謂穀。即說文之禾也。禾、粟之有稾者也。其實曰粟。
其米曰粱。今之所謂高粱。即說文之稷也。黏者爲秫。故俗呼高粱爲秫秫。呼其稭爲秫稭。月
令、「首種不入」、鄭注舊說「首種謂稷」。今北方諸穀播種。高粱最先。粟次之。黍糜又次
之。高粱最高大又先種。故曰五穀之長。故司農之官曰后稷。因之爲五穀之總名。因之爲祭
穀之總名也。唐蘇恭誤解陶通明「稷與黍相似」之云。遂欲於黍中求稷。乃日本草載稷
不載穄。因以穄爲稷。不知黍中之有穄。猶稷中之有秫。稻中之有秔。北方稷穄音相邇。穄奪
稷名。因謂稷穄一物。而以黏不黏分黍稷失之矣。說文糜穄互釋。稷齌互釋。其爲二物甚明。
程說如是。姑撮其略。知此乃可言種植矣。
穀、多在去年豆田種之。亦有種於黍田者。亦有複種者。諺云「不怕重種穀。只怕穀重種」。
上聲 蓋謂穀類不一。苗有紅白 當換種也。未種之先。耕一次。耙二次。以多爲貴。俗謂「耕三耙四鋤

【그림 2】民國21년 鉛印本

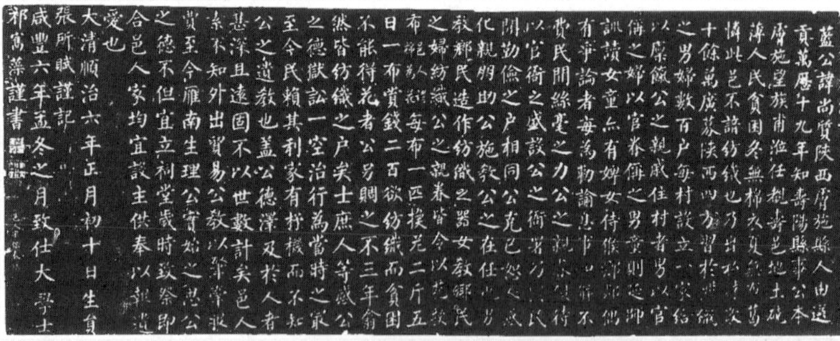

藍公教織記
藍公諱尚質陝西膚施縣人由選
貢萬歷十九年知壽陽縣事公本
膚施望族甫涖任覩壽邑地土磽
瘠人民貧困冬無棉衣夏[illegible][illegible]葛
憐此邑不諳紡織也乃出[illegible][illegible]教
十餘萬廣募陝西四方習於紡織
之男婦數百戶每村設立一家給
以糜餼公之親戚住村者男以官
備之婦以官眷備之男童則送鄉
訓讀女童亦有婦女待候[illegible][illegible]
有爭論者每爲勸諭息事[illegible]辭不
費民間絲毫之力公之親[illegible][illegible]待
以官衙之盛設公之衙署[illegible][illegible]民
開勤儉之戶相同公先已[illegible]之感
化親朋助公施教公之在任[illegible]男
教鄉民造作紡織之器女教鄉民
之婦紡織公之親眷皆令以花紡
布[illegible][illegible][illegible]每布一匹換花二斤五
日一布賣錢二百欲紡織而貧困
不能得花者公另賙之不三年[illegible]
然皆紡織之戶矣士庶人等感公
之德獄訟一空治行爲當時之最
至今民賴其利家有杼機而不知
公之遺教也蓋公德澤及於人者
甚深且遠固不以世數計矣邑人
[illegible]不知外出貿易公教以[illegible][illegible][illegible]
貴至今雁南生理公實始之思公
之德不但宜立祠堂歲時致祭即
合邑人家均宜設主供奉以報遺
愛也
大清順治六年正月初十日生員
張所賦謹記
咸豐六年孟冬之月致仕大學士
祁寯藻謹書

【그림 3】祁寯藻 手書「藍公教織記」拓片

마수농언서馬首農言序

각 지역의 기후가 같지 않기 때문에 재배의 기술 또한 차이가 있으며, 선왕은 작물과 토양의 합당함에 따라서 그 이로움을 안배하였다. 수양현은 태항산맥의 목 부분에 위치하며, 그 읍은 사방이 산으로 둘러싸여 있고, 오직 서북 황령 일대에만 협곡이 있어서 그 때문에 기후가 유달리 춥다. 곡우穀雨에 파종하고, 추분秋分 때 서리가 내리는데, 전해져 내려오는 여러 농언農諺에는 이 지역의 농사짓는 일이 매우 힘들다고 말한다. 순보淳甫[1]의 집은 본 현의 평서촌이었는데, 그곳 백성의 풍속은 순박하고, 집집마다 농업에 힘썼으며, 의돈猗頓[2]과 같은 부자

五方之氣候不齊, 故其樹藝亦各異, 先王所爲物土之宜 而布其利也. 壽陽 踞太行之項, 環山 爲邑, 獨西北通黃 嶺一峽, 故其氣候 特寒. 穀雨播種, 秋 分隕霜, 傳諸農諺 者, 言穡事之尤艱 也. 淳甫相國居邑 之平舒村, 民風淳

---

1 순보(淳甫)는 저자 기준조(祁寯藻)의 호이며, 자는 숙영(叔潁)이다. 이후 청 목종 재순(載淳)의 휘를 피해 실보(實甫)로 고쳤으며, 또한 춘포(春圃)라고도 하였다. 만년에는 식옹(息翁)이라고도 불렀다.

2 '의돈(猗頓)': 전국시대의 대상인으로서, 하동의 염전(鹽田)을 경영하여 부자가 되었다. 또 일찍히 보석을 취급하여서, 보석 감별을 잘하는 것으로 유명하다. 일설에는 노나라 사람이라고 한다. 도주공이 그에게 목축을 가르쳐 의씨 집안(지금의 산서성 임기현)에서 소와 양을 많이 길러, 십년이 지나 거부가 되었기 때문에

는 없었다. 집집마다 산추(山樞)[3]의 검소함이 있었으며 위로는 노인에서 아래로는 아이까지 맑고 비오는 날을 관찰하며, 힘써 경작하고 김매는 것을 삶의 의무로 삼지 않는 자가 없었다. 이것이 『마수농언』이 제작된 까닭이다. 이 책에서는 먼저 파종하고 재배하는 것에 대해서 이야기하고, 그다음으로는 농기구에 대해서 언급하고 이어서 옛 농언과 방언을 채록[4]하고, 점험술[占驗]과 축목에 대한 방법과, 수리와 재앙에 대비하는 대책을 덧붙여 농사의 본말에 대해서 갖추어 말하였다. 다시 전현(前賢)의 훈계와 풍속에 관한 내용을 기록하여서, 세인들에게 힘써 권고하였다. 예를 들어, 지나치게 오래 상복 입는 것[淹喪]을 경계하고, 매점매석

樸, 比戶勤農, 人無
猗頓之資. 家有山
樞之儉, 上自鮐背,
下至垂髫, 莫不以
占晴雨力耕耘爲治
生之務. 此農言一
書所由作也. 其書
先辨種植, 次及農
器, 繼采古諺方言,
附以占驗之術, 畜
牧之方, 水利救荒
之策, 於農事本末,
旣賅備矣. 復錄前
賢訓俗之文, 以敦

의돈(猗頓)이라고 부른다.

3 '산추(山樞)': 『시경(時經)』 「산유추(山有樞)」에 이르길 "산에는 추나무가 있고, 습지에는 느릅나무가 있다. 그대는 의상을 갖추고 있으나 땅에 끌지도 않는구나. 그대는 마차와 말이 있더라도 그것을 타고 달리지 않는구나. 그대로 죽으니 다른 사람이 좋아하는도다."라고 하였다. 해석하면 산에는 시무나무[刺楡]가 있고 지상에는 느릅나무가 있으면 이를 이용하고, 사람이 돈이 있으면 마땅히 써야 하는데, 의복이 있으나 입지 않고 차와 말이 있으면서, 사용하지 않고 죽으면 이 물건은 단지 다른 사람에게 남겨 좋은 일 시키는 것이라는 의미이다.

4 이 글자를 함풍 5년본과 민국 21년본의 원문에는 '채(采)'라고 적고 있는데, 祁寯藻 著(高恩廣, 胡輔華 注釋), 『마수농언주석(馬首農言注釋)』(제2판), 中國農業出版社, 1997(이하 '까오은꽝의 주석본'으로 약칭한다.)에서는 '채(採)'자로 표기하고 있다.

을 금하고, 유희와 방탕[游蕩]하는 것을 징계하고, 타인에게 각박한 것에 대해 너그러움[5]을 요구하고 있다. 또한 농업에 힘쓰는 가운데 약간의 주의사항을 열거하여, 세상 사람들에게 해야 할 방향을 가르쳐 주었다. (이 책은) 풍속과 인심을 바꾸는 데 도움을 주니, 어찌 『제민요술』[6] 등과 같은 류의 서적이라고 볼 수 있겠는가? 무릇 산서[晉]인들은 대부분 비축하는 것에 유의하고, 장사하기를 좋아하여, 오늘날에는 사치에 빠져서 잘못된 길에 들어서는 자가 있다. 수양의 토지는 유독 척박한데, 이것은 하늘이 (그곳) 사람들에게 의를 행하는 조건을 부여하여 그들로 하여금 착오를 범하지 않도록 하기 위함이다. 이 땅에서 자란 사람은 농사짓는 것을 유일한 보배라고 알고 있으며, 공상工商의 헛된 기술[末技]을 금지하고 농업생산을 도모할 것을 중시하여, 재해를 입지 않는다면 사람

規勸. 如戒淹喪, 禁囤積, 懲遊蕩, 儆刻薄. 又於務本之中約擧大端, 與世指迷. 是有裨於風俗人心, 豈可與齊民要術等書同類而觀哉. 夫晉人多居積, 善行賈, 今漸有中於奢靡而入於匪僻者矣. 壽陽之土獨瘠, 此天與以嚮義之資而使之無過也. 生斯土者, 誠知稼穡之惟寶, 抑末技而重本圖, 庶幾灾禍不侵, 人登仁

---

5   이 의미를 함풍 5년본과 민국 21년본의 원문에는 '창(儆)'자로 적고 있는데, '까오은꽝의 주석본'에서는 '오(傲)'자로 표기하고 있다.

6   '제민요술(齊民要術)': 후위(後魏)의 가사협이 찬술한 것으로서 대개 533-544년 사이에 편찬되었는데, 완전히 보존되어 내려온 중국고대 농서 중 가장 오래된 것이다. 책은 전부 92편이며, 10권으로 나뉘어져 있고, 각종농작물, 채소, 과수와 죽목(竹木)의 재배, 가축과 가금(家禽)의 사육, 농산품 가공 등의 기술이 나뉘어 기술되어 있으며, 6세기 이전 황하중하류 지역의 생산자의 농업생산과 경험을 비교적 체계적으로 정리하고 있다.

들이 어질고 장수할 것이다!　　　　　　壽也夫.

　　　장주長洲 팽온장彭蘊章[7]이 적다.　　長洲彭蘊章敬題

7　'팽온장(彭蘊章: 1792-1862년)': 강소 장주[지금의 오현(吳縣)] 사람으로 자는 영아
　　(詠莪)이다. 도광연간에 지사가 되었으며, 후에 공부시랑 등의 직을 역임하였다.
　　1851년 군기대신 기준조 등과 함께, 이금(釐金)정책을 시행하여 통과세를 징수
　　했으며, 관초를 발행했는데 뒤에 고쳐서 다시 철전으로 주조하였고, 기부금을 확
　　대하고 쌀을 조운하며 해운 등의 방법을 실시하여 당시의 재정곤란을 해결하였
　　다. 1856년 문연대학사로 임명되었으나, 함풍(咸豐) 10년(1860)에 파면되었다.

일러두기

1. 본서의 원문은 청(淸) 함풍(咸豐) 5년(1855) 각본에 근거하였다.

2. 본서 원문에 대한 검토는 민국 21년(1932) 판본과 祁寯藻 著(高恩廣, 胡輔華 注釋), 『마수농언주석(馬首農言注釋)』(제2판), 中國農業出版社, 1997(이하 '까오은꽝의 주석본'으로 약칭한다.)을 참고하고 서로 대비하여 기존의 오류를 최소화하였다. 그리고 각주는 [역자주]라는 표기를 별도로 부기하지는 않았다.

3. 본서의 각주는 '까오은꽝의 주석본'에 힘입은 바가 크며, 특히 그의 「주석서문」의 일부와 「부록6」 '기준조의 편년표'는 독자를 위해 전재하여 번역하였다. 번역을 허락해 주신 주석본의 저자 후푸화(胡輔華) 선생님께 감사드린다.

4. 책이나 잡지는 『 』에, 편명이나 논문의 이름은 「 」에 넣어 표기했다.

5. 한자표기는 뜻으로 표기할 경우 [ ] 안에 한자를 넣었으며, 양자의 발음이 동일할 경우 한자를 ( )에 넣어 두었다. 그리고 번역문의 원문을 표기할 때는 번역문 다음에 원문을 [ ] 속에 삽입하여 병기했다.

6. 그림과 사진은 최소한의 이해를 돕기 위해 절의 끝에 배치하였다.

7. 「농언(農諺)」과 「잡설(雜說)」의 예에서 보듯, 번역한 문장이 너무 길어 주제파악이 곤란한 경우 독자를 위해 별도의 제목을 부기하였으며, 왕녹우(王菉友)의 교감기는 「부록」에 넣어 배치하였다.

8. 번역문은 가능한 직역을 위주로 작성하였으며, 부자연스러운 경우 ( )에 넣어 처리하거나 약간의 의역을 덧붙였다. 아울러 반절음의 경우 원문에는 표기해 두었으나 번역문에는 내용의 흐름을 위해 번역하지 않았다.

9. 일본어와 중국어의 표기는 교육부 편수용어에 따라 표기하였음을 밝혀 둔다.

차
례

부록附錄

馬首農言譯註

마수농언
馬首農言

마수농언馬首農言

나는 어려서 관리가 된 부친을 따라 북경으로 왔다가[1] 조금 성장한 이후에 고향으로 돌아왔으며[2] 5년간 사숙하였지만[3] 스스로 농사는 짓지 않았다. 약관의 나이에 관직에 나아가 20여 년을 보냈으며 집에 돌아와서는 손님처럼 지내면서 농사일에 대해서 물어볼 겨를이 없었다. 휴가를 청하여 (병이 든) 모친을 모셨고 모친이 돌아가시자[4] 무덤을 지켰는데, 겨울과 여름을 4번 지나

幼從京宦, 稍長
歸里, 五載家塾,
未親未耜. 弱冠遊
宦, 二十餘年, 還
家如客, 遑問及田.
請假侍親, 讀禮守
墓, 寒暑四周, 惟
農是務.

---

1 기준조(祁寯藻)의 부친은 기운사(祁韻士)로, 자는 해정(諧庭), 호는 학고(鶴皋)이다. 건륭 43년에 진사로서 한림원 편수를 맡았고 후에는 호부낭중으로 승진하였으며, 기준조는 유년기 때 부모를 따라 북경에서 살았다.

2 '까오은꽝의 주석본' 말미에 첨부된 기준조사략편년표(이하 '기준조의 편년표'로 약칭)에 의하면 가경 10년(1805), 기준조의 부친이 보천국(寶泉局) 동안사(銅案事)로 인해서 이리(伊犁: 신장위구르 천상북부) 땅으로 유배되었다. 당시에 기준조는 13세였으며, 어머니를 따라 고향으로 돌아가서 평정현의 장관려(張觀藜) 등의 사람에게서 학문을 배웠다.

3 가경 10년에서 14년, 기준조는 가양에서 사숙하면서 공부하였으며, 가경 12년엔 수재시험에 합격하였다. 가경 14년 부친 기운사는 이리에서 돌아와 섬감 총독 나음석에게 초빙을 받았다. 가경 16년 가을에 난주(蘭州)에 이르러 난산서원에서 강연을 하였으며, 기준조도 이전처럼 부친을 따라서 그곳에 머무르며 수학하였고 이후 가경 18년 9월이 되어서야 가향인 수양으로 돌아갔다.

4 '독례(讀禮)': 부모상[親喪]중에 있다는 말로서, 부모 상중에는 모든 업을 폐하고 『예기』중의 상제에 관한 글만 읽던 것에서 유래되었다.

면서[5] 오직 농업이 가장 중요하다는 것을 인식했다.

농사짓는 사람의 말은 화려하지 않고 질박하며 농시農時에 따르고 지력을 살펴서 각각 그들에게서 들은 바를 기술하였다. 귀로 듣고 눈으로 보며 익힌 경험 또한 적지 않으나 단편적인 말을 문자로 기록하여서 구전을 대신하였다. 옛 마수馬首읍은 오늘날에는 수양이며, (그 지역은) 선대에 대대로 국가의 봉지를 받은 지역으로 황양黃羊[6]때부터 물려받았다.

도광 16년[7] 병신년 3월에 기준조祁寯藻가 기술함.

農家者言, 質而不文, 因時度地, 各述所聞. 耳目既習, 徵驗亦久, 煩言碎辭, 以筆代口. 古馬首邑, 今日壽陽, 先疇世服, 詒自黃羊.

道光十有六年歲次丙申季春之月, 祁寯藻記.

---

5 도광 10년(1830) 7월, 기준조가 어머니의 병환 때문에 휴가를 신청하여 고향으로 돌아와서 도광 11년 9월이 되서 어머니의 병이 호전되자 북경으로 돌아갔다. 도광 14년 정월에 기준조의 모친이 병사하자 고향으로 급히 돌아가서 무덤을 지키며 효를 다하였고, 도광 16년 6월에 이르러서야 비로소 북경으로 돌아갔다. 부모를 모실 때와 무덤을 지킬 때 모두 고향에서 약 4년간 머물렀다.

6 황양(黃羊)은 기해(祁奚)를 지칭하며 기혜(祁傒)라고도 쓴다. 자는 황양이고 춘추시기 진(晉)나라의 대부를 지냈으며 중군위(中軍尉)에 임명됐었다. 기(오늘날 산서성 기현 동남 15리에 위치한 고현촌이다.)에 식읍을 받았다. 노소공(魯昭公) 28년(기원전 514)에 진은 기씨의 영지를 나누어서 7읍으로 하였다. 즉 오(鄔: 지금의 개휴(介休)현 경계 내), 기(祁: 지금의 기현), 평릉(平陵: 지금의 문수(文水)현 경계 내), 경양(梗陽: 지금의 청서(淸徐)현), 도수(塗水: 오늘날의 유차(楡次)시 경계 내), 마수(馬首: 지금의 수양(壽陽)현)와 우(盂: 지금의 양곡(陽曲)현 경계 내)가 그것이다. 수양현은 기씨의 7읍의 땅 중의 하나이다. 기준조는 기씨가 기대부(祁大夫)의 후예라는 것을 알았으며, 기준조의 조상은 원나라 때에 홍동현에서 수양으로 천사되었다.

7 도광 16년은 1836년으로 이때 기준조가 『마수농언』을 집필하고, 간행은 함풍 5년에 행해진 듯하다

제1장
지세와 기후[地勢氣候]

수양현은 태항산맥의 목부분[頸項]에 위치하고 있다. 산맥 서북은 영무甯[8]武, 흔주忻州[9]에서부터 현 동북의 경계에 이르기까지 오른쪽으로 뻗은 지맥들이 현의 치소에서 만난다. 산맥의 주맥은 뻗어서 남쪽으로 향하고, 산의 동쪽은 도수의 발원지가 된다. 또한 산맥이 동남쪽으로 방향을 바꾸어, 평정주[10]에서 낙평현[11] 서부의 두천령陡泉嶺에 이르며, 이는

壽陽縣居太行之頸項. 山脈西北自甯武忻州來, 至縣東北境, 枝分右出, 融爲縣治. 正幹引而南, 山之東爲桃水所導源. 又引而東南, 由平定州至樂平之西

---

8 이 글자를 함풍 5년본과 민국 21년본의 원문에는 '녕(甯)'으로 적고 있으나, 祁寯藻 著(高恩廣, 胡輔華 注釋), 『마수농언주석(馬首農言注釋)』(제2판), 中國農業出版社, 1997. (이하 '까오은꽝의 주석본'으로 약칭한다.)에서는 '녕(寧)'자로 고쳐 적고 있다.

9 지금의 산서성 흔주시(忻州市)이다.

10 지금의 산서성 평정현(平定縣)이다. 금(金) 대정(大定) 2년(1162)에 평정군(平定軍)을 평정주(平定州)로 삼았다.

11 지금의 석양현(昔陽縣)이며, 강서성 악평(樂平)현과 이름이 같기 때문에 1915년 석양현으로 개칭하였다.

곧 동과수洞過水[12]의 발원지이다. 현을 관통하는 하류는 오직 동쪽 변경에서 남북으로 흐르는 근천芹泉[13]만 있으며, 동쪽으로 흘러서 도하에 합류하여 호타강에 귀속된다. 나머지 강은 모두 성의 남쪽에서 모여서 동과수와 합류되어, 서쪽으로 가서 분수에 유입된다. 현지에 근거하였다.

수양현은 모두 산으로 둘러싸여 있으며, 오직 황령 일대는 하나의 협곡으로 되어 있어서 차가운 서북풍을 받기 때문에 기후가 유독 한랭하다. 한문공의 「제수양역題壽陽驛」[14] 시詩에서 말하길 "정세[風光]가 좋지 못하여 장안을 떠나 성 경계에 이르니 유달리 춥도다.[15] 정원의 꽃과 거리의 버드나무는 보이지 않고, 마두馬頭에는 오직 둥근 달만 떠 있

陡泉嶺, 則洞過水導源處也. 全境之水, 惟東界南北芹泉, 東流爲桃水而歸滹沱. 餘皆匯趨城南, 合洞過以西注於汾. 縣志.

環壽皆山, 獨黃嶺一峽, 受西北風, 故氣特寒. 韓文公題壽陽驛詩云, 風光欲動別長安, 及到邊城特地寒. 不見園花兼巷柳, 馬頭惟有月團團. 至今有冷壽陽之諺.

---

12 또한 동와수(洞渦水)로 적기도 하는데, 소하의 상류이다.
13 강의 남쪽은 고거하(庫車河)라고 하며, 북쪽은 태평하(太平河)라고 한다.
14 한문공은 곧 한유(韓愈: 768-824년)이며, 당나라 문학자이다. 당 목종(穆宗) 장경(長慶) 원년(821), 진주[鎭州: 지금의 하북성 정정현(正定縣)]에서 병란이 발발하였다. 한유는 명을 받들어 미리 선무(宣撫)로 가서 태원과 수양 등지를 거쳐 가며 이 시를 지었는데, 이름을 『석차수양역제오랑중시후(夕次壽陽驛題吳郎中詩後)』라고 하였다. 역은 곧 역참으로, 고대 각 지역에서 길을 따라 문서를 전달하고 지방의 관리들이 공무를 수행하다가 휴식하는 곳이다. 수양역은 현 관아 동쪽에 있었는데, 동쪽 인근에는 50리 밖에 척석역이 있고, 서쪽으로 50리 밖에 태안역이 있었다. 오랑중은 태원 부사로서, 생애는 상세히 알려져 있지 않다.
15 어떤 작품에서는 "봄의 중순에도 성의 주변부가 유달리 한랭하다."라고 쓰여 있다.

네."라고 하였다. 지금도 "수양현은 춥다."는 속언이 전해지고 있다. 곡우가 되어야 비로소 파종하며,[16] 추분 이후가 되면 곧 서리가 내려, 다른 지역보다 농사짓기가 2배나 어렵다. 태안, 평서 두 촌락[17]은 더욱 추운데, 그 원인은 땅이 낮고 우묵하며 강가 근처에 있기 때문이다.

穀雨後始布種, 秋分後即隕霜, 農事艱難, 倍於他邑. 太安平舒兩村尤寒, 以地窪近河故也.

---

16 화북지역의 농시와 시령에 대해 한악(韓鄂), 최덕경 역주, 『사시찬요 역주』, 서울: 세창출판사, 2017에 의하면 대체로 음력 2월에서 곡우(3월 27일) 이전에 곡물과 채소의 파종을 끝내고 있다.

17 모두 수양현성의 서북부에 존재한다.

제2장
파종과 재배[種植]

1) 곡물과 파종

(1) 조[穀子][18]

'곡穀'이라는 것은 재배작물의 총칭이다. 북방에서는 그것이 '양粱'에 속하며, 양粱의 명칭은 직稷에서 파생되었고, 또한 직稷의 명칭이 파생되면서 기장[黍]과 서로 혼용하였는데, 이에 양粱, 직稷, 기장[黍]의 세 가지 곡물을 사람마다 다르게 해석하고 있다. 청조의 징군徵君 정요전 程瑤田[19]이 저술한 『구곡고九穀攷[20]』는 허신[許氏]

穀者樹蓺之總名. 北方則屬之粱, 而以粱之名移於稷, 又移稷之名混於黍, 於是粱稷黍三者言人人殊. 國朝程徵君瑤田著

---

18 본 절은 원문과는 달리 「곡물과 파종」 아래 곡물을 11개 항목으로 나누어 별도의 번호를 붙여 구분하였음을 밝혀 둔다.

19 정요전(程瑤田: 1725-1814년)은 청대 경학자이다. 자는 역전(易田), 역주(易疇)이며 호는 양당(讓堂)으로 안휘성 흡현(歙縣) 사람이다. 일찍이 강소 가정(嘉定: 오늘날 상해시에 속한다.)의 교유(教諭)를 역임하였다. 청대 고종[건륭] 황제는 일찍이 정요전을 초빙하였으나, 아직 관직을 받지 않았기 때문에 후대 사람들이 '징군(徵君)'이라고 하였으며 또한 '징사(徵士)'라고 불렀다.

의 『설문』[21]에 근거[22]하고, 또한 정현[鄭氏][23]의 『주관구곡주周官九穀注』를 증거로 삼아 힘써 여러 잘못된 견해를 바로잡았다. 나는 그것을 눈으로 경험하고 관찰하였기에 믿고 의심하지 않았다. 지금의 이른바 '곡穀'은 바로 『설문』의 '화禾'이다. '화禾'는 '조[粟]'에 짚[稿]이 포함된 것이다. 그 열매를 일러 '속粟'이라고 하며, 그 낱알을 일러 '량粱'이라고 한다. 오늘날 이른바 고량은 『설문』에서 말하는 '직稷'이다. 찰기가 있는 것은 '출秫'이라고 하는데, 이 때문에 민간에서는 고량을 일러 '출출秫秫'이라고 하였으며 그 고량의 짚[稭]을 '출개秫稭'라고 하였다. 「월령月令」[24]에서는 "조를 제때 파종하지 못한다.[首種不入.]"라고 하였는데,[25] 이에 대해 정현[鄭]의 주

九穀攷, 獨据許氏說文, 證以鄭氏周官九穀注, 力破諸說之謬. 余參之目驗, 信其不誣. 今之所謂穀, 即說文之禾也. 禾, 粟之有稿者也. 其實曰粟, 其米曰粱. 今之所謂高粱, 即說文之稷也. 黏者爲秫, 故俗呼高粱爲秫秫, 呼其稭爲秫稭. 月令首種不入,

---

20 이 글자를 함풍 5년본의 원문에는 '고(攷)'로 적고 있으나, 민국 21년본과 '까오은꽝의 주석본'에서는 '고(考)'자로 표기하고 있다.

21 『설문』은 『설문해자』의 간칭으로 후한의 허신(許愼)이 저술하였다. 중국에서 처음으로 자형(字形)을 분석하고 글자의 원천을 연구한 책이며, 또한 세계 최고(最古)의 사전 중의 하나로, 통용되고 있는 것에는 송대 초의 서현(徐鉉)의 교정본이 있다.

22 이 단어를 함풍 5년본과 민국 21년본의 원문에는 '거(据)'라고 적고 있으나, '까오은꽝의 주석본'에서는 '거(據)'자로 적고 있다.

23 정(鄭)씨는 정현(鄭玄: 127-200년)을 가리키며, 후한대 경학가로 고금의 경학에 정통했으며, 자는 강성(康成)이며 북해 고밀(高密: 오늘날 산동에 속함) 사람이다.

24 「월령(月令)」은 즉 『예기(禮記)』 중의 「월령(月令)」편을 가리킨다.

25 조를 제때에 파종하지 못한다는 의미이다. '수종'은 1년 중 가장 처음에 심는 작물을 뜻하는데, 춘추전국시기의 수종은 조를 가리킨다. 『예기』 「월령」에 이르기

석에는 "옛날에는 가장 먼저 파종한 것을 직稷이라고 하였다."라고 하였다. 지금 북방의 여러 화곡禾穀의 파종은 고량高粱이 가장 빠르고, 조[粟]가 다음이고, 기장[黍𪎭[26]]이 또 그 다음이다. 고량이 가장 키가 크며, 가장 먼저 파종하기 때문에 오곡의 으뜸이라고 일컬으며, 때문에 농사를 관장하는 신[官]을 후직后稷이라고 부른다. 이로 인해 오곡의 총칭이 되었으며, 그에 따라서 제사곡물의 총칭이 되었다. 당대의 소공蘇恭[27]은 도통명陶通明[28]이 "직稷은 서黍와 닮았다."라고 한 말을 오해하여, 마침내 기장[黍] 중에서 직稷을 찾고자 했으며, 이내 말하기를 "『본초집주本草集注』에서는 직稷은 있고 제穄는 기재하지 않았다.[29]"라고 하였으며, 그로 인하여 제穄를

鄭註舊說首種謂
稷. 今北方諸穀播
種, 高粱最先, 粟
次之, 黍𪎭又次之.
高粱最高大, 又先
種, 故曰五穀之長,
故司農之官曰后
稷. 因之爲五穀之
總名, 因之爲祭穀
之總名也. 唐蘇恭
誤解陶通明稷與
黍相似之云, 遂欲
於黍中求稷, 乃曰,
本草有稷不載穄,

를 "(음력 4월에) 겨울의 시령이 나타나면 비가 세차서 그르치고, 눈과 서리가 크게 이르니 조를 제때 파종할 수 없다.[行冬令則水潦爲敗, 雪霜大摯, 首種不入.]"라고 하였다.

26 이 글자를 함풍 5년본과 민국 21년본의 원문에는 '마(𪎭)'라고 적고 있으나, '까오은꽝의 주석본' 2장의 「파종과 재배[種植]」에서는 '미(糜)'자로 표기하고 있다.

27 소공(蘇恭), 또 소경(蘇敬)이라고도 부르며, 『당본초(唐本草)』의 주요 편찬자 중의 한 명이다.

28 도통명(陶通明)은 즉 도홍경(陶弘景: 456-536년), 남조(南朝), 제(齊) 양(梁)시기의 도교사상가, 의학가로서 자는 통명이고, 스스로 화양은거(華陽隱居)라고 불렀으며, 단양(丹陽) 말릉(林陵: 지금의 남경)사람이다.

29 원문에서 "직(稷)은 서(黍)와 닮았다.", "『본초(本草)』에 직(稷)은 있고 제(穄)는 기재하지 않았다."라고 하였는데, 이는 일본 가나판인(珂瓓版印)으로 인화사에서 소장하고 있는 천평 3년(731)의 초본(抄本) 『신수본초(新修本草)』[이는 곧

곧 직稷이라고 하였다. (그는) 기장[黍] 중에 제穄가 있다는 것을 알지 못하였는데, 이는 곧 직稷 중에 출秫이 있고, 벼 중에는 갱도[30]稻가 있음과 같다. 북방에서는 '직稷'과 '제穄'의 발음이 유사하여서, 제穄가 직의 이름을 대체하였고, 그로 인해 직과 제를 하나로 여겼으나, 점성의 정도로 기장과 직稷을 구별하는 것이 우선되어야 한다. 『설문說文』에서 메기장[䵖[31]]과 제穄를 관계있는 것으로 해석하고, 직稷과 제齎[32]를 서로 관련있는 것으로 해석하고 있는데, 이들은 두 개의 곡물인 것이 명백하다. 정요전의 설명은 이와 같아서 잠시 그 대략[33]적인 내용을 취하였

因以穄爲稷. 不知
黍中之有穄, 猶稷
中之有秫, 稻中之
有秔. 北方稷穄音
相邇, 穄奪稷名,
因謂稷穄一物, 而
以黏不黏分黍稷
失之矣. 說文䵖穄
互釋, 稷齎互釋,
其爲二物甚明. 程
說如是, 姑撮其畧.
知此乃可言種植

『당본초(唐本草)』 잔권(殘卷: 훼손되어 완전하지 않은 책)에 근거할 때, 19권에 기재된 도홍경(陶弘景)의 『본초경집주(本草經集注)』 중의 『명의별록(名醫別錄)』에서는 "직미(稷米)의 맛은 달고 독이 없고, 주로 기의 부족한 것을 보익한다."라는 아래에서 주석하기를, "직미는 알지 못한다. 책에는 대부분 서직(黍稷)이라고 하였으며, 직은 아마 기장[黍]과 닮았을 것이다."라고 하였다. 또한 직미(稷米) 조항 아래에는 "본초(本草)에는 직(稷)은 있고 제(穄)는 기재되어 있지 않다. 직이 곧 제이다."라고 하였는데, '까오은꽝의 주석본'에서는 이에 의거하여 바로잡았다. 소공(蘇恭)은 제(穄)는 기장[黍]이고 직(稷)은 제이기 때문에 직(稷)은 곧 기장[黍]이라고 인식하였다.

30 '갱(秔)'을 '까오은꽝의 주석본'에서는 함풍 5년본과 민국 21년본의 원문과는 다르게 '갱(粳)'자로 고쳐 쓰고 있다.

31 이 글자를 함풍 5년본과 민국 21년본의 원문에는 '마(䵖)'로 적고 있으나, '까오은꽝의 주석본'에서는 '미(穈)'자로 고쳐 적고 있다.

32 '제(齎)': '자(粢)'로도 쓰이고, 『설문(說文)』 화부(禾部)에서는 '직(稷)'으로 쓰고 있다.

다. 이러한 것을 알아야만 이내 파종과 재배[種植]에 대해서 얘기할 수 있다.

조[穀]는 대부분 지난해의 콩밭에 파종하며, 또한 기장을 재배한 밭에서 파종하기도 하며, 또 조를 파종한 밭[穀田]에 또다시[34] 조를 파종[35]하는 것도 있다. 농언에서 이르길 "조를 다시 파종하는 것을 두려워하는 것이 아니라 단지[36] 조를 연이어 거듭 파종하는 것을 두려워한다."[37]라고 하였다. 대개 조의 종류는 한 가지가 아니며 곡류의 싹은 홍묘와 백묘가 있으니 마땅히 바꾸어 파종해야 한다. 아직 파종하기에 앞서 한 번 밭을 갈고, 두 번 써레질하는데 많이 할수록 좋다. 풍속에서 이르길 "세 번 밭을 갈고 네 번 써레질하고 다섯 번[38] 호미질하면, 알곡이 8할이

穀多在去年豆田種之. 亦有種於黍田者, 亦有複種者. 諺云, 不怕重種穀, 只怕穀重種. 上聲. 蓋謂穀類不一, 苗有紅白, 當換種也. 未種之先, 耕一次, 耙二次, 以多爲貴. 俗謂耕三耙四鋤五徧, 八米二糠再没變. 原,

矣.

---

33 이 글자의 의미를 함풍 5년본의 원문에는 '약(畧)'으로 적었으나, 민국 21년본과 '까오은꽝의 주석본'에서는 '약(略)'자로 표기하고 있다.

34 이 글자의 의미를 함풍 5년본과 민국 21년본의 원문에는 '복(複)'으로 쓰고 있으나, '까오은꽝의 주석본'에서는 '부(復)'자로 고쳐 적고 있다.

35 '복종(複種)': 이것은 그루터기를 거듭하여 파종하는 것을 가리키며, 후작물을 다시 파종하는 것을 가리키는 것이 아니다.

36 이 단어를 함풍 5년본과 민국 21년본의 원문에서는 '지(只)'로 적고 있으나, '까오은꽝의 주석본'에서는 '지(祇)'자로 고쳐 적고 있다.

37 '중종곡(重種穀)'은 한 번 파종하여 싹이 나오지 않으면 두 번째로 거듭 파종하는 것을 가리킨다. '곡중종(穀重種)'은 지난해의 곡전(穀田)에 금년에 또 곡(穀)을 파종하는 것이다.

38 이 글자의 의미를 함풍 5년본과 민국 21년본의 원문에는 '편(徧)'으로 쓰여 있으나, '까오은꽝의 주석본'에서는 '편(遍)'자로 적고 있다.

고 겨가 2할이 되는 충실한 곡물[八米二糠]이 되어 다시는 변하지 않는다."라고 하였다. 평원에서는 곡우穀雨 후 입하立夏 전에 파종한다. 습지에서는 입하에서부터 소만에 이르기 까지 모두 파종할 수 있다. 평원에서는 2치[寸] 깊이로 갈아서 한 무39당 종자 반 되[升]를 사용한다. 습지에서는 한 치[寸] 깊이로 갈며, 각 무당 종자는 반 되하고도 2-3홉[合]을 더해서[7-8홉合] 파종한다. 농부들은 대체적으로 종자 반 되(升) 정도 파종한다. 파종을 끝내면, 돈거砘車40로써 눌러 준다. 토지가 습하면, 마르기를 기다린 연후에 (돈거로써) 눌러 준다. 바람이 들어가서 종자를 상하게 할까 두렵기 때문이다. 6, 7일이 지나면 다시 (돈거로써) 눌러 준다. 싹이 흙을 뚫고 나올 때, 벌레가 싹을 상하게 하기 때문에 백묘와 청묘靑41苗라고 지칭하는 것이 있다. 잎이 청색이면 여전히 생장이 가능하고, 잎이 백색이면 빨리 종자를 바꾸어 파종해야 하며 늦어서는 안 된다. 싹의 길이가 한 치[寸]

穀雨後立夏前種之. 隰, 自立夏至小滿皆可種. 原, 深二寸, 畮用子半升. 隰, 寸餘, 子半升二三合. 農人下子多以半升計. 種畢, 以砘碾之. 地濕, 則俟乾, 然後碾之. 恐有風鑽入壞子. 至六七日, 復碾之. 苗出土時, 蟲之傷苗者, 有截白截青之名. 截青尚可俟其發生, 截白則宜改種, 勿遲. 苗高寸餘, 原, 先鋤. 所謂早鋤一寸, 強如

---

39 이 글자를 함풍 5년본과 민국 21년본의 원문에서는 '무(畂)'로 적고 있는데, '까오은꽝의 주석본'에서는 모두 '무(畝)'자로 쓰고 있다.

40 '돈거(砘車)':『왕정농서(王禎農書)』「농기도보(農器圖譜)」에 의하면, 나무바퀴를 달아 축력을 이용하여 땅을 누르는 공구의 일종이다.

41 '청묘' 중 '청'을 함풍 5년본과 민국 21년본의 원문에는 모두 '청(青)'으로 적고 있으나, '까오은꽝의 주석본'에서는 모두 '청(靑)'자로 쓰고 있다. 이후 동일한 문제에 대해서는 별도의 주기를 하지 않았음을 밝혀 둔다.

정도로 자라면, 평원에서는 먼저 김을 맨다. 이른바 "일찍 한 치 정도로 호미질하여 김매는 것은 넉넉하게 거름을 주는 것과 같다."라는 것이 이것이다. 습지에서는 마땅히 모를 솎아 내야 하며, 모를 뽑아서 듬성듬성하게 해 준다. 호미질하는 것은 합당하지 않다. 호미질 한 이후에는 모가 이미 정해지며, 습기[42]가 지나치게 뿌리에 미쳐 손상되어 모종이 군데군데 비는 현상을 막아야 한다. 모가 한 자 정도 자라면 김을 맨다. 복날이 되면 다시 김을 매어서 흙을 뿌리에 북돋아 주어서 뿌리가 깊고 굳건하게 북돋아 주어야 한다. 곡穀을 심은 밭에는 강아지풀이 가장 많으며, 황로모黃虜苗, 회배모灰背苗, 노우초老牛草와 같은 유는[43] 모두 김을 매서 깨끗이 없애야 한다. 입추에서 백로에 이르기까지, 3번 호미질하여 풀을 제거한다. 추분秋分을 전후한 시기의 사일[社時][44]이 되면, 손으로 작은 이삭을 비벼서,

上糞是也. 隰, 宜間去聲, 拔苗令稀. 不宜鋤. 鋤則苗已留成, 防其因淫而壞也. 尺餘則可鋤矣. 臨伏再鋤, 以土壅根, 令其深固. 穀莠最多, 如黃虜灰背老牛草之類, 皆宜鋤淨. 立秋至白露, 三鋤以去草. 至秋分社時, 以手撥其瓣, 視有綠穀否, 無, 則熟可穫矣. 穫後去其根, 犁之, 令地歇息.

---

42 이 의미를 함풍 5년본과 민국 21년본의 원문에서는 '습(淫)'으로 적고 있으나, '까오은꽝의 주석본'에서는 '습(濕)'자로 적고 있다. '습지'의 의미로 사용될 때는 각 각본에서는 모두 '습(隰)'자로 쓰고 있다.

43 '황로(黃虜)'는 고심묘(枯心苗)를 가리키며, 이는 속회명(粟灰螟) 등이 손상을 입혀 야기된다. '회배(灰背)'는 모의 생장기에 나타나는 조의 백발병(白髮病)으로서, 어린 싹이 3-4잎[片葉]이 났을 때, 병든 잎에 황백색의 곰팡이가 나타난다. '노우초(老牛草)'는 모유자(毛莠子) 등을 가리킨다. 모든 이 같은 류의 병든 모[病苗]와 잡초는 모두 싹의 생장기에 제거해야 한다.

푸른 낟알이 있는지 없는지를 보고 없으면 익은 것이니 수확할 수 있다. 그런 연후에 뿌리를 제거하고, 쟁기질해서 땅을 휴한한다.

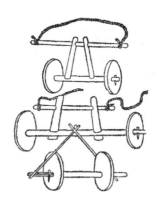

【그림 1】돈거(砘車)
『王禎農書』「農器圖譜」참조

(2) 검은콩[黑豆]

검은콩[黑豆][45]은 대부분 지난해 조를 파종한 밭이나 혹은 기장을 심은 밭에 파종하는데, 절대로 같은 작물을 거듭[46] 파종해서는 안 된다.

黑豆多在去年
穀田或黍田種之,
萬勿複種. 諺云,

---

44 입추 이후의 다섯 번째 무일(戊日)을 '사일(社日)'이라 한다.

45 산서 일부지방에서는 대두를 흑두라고 부른다.

46 이 의미를 함풍 5년본의 원문에서는 '복(複)'으로 적었으나, 민국 21년본과 '까오은꽝의 주석본'에서는 '부(復)'자로 적고 있다. 다음 문장에 등장하는 '거듭' 역시 마찬가지이다.

농언에서 이르길 "검은콩[黑豆]을 거듭 파종한 후에 거름 없이 조를 파종하면, 거름 없이 종자를 심는 것을 '자종(子種)'이라 일컫는다. 일 년에 한 개[47]도 먹지[48] 못한다."라는 것이 이것이다. 또 이르기를 "농민[莊家][49]이 검은콩[黑豆]을 심으면, 십 년에 아홉 번 수확이 좋다."라고 하였다. 대개 토양은 검은콩[黑豆]에 적합하므로 많이 파종하면 좋다. 곡우 후에 먼저 파종하며, 평원에서는 종자 3되[升] 반[50]을 파종하고, 쟁기로 세 치[寸] 깊이로 간다. 습지에서의 파종양도 또한 그와 같으며, 두 치[寸] 깊이로 간다. 깊게 갈면 비록 가뭄을 견딜지라도, 발아하는 것이 적다.[51] 얕게 갈면 비록 싹은 쉽게 발아할지라도 이후에 가뭄을 견디는 힘이 약하다. 평원에서는 조밀하게 파

重複黑豆子種穀,
無糞下子謂之子種.
一年一箇没甚喫
是也. 又云, 莊家
種黑, 十年九得.
蓋土宜黑豆, 宜多
種也. 穀雨後先種,
原, 子三半升, 犁
深三寸. 隰, 子亦
如之, 深則二寸.
深雖耐旱, 少不發
苗. 淺雖發苗, 後
不耐旱. 原宜稠,
三四寸一苗. 隰宜

---

47 이 단어를 함풍 5년본의 원본에는 '개(箇)'로 적고 있으나, 민국 21년본과 '까오은꽝의 주석본'에서는 '개(個)'자로 고쳐 적고 있다.

48 '먹는다'라는 의미를 함풍 5년본에서는 '끽(喫)'으로 적고 있으나 민국 21년본과 '까오은꽝의 주석본'에서는 이와는 달리 '흘(吃)'자로 적고 있다. 하지만 4장 「농언(農諺)」에서는 '까오은꽝의 주석본'과 달리 함풍 5년과 민국 21년본의 원문에는 모두 '끽(喫)'으로 적고 있다.

49 장가(莊家)는 원래 지주 장원 중의 전농이나 고용농을 가리키며, 이후에 농민의 또 다른 이름으로 변하였다.

50 이 말을 함풍 5년본과 민국 21년본의 원문에는 '반승(半升)'이라고 적고 있으나, '까오은꽝의 주석본'에서는 '승반(升半)'으로 고쳐 적고 있다.

51 원문에서는 "소불발묘(少不發苗)"라고 되어 있는데 이는 전후의 문맥상 합리적이지 못하므로 '불(不)'자가 없는 것이 좋을 듯하다.

종해야 하며, 모의 간격은 3-4치[寸]가 좋다. 습지에서는 듬성듬성한 것이 좋으나, 이 또한 한 자[尺]를 넘어서는 안 된다. 모가 어릴 때에는 얕게 호미질해 주고 모가 크게 자라면 깊게 호미질해 준다. 두 번째[52] 호미질을 할 때 흙으로 뿌리를 북돋아 준다. 가을 콩, 여름 콩은 물론 검은 콩과 흰 콩 등도 모두 그러하다. 수확한 이후에는 즉시 갈이 하여 이듬해에 곡[穀]과 고량을 파종할 것을 대비한다. (검은콩[黑豆]은) 메밀을 심은 땅에는 파종할 수 없다. 농언에 이르길 "메밀이 콩을 보는 것이 마치 사위가 장인[舅]을 보는 것 같이 (서로 친숙하지 않다고) 한다."라고 하였다.

稀, 亦不過一尺. 苗低, 淺鋤之. 苗高, 深鋤之. 二徧亦以土壅根. 秋夏黑白等豆皆然. 穫後旋耕, 以備來年種穀與高粱. 不可於蕎麥地種. 諺云. 蕎麥見豆, 外甥見舅.

(3) 맥

맥류는 종류가 한 가지가 아니다. 봄밀[春麥]은 지난해에 검은콩과 소두를 심었던 밭에 춘분 때 파종한다. 파종하는 방법에는 두 가지가 있다. (우선) 쟁기로 갈아서 파종하는 것이 있는데, 평원에는 (무당) 종자 6되[升] 반을 파종하며, 습지에는 (무당) 7.5-8.5되[升]를 파종한다. 땅이 습하고 비옥한 곳에는 최대한 5되[一京斗]를 파

麥種不一. 春麥於去年黑豆小豆田, 春分時種之. 種法有二, 以犁耕而種者, 原, 子六半升, 隰, 七八半升, 地溼而肥, 一

---

52 이 의미를 함풍 5년본과 민국 21년본의 원문에는 '편(徧)'으로 적고 있는데, '까오은꽝의 주석본'에서는 '편(遍)'자로 적고 있다.

종한다. 민간에서는 5되를 일소두(一小斗)라 하며 또한 경두(京斗)라고도 한다. 얕게 갈아야 하며, 깊게 갈이 해서는 안 된다. 민간에서 이르기를 "맥의 종자는 깊게 쟁기[53]질하여 파종하면 한 덩어리로 얽혀서 뿌리를 이룬다."라고 하였다. 파종할 땅은 단단한 토양을 좋아하며 푸석푸석한 것은 좋아하지 않는다. 민간에서 또한 이르기를 "맥은 마당에 파종한다."라고 하는 것이 이것이다. 갈이를 마치면 이어서 두 차례 써레질을 해 주는데, 써레질은 많을수록 좋다. (두 번째로는) 괭이[54]로 땅에 골을 타서 파종하는 방식으로, 무당 종자 파종량은 대략 쟁기로 갈이한 것보다 많으며, 괭이질을 끝내면 발로 흙을 덮어서 밟아 준다. 쟁기로 갈 때는 약간 깊이 갈면 작물의 성숙은 다소 늦어지고, 괭이로 약간 얕게 일구면 작물의 성숙은 비교적 빨라진다. 쟁기로 갈아서 싹이 땅을 뚫고 나올 때 다시 써레질[55]한다. 땅이

京斗. 俗以五升爲一小斗, 亦曰京斗. 至多矣. 宜淺不宜深. 俗云, 麥子犁深, 一團齊根. 地喜堅實, 不喜懸虛. 俗又云麥種場是也. 耕畢, 耙二次, 耙不厭多. 以钁勾開地界而種者, 每畞下子略多於耕, 勾畢以足覆土踏之. 耕微深, 熟較遲, 勾微淺, 熟較早. 耕者於出土時復耙之. 地既著實, 亦無串黃之慮. 雨

---

53 이 의미를 함풍 5년본과 민국 21년본 원문에는 '리(犁)'로 적고 있으나, '까오은꽝의 주석본'에서는 '리(犂)'자로 적고 있으며, 왕녹우『마수농언』교감기[王菉友按勘馬首農言記]에서도 '리(犁)'자를 쓰고 있다.

54 '괭이'의 의미인 '곽(钁)'을 '까오은꽝의 주석본'에서는 함풍 5년본과 민국 21년본과는 다르게 '궐(鐝)'자로 고쳐 적고 있다.

55 원문에서는 "복파지(復耙之)"라고 하여 써레질하는 것으로 보고 있는데, 싹이 나올 때 써레질을 하게 되면 뿌리 채 뽑히기 쉽고, 또 뒤에 나오는 문장에서 땅이 다져진 것을 보면 주로 진압과 평탄 작업을 했거나 수노동으로 긁어 주는 정도의

이미 다져져서 또한 '관황串黃'이 발생할 염려는 없어진다. 비가 온 이후에는 맥의 싹이 3-4치[寸]로 급히 자라지만 힘이 없어 땅을 뚫고 나오지 못하는 것을 일러 '관황'이라 일컫는다. 괭이질한 것 역시 어린 싹이 땅을 뚫고 나올 때 다시 밟아 주어야 한다. 보리[草麥]⁵⁶는 봄밀[春麥] 파종과 시기를 같이하며 무당 종자 10되[升]를 사용한다. 보리의 일종인 괴맥拐麥⁵⁷은 무당 종자 6되[升]를 사용한다. 보리[草麥]와 괴맥은 하지에 수확한다. 민간에서는 "절기에 부합하든 부합하지 않든 하지가 되면 보리를 먹을 수 있다."라고 하였다. 봄밀은 복날이 되면 이내 수확한다. 민간에서 이르길 "맥은 복날에는 집의 기운을 받지 않는다."라는 것은 복날 전에 익는다는 것을 말한다. 또 이르기를 "맥을 상겸傷鎌하여 일률적으로 편다."라고 하였는데, 이때 '상겸傷鎌'은 일찍⁵⁸ 베는 것이다. 동맥[宿麥]⁵⁹은 추분 전후에 파종하고 봄밀과 방식은 같으나 다만 봄밀을 파종하는 것보다 약

後麥芽無力, 不能出土, 黃芽長至三四寸, 謂之串黃. 勾者亦於出土時復踏之. 草麥與種春麥同時, 畝用子十升. 拐麥畝用子六升. 草麥拐麥穫在夏至. 俗謂得節不得節, 夏至喫大麥. 春麥至伏乃刈之. 俗云, 麥子不受伏家氣, 謂熟在伏前也. 又云, 麥子傷鎌一張皮, 傷鎌謂刈大蚤也. 宿麥於秋分前後種之, 與春麥同法, 但耕微深耳.

작업이 아니었을까 생각된다.

56 '초맥(草麥)'은 즉 '대맥(大麥)'이다.

57 '까오은꽝의 주석본'에 의하면 '괴맥(拐麥)'은 보리[大麥]의 일종으로 줄기가 짧고 분얼이 적다. 수양(壽陽)에서 재배한다.

58 이 의미를 함풍 5년본과 민국 21년본의 원문에는 '조(蚤)'로 적고 있으나, '까오은꽝의 주석본'에서는 '조(早)'자로 바꾸어 적고 있다.

59 '숙맥(宿麥)'은 즉 '동소맥(冬小麥)'이다.

간 깊게 갈이한다.

(4) 고량

고량은 대부분 지난해에 콩 심은 밭에 파종한다. 그 파종할 밭은 가을갈이한 것이 좋으며, 봄갈이한 것은 그 다음이다. 쟁기는 두 치[寸] 깊이로 갈며 한 차례 써레질한다. 곡우 후에 심으며, 깊이는 한 치 정도 갈이한다. 파종량은 무 당 반 되[升]에서 한 되에 이르기까지가 적당하며 절대로 깊이 갈면 안 되고, 깊이 갈면 종자가 가루가 된다.[60] 파종을 마치면 돈거砘車로 눌러준다. 싹이 3-4치 높이로 자라면 호미로 김을 매어, 모는 드문드문 남겨 두는데, 그루의 간격은 2자[尺] 정도로 떨어진 것도 먼 것은 아니며, 가장 조밀해도 1자 5치 내외이다. 재차 호미질할 때는 흙으로 뿌리를 북돋아 준다. 비옥한 토양은 그 분얼모[支苗][61]를 남겨 두지만 척박한 토양에서는 그것을 제거한다. 호미질을 많이 해도 꺼리지 않는데, 많이 할수록 풀이 제거

高粱多在去年豆田種之. 其田秋耕者爲上, 春耕者次之. 犁深二寸, 耙一次. 穀雨後種之, 深寸餘, 子半升至一升皆可, 切忌過深, 深則子粉矣. 種畢砘之. 苗高三四寸則鋤, 立苗欲疏, 二尺餘亦不爲遠, 尺五至稠. 再鋤時, 以土壅根. 肥地可留其支苗, 薄地則去之. 鋤不厭多, 多則去草,

---

60 '고량(高粱)'의 종자를 지나치게 깊게 파종하면, 토양의 온도가 낮아 종자가 물을 흡수하고 팽창한 후에 빠르게 싹이 터서 땅을 뚫고 나올 수가 없기 때문에 손으로 잡아서 비틀기만 해도 즉시 가루가 된다.

61 '지묘(支苗)': 고량의 분얼된 싹을 가리킨다.

되고 성숙이 촉진된다. 열매가 자홍색이 되는 것은 고량이 익었다는 증거이다.

且易熟. 熟以色之紅紫爲驗.

(5) 소두

소두의 파종방법은 검은콩과 동일하나, 다른 것은 검은콩을 먼저 평원에 파종하고 후에 습지에 파종하는데, 소두는 먼저 습지에 파종하고 후에 평원에 파종한다. 쟁기질은 검은콩보다 깊게 해야 하며, 이른바 "소두를 얕게 쟁기질하면 점파하지 않은 것만 못하다."라고 하였다. 싹이 어릴 때 손으로 솎아낸다. 평원에서는 모와 모 사이의 거리는 다섯 치[寸] 정도가 좋으며, 습지에는 한 자[尺]라도 좋다. 입추가 되면 호미질한다. 호미질은 비가 올 때 하는 것이 좋은데, 풍속에는 "건조할 때 곡穀의 모를 호미질하고, 습기가 있을 때 콩[豆]을 호미질한다. 가는 비가 내리면 소두를 호미질한다."라는 말이 있다. 대大·소小 완두豌豆와 편두扁豆에 이르기까지 봄밀[春麥]의 파종과 시기를 같이하며, 모두 여름작물에 속한다. 홍두는 파종 시기가 늦고 빠른 것에 구애되지 않으며, 호미질은 오일午日[62]

小豆種法與黑豆同, 所異者, 黑豆先種原, 後種隰. 小豆先種隰, 後種原. 犁較黑豆宜深, 所謂小豆犁淺, 不如不點. 苗小時, 以手間之. 原, 苗相距宜五寸, 隰, 雖一尺亦可. 立秋則鋤. 鋤喜陰雨, 俗有乾鋤穀苗淫鋤豆, 細雨淋淋鋤小豆之說. 至大小豌豆扁豆, 與種春麥同時, 皆係夏田. 紅豆不拘遲早, 鋤

---

62 오일(午日)의 의미는 단오(端午), 간지상의 오일(午日)과 중오(中午)가 있는데, '까오은꽝의 주석본'에는 중오(中午)를 일컫는다고 한다.

때를 피한다. 녹[63]두는 소두의 파종과 시기를 같이하며, 정오 때에 호미질하는 것이 좋다. 만약 호미질할 때 비를 맞으면 한충旱蟲이 많이 발생한다.

忌午日. 菉豆與種小豆同時, 宜午鋤. 若鋤遇陰雨, 多生旱蟲.

(6) 기장

기장에는 찰기장[穄[64]黍][65]이라는 종이 있는데, 조[穀]와 같은 시기에 파종한다. 찰기장 외에 또 대백서大白黍, 소백서小白黍, 대흑서大黑黍, 소흑서小黑黍, 대홍서大紅黍, 소홍서小紅黍로 나뉜다. 큰 것은 먼저 심어도 늦게 익으며, 그 알은 크고, 바람에 잘 견뎌 낸다. 작은 것은 나중에 심어도 먼저 익으나 바람을 견디지 못한다. 지난해의 곡전이나 검은콩 밭을 이용하여 망종[66] 때 파종한다. 먼저 밭을 한 차례 갈이하는데, 깊게 갈이하면 좋다. 파종할 때에 다시 갈이하는데 얕게 갈며 1치[寸] 깊이일지라도 무관하다.

黍有穄黍, 與種穀同時. 穄黍外, 又有大小白黍, 大小黑黍, 大小紅黍之別. 大者先種後熟, 其粒大, 耐風. 小者後種先熟, 不耐風. 於去年穀田黑豆田, 芒種時種之. 先耕一次, 宜深. 種時再耕, 宜

---

63 이 글자를 함풍 5년본과 민국 21년본의 원문에는 '녹(菉)'자로 적고 있으나, '까오은꽝의 주석본'에서는 '녹(綠)'자로 적고 있다.

64 이 글자를 함풍 5년본과 민국 21년본의 원문에는 '제(穄)'로 적고 있는데, '까오은꽝의 주석본'에서는 '출(秫)'자로 고쳐 적고 있다.

65 '출서(秫黍)': 즉 찰기장[粘黍]이다.

66 망종(芒種)은 까끄라기 곡식의 종자를 뿌려야 할 적당한 시기로 양력 6월 6-7일(음력 4, 5월)에 해당한다.

파종할 종자는 1무당 6-7홉[습]을 사용한다. 두 차례 써레질⁶⁷을 하는데 먼저 나무판자로써 끄는 것은 '몰문没紋'을 방지하기 위함이다. 처음 싹이 땅을 뚫고 나올 때 잎은 쥐의 귀와 같이 쫑긋한데, 만일 비를 맞으면 흙탕물이 그 속으로 들어가서 죽게 되는데 이것을 일러 '몰문(没紋)'이라 한다. 그런 연후에 다시 돈거砘車로써 흙을 눌러 준다. 파종할 땅은 고르게 섞어 주는 것을 좋아하고, 흙이 덩이진 것을 꺼린다. 민간에선 "기장은 부드러운 땅[湯]에 파종한다." 라고 하였다. 또한 아직 싹이 땅을 뚫고 나오지 않았을 때에 비가 내려도 성장에 방해를 받지 않아, "기장은 기와 꼭대기에서도 자란다."라는 말이 있다. 잎이 3-4장이 자라면 솎아 내는데, 모와 모 사이의 거리는 한 치 정도로 하며, 쌍모와 단모도 서로 간격을 둔다. 민간에서 이르길 "메기장⁶⁸은 조밀하게 파종하며, 기장은 드물게 파종[忽闌]⁶⁹한다. 검은콩을 심은 땅에 개가 와서 눕는다⁷⁰."라고 하였다. 호미질 또한 깊게

淺，雖一寸亦可. 下子畝六七合. 耙二次，先以木板拖之，恐其没紋. 初出土，葉如鼠耳，若遇雨，泥水貫其心則死，謂之没紋. 後復砘之. 地喜勻和， 忌土塊. 俗云黍種湯. 未出土時， 雨亦不妨，俗又有黍子頂瓦出之說. 三四葉則間之， 留苗寸餘，雙單相間. 俗云，稠穊忽闌黍，黑豆地中臥下狗. 鋤亦不必深. 驗老嫩如驗穀法.

---

67 전후의 문장으로 볼 때 써레질 이후에 끌개질을 해 주어야 하는데, 그 작업이 빠져 있다.

68 이 글자를 함풍 5년본과 민국 21년본의 원문에는 '마(䜺)'로 쓰고 있으나, '까오은꽝의 주석본'에서는 '미(糜)'자로 고쳐 적고 있다.

69 '홀란(忽闌)': '까오은꽝의 주석본'에 의하면, 산서 땅의 토속어로서, 조밀정도에서 성긴 부분을 '홀란'이라 부른다.

70 이 의미를 함풍 5년본의 원문에는 '와(臥)'로 적고 있는데, 민국 21년본과 '까오은

해서는 안 된다. 곡물이 쇠고 연한 것을 검사하
는 방법은 조[穀]를 검사하는 방법과 같다.

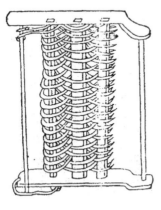

【그림 2】 끌개
『王禎農書』「農器圖譜」참조

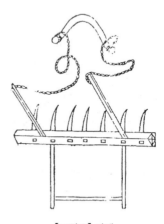

【그림 3】 써레
『王禎農書』「農器圖譜」참조

(7) 메밀[蕎麥]

메밀은 대부분 금년에 밀[71]을 심은 밭에
파종한다. 간혹 먼저 갈이한 이후에 파종기
[耬][72]로써 파종하는 경우에는, 갈이의 깊이는

蕎麥多在本年麥田
種之. 有先耕後以耬
種者, 耕宜深二寸, 耬

꽝의 주석본'에서는 '와(臥)'로 표기하고 있다.

71 본문의 '맥전(麥田)'이 보리[大麥]인지 밀[小麥]인지 확인할 수는 없으나, 산서
지역의 경우 일반적으로 밀을 많이 파종하기 때문에, 실제로 맥(麥)은 밀[小麥]을
뜻한다.

72 누(耬)는 인력이나 축력을 이용한 자동 파종기로서 중국역사상 한대(漢代)부터
등장한다.

2치[寸]로 하고 파종기[耬]의 깊이는 한 치 정도로 하며, 심은 뒤에는 써레질한다. 거름을 섞어서 점파할 때는 한 치 정도의 깊이로 갈이한다.

점파법에는 두 가지가 있다. 쟁기 고랑에 점파하는 것은 조금 얕게 갈고, 이랑[73] 위에 점파하는 것은 약간 깊게 간다. 종자를 지면에 흩어 뿌린 뒤에는 쟁기로 갈이하고, 써레를 사용하여 그 종자를 덮는다. (앞의) 세 가지 방법은 모두 비가 많이 오는 것을 꺼리는데, 비가 많이 오는 것을 일러 곧 '학상涸傷'[74]이라고 한다. 풍속에는 "메밀에 학상이 없으면 바로 포대를 잡고[75] 쓸어 담는다."라는 말이 있다.

흩어 뿌린 것은 비록 열매를 맺기는 쉬우나, 익었을 때 뽑기가 힘들어서 메밀은 손으로 당겨서 뽑지[76] 낫으로 베지 않는다. 두 가지 점파방식만 못하다.

深止一寸, 種畢耙之. 有和糞點者, 耕止寸餘深.

點法有二. 點於犁溝者耕微淺, 點在稜背者耕微深. 有將子亂灑地面後, 以犁耕之, 以耙覆其種者. 三法皆忌大雨, 大雨則謂之涸傷. 俗有蕎麥不涸傷, 就拏布袋裝之語.

至亂灑者雖易結子, 熟時難挽, 蕎麥用手挽, 不用刈. 不如點種二法爲善.

---

73 이 단어를 함풍 5년본과 민국 21년본의 원문에는 '능(稜)'으로 적고 있으나, '까오은꽝의 주석본'에서는 '능(棱)'자로 표기하고 있다.

74 '학상(涸傷)': 큰 비가 온 후에는 지면의 토양이 판자처럼 굳어져[板結], 메밀의 어린 싹이 흙을 뚫고 나오는 힘이 약해서 싹이 나지 못하는데 이것을 일러 '학상(涸傷)'이라고 한다.

75 이 의미를 함풍 5년본 원문에는 '나(拏)'로 적고 있으나, 민국 21년본과 '까오은꽝의 주석본'에서는 '나(拿)'자로 적고 있다.

76 '만(挽)': '까오은꽝의 주석본'에 의하면 이는 산서지역의 토속어로서 즉 '뽑다[拔]'의 의미라고 한다.

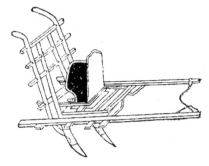

【그림 4】파종기[耬車]
『王禎農書』「農器圖譜」참조

(8) 귀리[油麥][77]

귀리는 대부분 지난해에 검은콩[黑豆]이나 외[瓜]를 심은 밭에 파종한다. 성질은 습한 것을 좋아한다. 씨를 뿌리는 방법은 평원에서는 무당 세 되[升] 반을 넘어서는 안 되며, 습지에서는 4.5-5.5되[升] 정도 파종한다. 귀리는 오직 한 종류인데 일찍 또는 늦게 파종하면 수확 또한 그와 같다. 여름 귀리[夏油麥]는 봄밀[春麥]과 같은 시기에 파종하며 초복 무렵에 수확한다. 수확하고 난 이후에 그 밭에 메밀을 파종하면 늦으며, 추분이 되어서 겨울밀[宿麥]을 심는 것이 좋다. 소두小豆와 같은 시기에 파종하는 것을 민간에서는 '이불추二

油麥多於去年黑豆田瓜田種之. 性喜溼. 布種之法, 原不過三半升, 隰則有四五半升者. 其種一, 種有蚤晩而穫亦因之. 夏油麥與種春麥同時, 穫在初伏. 穫後其田種蕎麥則遲, 至秋分種宿麥爲宜. 與小豆同時種者, 俗謂之二不秋, 穫在處暑後. 與黍

---

77 '유맥(油麥)': 조맥(莜麥) 또는 나연맥(裸燕麥)이라 칭하며, 화본과 연맥속의 일년생 초본식물로 귀리를 의미한다.

不秋'[78]라고 하며, 처서處暑 이후에 수확한다. 기장과 같은 시기에 파종하는 것을 가을 귀리[秋油麥]라고 하며 추분秋分 후에 수확한다. 심을 때 소주燒酒[79]를 약간 종자에 고르게 섞어주면, 그 식물의 목 부분이 힘을 받아 바람에 쓰러지지 않는다. 파종을 할 때 만약 비가 오거나 동풍이 분다면 이삭에 깜부기[黑煤][80]가 많이 생기니 조심해야 한다. 점파하는 방법은 여러 종류가 있다. 모가 3-4치[寸] 정도로 자라면 김을 매고, 솎아 낸 이후에 모의 밀도는 봄밀[春麥]과 겨울밀[宿麥]과 동일하며, 너무 성기면 수확이 좋지 않다.

同時種者, 謂之秋油麥, 穫在秋分後. 種時以燒酒少許勻子, 其莖勁而有力, 不爲風靡. 下子若遇陰雨東風, 穗多黑煤, 宜忌. 點者居多. 苗高三四寸則鋤, 立苗與春麥宿麥同, 太疏則難熟矣.

【그림 5】 귀리와 알곡

【그림 6】 보리(左)와 보리깜부기(右)

---

78 '이불추(二不秋)': 전후 문맥으로 미루어서 소두(小豆)와 귀리[油麥]는 가을이 되기 전에 수확한다는 의미로 볼 수 있다.

79 농작물의 파종에 소주를 사용한 것은 특이하다. 중국역사상 소주는 『음선정요(飮膳正要)』권3에서 아날길주(阿剌吉酒)의 이름으로 사료에 처음 등장한다.

80 '흑매(黑煤)': 이는 귀리의 깜부기병[黑穗]을 가리킨다.

(9) 외[瓜]

농언에서 이르길 "소만小滿[81]을 전후하여, 외[瓜]는 손으로 덮고 콩은 점파한다."라고 하였다. 외[瓜]의 종류는 많지만 옮겨 심는 시기가 지나치게 차이 나서는 안 된다. 예를 들어 중과中瓜[82]는 먼저 옮겨 심고, 왜과倭瓜[83]는 그다음에 심는다. 오이[黃瓜], 참외[甜瓜], 호리병박[葫蘆], 호자瓠子는 서로 이어서 옮겨 심는다. 그 방법은 종자를 물에 담가서 땅위에 펼쳐(물기를 뺀 후에) 하나하나 화분에 넣어 싹을 틔우고, 싹튼 이후에 옮겨 심는다. 그것은 덩굴져 자라는 성질이 있으며, 가지와 마디가 많다. 잎겨드랑이 아래에는 모두 겨드랑이 싹이 나는데, 손으로 그것을 따 주어서 바야흐로 덩굴이 엉키지 않게 해 준다. 호리병박[葫蘆]은 그 중심 끝부분의 가지를 잘라 주며, 호자瓠子는 유독 중심가지 끝을 남겨 둔다. 참외[甜瓜]는 또 그 중심 끝부분의 가지를 자르고, 그 곁가지 끝은 남기고 열매[瓜]가 달리면 또 그 곁가지 끝을 잘라 준다. 자르는 때는 반드시 정오 무렵이 좋다. 오이[黃瓜]는 그

諺曰, 小滿前後, 安瓜點豆. 瓜類甚多, 栽時不甚相遠. 如中瓜則先栽, 倭瓜次之. 黃瓜甜瓜與葫蘆瓠子相繼並栽. 其法將子用溫水浸過, 撲於地上, 一一入盆芽之, 芽之然後栽之. 其性蔓生, 且多支節. 葉下皆有一頭, 以手切去, 方不混條. 葫蘆切其正頂, 瓠子獨留正頂. 甜瓜則又切其正頂, 留其支頂, 見瓜又切其支頂. 切時必正午方好. 黃瓜任其

---

81 소만은 24절기 중 여덟 번째 절기로서 양력 5월 20-21일 무렵이다. 이때는 햇볕이 풍부하고 만물이 점차 성장하여 가득 찬다는 의미가 있다.

82 '중과(中瓜)': 즉 애호박[西葫蘆; *Cucurbita pepo L.*]이다.

83 '왜과(倭瓜)': 호리병과의 호박속[南瓜屬]이다.

가지덩굴에 따라 성장하며, 가지 끝을 잘라서는 안 되며, 우유[圓][84]같이 응고된[沍][85] 유류물질[油]을 시비하는 것이 효과가 가장 좋다. 왜과倭瓜는 많이 옮겨 심는 것이 좋으며, 반드시 복날 전에 덩굴을 묻어 주고 곁가지와 마디를 잘라 줘야 한다. 복날이 되면 달린 외[瓜]는 썩어 문드러지고, 입추 후에는 비록 외[瓜]가 많이 달릴지라도 노랗게 익기는 어렵다.

支蔓, 不用切頂, 圓以沍油爲最. 倭瓜宜多栽, 必須伏前埋條, 切去支節. 至伏則瓜朽爛, 立秋後雖多結實, 亦難黃熟.

【그림 7】호리병박[葫蘆]과 호자(瓠子)

(10) 마늘[蒜]

마늘은 대부분 습한[86] 곳에 옮겨 심는데, 민간에서 이르길 "청명淸明 무렵에는 집에 있지 않

蒜多栽於溼處, 俗有淸明不在家

---

84 '유(圓)': 『집운(集韻)』에 따르면 우유[妳]를 옛날에는 이렇게 썼다.

85 '호(沍)': 살얼음처럼 응결됐다[冷凝]는 의미이다.

86 이 의미를 함풍 5년본과 민국 21년본 원문에는 '습(溼)'으로 표기하고 있으나, '까오은꽝의 주석본'에서는 '습(濕)'자로 고쳐 적고 있다.

는다."라는 말이 있다. 옮겨 심을 것이 많으면 파종기로 고랑을 짓고, 적으면 괭이[87]로 땅을 파되 너무 깊게 파서는 안 된다. 드물게 파종할 때는 다섯 치[寸] 간격에 하나씩 파종하며, 조밀하게 파종할 때는 3-4치[寸] 정도면 적당하다. 소만小滿에 풀을 김맨다. 망종芒種 때는 그 행行 중에 당근[紅蘿蔔]을 간종한다. 갓[芥菜]을 파종하려면 초복까지 기다려야 한다. 처서가 돌아오면[88] 마늘을 뽑는다. 마늘이 쪽이 나누어지지 않는 것을 일러 통마늘[獨孤蒜]이라고 하며, 의료용으로 뜸을 뜰 때 쑥을 받치는 데 (마늘을) 사용하면 화상으로 인해 상처가 생기는 것을 막을 수 있다.

나는 처음에는 같은 마을 사람인 장요원張耀垣에게서 마늘 재배에 대한 여러 이야기를 들었으며, 다시 동학[同硏][89]인 친구 기건冀乾과 더불어 자세히 살피고, 또 그것을 경험 있는 농민에게 그것을 확인하니 모두 옳다고 하여 마침내 여기에 기록한다.

之說. 多則以樓畫地, 少則以钁子勾開地界, 不必過深. 稀, 五寸一種, 稠, 則三四寸亦可. 小滿鋤草. 芒種時於行隙中灑紅蘿蔔. 欲灑芥菜, 則俟初伏. 處暑起回, 辯之. 其有不分瓣者, 謂之獨孤蒜, 灸, 用以承艾, 不患成瘡.

余初得邑人張氏耀垣種植諸說, 復與同硏友冀君乾詳細參考, 質之老農, 皆以爲然, 遂記之.

---

87 이 단어를 함풍 5년본과 민국 21년본의 원문에서는 '곽(钁)'으로 적고 있는데, '까오은꽝의 주석본'에서는 '궐(钁)'자로 고쳐 적고 있다.

88 이 의미를 함풍 5년본과 민국 21년본의 원문에는 '회(回)'로 적고 있으나, '까오은꽝의 주석본'에서는 '회(回)'자로 표기하고 있다.

89 '동연(同硏)': 함께 연마했다는 의미로서, 동학을 일컬어 동연(同硯)이라고 한다.

(11) 곡종穀種

조의 품종은 다양하고, 한 이삭의 낱알의 많고 적음도 같지 않다. 도광道光 14년 가을에 9할[分] 정도를 수확하고 통계를 내 보니, 회곡灰穀의 한 이삭에는 76개의 작은 이삭[瓣]이 있고, 한 개의 작은 이삭에는 184개 혹은 160개의 낱알이 달리며, 총합 8,989개의 낱알을 얻었다. 대백곡大白穀[90]의 한 이삭에는 79개의 작은 이삭이 있고, 하나의 작은 이삭에는 100-119개의 낱알이 열리며, 총합 8,834개의 낱알을 얻었다. 소백곡小白穀의 한 이삭에는 99개의 작은 이삭이 있고, 한 개의 작은 이삭에는 65-85개의 낱알이 달리며, 총합 7,892개의 낱알을 얻었다. 소사곡小蛇穀 한 이삭에는 93개의 작은 이삭이 있고, 작은 한 이삭에는 100-120개의 낱알이 달리며, (한 이삭에서) 모두 9,492개의 낱알을 얻었다. 소황곡小黃穀 한 이삭에는 85개의 작은 이삭이 있고, 한 작은 이삭에는 115-120개의 낱알이 있으며, (한 이삭에서) 모두 9,835개의 낱알을 얻었다. 만약 수확시기에 대풍년이 든 것을 기준으로 삼으면, 한 개의 이삭에 약 만

穀之種不一, 一穗粒顆多寡不同. 以道光十四年秋收九分計之, 灰穀一穗七十六瓣, 瓣百八十四粒或百六十粒, 得八千九百八十九粒. 大白穀一穗七十九瓣, 瓣百一十九粒或百粒, 得八千八百三十四粒. 小白穀一穗九十九瓣, 瓣六十五粒或八十五粒, 得七千八百九十二粒. 小蛇穀一穗九十三瓣, 瓣百粒或百二十粒, 得九千四百九十二粒. 小黃穀一穗八十五瓣, 瓣百一十五粒或百二十粒, 得九千八百三十五粒. 若準以大有年

---

90 대백곡(大白穀)은 조의 일종으로 찰기가 많고 누런색을 띤다.

개의 낟알이 생기는데, 더했으면 더했지 적지는 않다. 농언에서 이르길 "봄에 한 말을 파종하면, 가을에 만 섬의 곡식을 수확한다."라고 말한다. (이것은) 확실히 신뢰할 만하다.

所穫, 一穗萬粒, 有過之無不及也. 諺曰, 春種一斗子, 秋收萬石糧. 信然.

2) 토지 관리와 재배

(1) 쟁기질

쟁기[91]로 깊고 얕게 가는 데에는 방법이 있다. 약간 깊이 갈고자 하면 쟁기의 손잡이[稍][92]를 앞으로 향해서 밀고, 약간 얕게 갈고자 하면 쟁기의 손잡이를 약간 뒤로 당기면서 (들듯이) 갈이한다. 아주 깊게 갈고자 하면 상목上木을 끼워 단단하게 고정하고 하목下木은 느슨하게 끼운다. 아주 얕게 갈고자 하면 이와 반대되게 한다. 그 방식은 하나가 아니기에 그에 따라서 판단한다. 쟁기로 간 것이 얕은지 깊은지를 알아

犁之淺深有法. 欲微深, 則向前稍送之. 欲微淺, 則向後稍抹之. 欲大深, 則將上木貫打緊, 下木貫打鬆. 欲大淺, 則反是. 其法不一, 以類推之. 欲察犁跡淺深,

---

91 이 단어를 함풍 5년본 『마수농언』과 민국 21년본의 원문에서는 '리(犁)'로 적고 있는데, 동일한 판본인 왕녹우(王菉友)의 교감기(校勘記)에서는 '리(犂)'자로 쓰고 있고, 또한 '까오은꽝의 주석본'에서도 역시 '리(犂)'로 표기하고 있다.

92 '초(稍)': 본문에서는 '초(稍)'로 쓰여 있고 '까오은꽝의 주석본'에서도 '약간'으로 해석을 하고 있는데, 문장의 구조상 쟁기의 작동법을 말하기 때문에 쟁기의 일부를 움직이는 것으로 봐야 하므로, 쟁기의 손잡이로 해석함이 타당하다.

보려고 하면, 갈이한 곳에 흙이 묻힌 곳을 손으로 찔러 넣어 보면 이내 알 수 있다. 봄에는 밭을 얕게 갈고, 가을에는 밭을 깊게 갈아야 한다. 깊어도 2치[寸] 반을 넘어서는 안 되며, 얕아도 1치 혹은 그보다 적으면 안 된다. 하지만 또한 특히 깊이 쟁기질하는 것은 각 토지의 지력地力이 고르지 않기 때문이다. 금년에는 고랑을 갈이하고 이듬해에는 이랑을 갈이하면 지력은 넉넉하게 된다.

於耕過土埋處, 手刨之乃見. 春犁宜淺, 秋犁宜深. 深不過二寸半, 淺不過一寸或寸餘. 然亦有特用深犁者, 地力不齊也. 今年耕墒,　明年耕隴, 則地力有餘矣.

(2) 거름내기

거름[糞]은 빨리 밭으로 운반해야 하며, (시간이) 지연돼서는 안 된다. 한겨울에 한가한 날이 있다면 바로 운반하고, 한가한 날이 없다면 이듬해 봄에 운반한다. 토지가 강가에 있다면 더욱 빨리 운반한다. 해동되면 길이 진창이 되어서 인력과 수레 모두 작업하기가 어렵다. 운반을 마친 후에는 모름지기 밭에서 거름덩이를 메[椎]로써 부순다.

糞宜早運田中, 不可遲延. 三冬有暇日即運之, 無暇日則至新春運之. 田在河外, 尤宜早運. 凍解路淖, 人力車力均難施矣. 運畢須於田中椎碎.

(3) 토지와 쟁기질의 심도

무릇 밭을 쟁기질할 때는 깊어도 여섯 치를

凡犁田, 深不過

넘어서는 안 되며 얕아도 한 치 반을 넘어서는 안 된다. 산전의 깊이는 네 치가 적합하다. 강가의 근처의 토지는 가을엔 세 치[寸] 깊이로 갈고, 봄에는 두 치[寸] 반 깊이로 간다. 가을의 쟁기질은 봄에 갈이하는 것보다 5푼[分]에서 한 치 정도 더 깊게 간다. 가을에 쟁기질할 때는 이랑을 좁게 하고, 봄에는 이랑을 넓게 한다. 가을에는 한 보步[93]에 7개의 이랑을 만들고, 봄에는 한 보에 6개의 이랑을 만든다.

六寸, 淺不過寸半. 山田四寸爲中. 河地, 秋三寸, 春二寸半. 秋犁較春犁深五分或一寸. 秋犁棱較窄, 春犁棱寬. 秋, 一步七棱, 春一步六棱.

(4) 진압

궁글대[碌碡]는 땅을 진압하는 데 사용하는 공구이다. 산전에서는 가을에 눌러 주고, 봄에는 평탄작업을 한다. 평탄작업을 하는 도구는 써레와 비슷하며, 사슴의 뿔과 같은 나무로 만든 이빨이 있다. 평지에서는 봄에 써레질해야 하고, 가을에 쟁기질을 한다. 산전은 건조하여 (추경을 하게 되면) 부드러운 흙[熟土]이 바람에 날려 가서, 이듬해에 작물이 잘 자라지 못할까 걱정되기에 눌러 주고 평탄작업을 해 준다. 평지의 밭에서는 그럴 필요가 없다.

碌碡壓地. 山田, 秋宜壓, 春宜磨. 磨似耙, 木齒形如鹿角. 平田, 春宜耙, 秋宜犁. 山田乾燥, 恐熟土爲風吹去, 來年禾稼不長, 故用壓用磨. 平田不須也.

【그림 8】궁글대[碌碡]
『王禎農書』「農器圖譜」참조

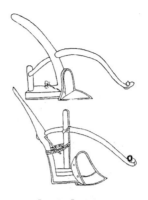

【그림 9】쟁기[犁]
『王禎農書』「農器圖譜」참조

(5) 누거와 파종

무릇 자동 파종기인 누거[耬]에는 거름을 뿌리는 분루糞耬 속이 빈 크고 작은 3개의 발이 달림[94] 와 종자를 파종하는 자루子耬 속이 빈 3개의 작은 발이 달림[95] 가 있다.

무릇 조[穀]가 처음에 3-4개의 떡잎이 나면 먼저 풀을 뽑고 그다음에 모를 솎아 내며 즉 모를 뽑는 것으로, 평지와 강가의 땅에는 모두 이 방식을 사용하는데, 비가 많이 올 때에는 더욱 필요하며, 산지에서는 반드시 모를 솎아낼 필요는 없다. 그 후에 모를 김맨다[鋤].

凡耬, 有糞耬, 大小三筩. 有子耬, 小三筩.

凡穀初生三四葉, 先挑草, 次間苗, 即拔苗也, 平地河地皆用之, 雨多時尤要, 山地不須間. 次鋤苗.

---

94 이 문장을 함풍 5년본과 민국 21년본의 원문에는 '대소삼통(大小三筩)'으로 표기하였는데, '까오은꽝의 주석본'에서는 '대삼통(大三筒)'으로 고쳐 적고 있다.

95 이 문장을 함풍 5년본과 민국 21년본의 원문에는 '소삼통(小三筩)'으로 적었는데, '까오은꽝의 주석본'에서는 '소삼통(小三筒)'으로 표기하였다.

(6) 김매기

무릇 김매기는 깊이 매는 것을 '루[耬]'라 하고 얕게 매는 것을 '서[鋤]'라 일컫는데 먼저 얕게 맨 이후에 깊게 맨다. 서는 모를 솎아서 모의 간격이 듬성듬성하게 하는 작용을 하며, 루는 흙을 북돋아서 뿌리를 배토하는 작용을 한다. 민간에서는 이것을 일러 '포와질탄(刨窩趺彈)'이라 일컫는데, 비가 내려도 흘러내리지 않으며 바람이 불어도 두려워할 필요가 없다. 얕게 김매는 것[鋤]에서 깊게 김매는 것[耬]에 이르기까지 세 번을 하면 부지런하다고 하고, 두 번을 하면 보통이며, 한 번 하면 게으르다 하고, 네 번을 한 밭에는 풀의 흔적조차 없다.

凡鋤, 深謂之耬, 淺謂之鋤, 先鋤後耬. 鋤主立苗欲疏, 耬則擁土培本. 俗謂刨窩趺彈, 使雨水不散, 亦不畏風. 自鋤至耬, 三次爲勤, 二次亦可, 一次爲惰, 四次者田無草萌矣.

(7) 작물재배의 전 과정

무릇 조밭[穀田]은 가을에 갈이에서부터 시작하여 이듬해 곡물을 창고에 넣을 때까지 무릇 사람의 힘을 20여 차례 빌리게 된다. 이것은 바로 가을 밭 쟁기질[犁秋田] 민간에서는 '살추지(殺秋地)'라 한다. 거름 내기[運糞], 땅이 얼 때부터 해동 때까지이다. 봄밭 써레질[耙春田], 민간에서는 '타불두(打弗頭)'라 한다. 흙덩어리 깨기[打土塊], 민간에서는 '타을랍(打圪拉)'[96]이라 한다. 거름 덩어리 부수기[打糞塊], 민간에서는 '타류분(打瘤糞)'이라 한다. 거름 흩기[散糞], 흩어 뿌리고[灑], 혹은 떨어뜨리고[溜], 혹은 이랑에 따라서 뿌린다

凡穀田, 自秋犁始, 至來歲入倉止, 凡用人力二十餘次. 犁秋田, 俗名殺秋地. 運糞, 自始凍至開凍. 耙春田, 俗名打弗頭. 打土塊, 俗名打圪拉. 打糞塊, 俗名打瘤糞. 散糞, 或灑或溜或棱. 犁春

[稜]. 봄밭 갈이[犁春田], 민간에서는 '번지(翻地)'라고 한다. 써레질[耙], 씨 뿌리기[布種], 돈거로 눌러 주기[硏砧], 3개의 돌을 한 나무에 가로로 끼워서 (사람이나 가축이) 끈다. 민간에서는 '납돈자(拉砧子)'라고 한다. 재차 돈거로 눌러주기[復砧], 풀 뽑기[挑草], 모 솎아 내기[間苗], 간(間)은 모를 솎아 낸다는 의미이다. 김매기[鋤], 두 벌 매기[二鋤], 세 벌 매기[三鋤], 수확[刈穫], (곡물을) 묶어서 운반하기[捆載], 이삭 자르기[切穗], 타작하기[打場], 먼저 궁글대[碌碡]로써 밀고 다시 내리친다. 곡물을 칠 때 평평한 곳에 놓고 도리깨질 하는데, 민간에서는 '납과(拉戈)'라 한다. 그리고 마지막에 창고에 보관한다[入倉].

田, 俗名翻地. 耙布種碌碡, 三石橫穿一木牽之, 俗名拉砧子. 復砧挑草間苗, 間, 去聲, 一曰揀苗. 鋤二鋤三鋤刈穫, 捆載, 切穗打場, 先以碌碡碾之, 再打. 打穀枷板, 俗名拉戈. 入倉.

(8) 수양壽陽현 주곡작물의 출입

수양현에서는 밀[小麥]을 많이 파종하기에 적합하지 못하다. 대개 10무 중 1무에 밀을 파종한다. 북맥(北麥)은 내몽고 후허하오터[呼和浩特] 시(市)에서 유입되었으며, 또한 화북성에서 온 밀도 있다. 검은콩[黑豆]은 많이 파종하는 것이 좋으며 수확도 쉽다. 태원(太原) 서쪽의 검은콩은 대부분 수양(壽陽)현에서 판매된다. 조[穀]는 본 현의 식량으로 공급되고, 나

壽邑麥不宜多種, 大率十畝中種一畝. 北麥來自歸化城, 又有東麥. 黑豆宜多種, 易收. 太原迤西, 黑豆多販自壽陽. 穀供一邑之食,

---

96 이 단어를 함풍 5년본과 민국 21년본에는 '타을랍(打圪拉)'으로 적고 있으나, '까오은쾅의 주석본'에서는 '타가랍(打坷拉)'으로 고쳐 적고 있다.

머지는 다른 현에 판매하였다. 본 현의 남쪽 지역 사람들은 대부분 황토 벼랑 굴[97]을 파고 살았기 때문에 조[穀]를 쌓아 두어도 곰팡이가 피고 썩을 염려가 없었다. 쌀은 태원太原현에서 가져오며, 이른바 진사대미晉祠大米[98]가 그것이다. 기름[油]에는 삼씨기름[麻油]이 있는데 기름에 향기가 없다. 석탄은 본 현에서 생산되나 품질이 무르고[99] 연기가 많아서 평정平定에서 생산되는 것만큼 좋지 못하다.

有餘販之他邑. 南鄉人多因土厓爲窯, 積穀無霉爛之虞. 稻米來自太原縣, 所謂晉祠大米也. 油有麻油, 無香油. 石炭土產, 然質軟多煙, 不及平定之佳.

(9) 작물의 개화

메밀[蕎麥]은 7월 15일 전후에 꽃이 피는데 달빛 아래에서 종자가 맺힌다. 날씨가 계속 구름이 끼면 열매에 알이 차기 어려우며, 대개 음기를 받아서 열매가 맺힌다. 그 속성이 음성에 속하기 때문에 음식물의 성질이 차다.

무릇 오곡五穀에는 모두 꽃이 피는데 개화기에는 비를 꺼린다. 조[穀]의 꽃은 푸르고[靑], 기

蕎麥開花於七月十五日前後, 月下結子. 天陰則子難實, 蓋得陰氣而實也. 其性屬陰, 故寒.

凡五穀皆有花,

---

97 이 단어를 함풍 5년본과 민국 21년본의 원문에는 '애위요(厓爲窯)'로 적고 있으나, '까오은꽝의 주석본'에서는 '애위요(崖爲窰)'로 고쳐 적고 있다.

98 '진사대미'는 산서성 태원(太原) 진원구(晉源區)의 특산으로 쌀의 알이 크고 반투명하며 약간 갈색을 띠고 있는 것이 특색이다.

99 이 의미를 함풍 5년본과 민국 21년본의 원문에는 '연(軟)'으로 적고 있는데, '까오은꽝의 주석본'에서는 '연(軟)'자로 적고 있다.

장[黍]꽃은 푸르며[碧], 고량高粱꽃은 누렇고[黃], 메밀[蕎麥]꽃은 희다[白]. 검은콩[黑豆]꽃은 옅은 자주색[淡紫]이거나 흰색[白]이고 소두小豆꽃은 누렇고[黃], 편두扁豆꽃은 옅은 자주색[淡紫]이며 완두豌豆꽃은 짙은 자주색[深紫]이다. 『시경』의 「당풍·체두(杕杜)」에서 이르길 "기장과 조[黍稷]가 바야흐로 꽃이 핀다."라고 하였다. 이에 대해 정현의 전(箋)에 이르기를 "유월이다."라고 하였다.

흰 무[白蘿蔔]꽃은 흰색이고 당근[紅蘿蔔]꽃은 옅은 자주색이며, 갓[芥]꽃은 누런색이고 가지[茄]꽃은 짙은 자주색이며, 오이꽃[瓜花]은 누런색이다. 회회산약[囘囘山藥][100] 꽃은 흰색이고, 회회의 배추[囘囘白菜][101]의 꽃은 누런색이며, 이 두 가지 종류는 19세기 무렵부터 심기 시작하였다. 배추[白菜]의 꽃은 누런색이다.

畏雨. 穀花靑, 黍花碧, 高粱花黃, 蕎麥花白, 黑豆花或淡紫或白, 小豆花黃, 扁豆花淡紫, 豌豆花深紫. 杕杜詩云, 黍稷方華. 箋云, 六月時.

白蘿蔔花白, 紅蘿蔔花淡紫, 芥花黃, 茄花深紫, 瓜花黃. 囘囘山藥花白, 囘囘白菜花黃, 此二種近年始種. 白菜花黃.

---

100 이것은 『마수농언』의 신작물인데, 광서 8년본(1882) 『수양현지』에도 이 작물이 기술되어 있다. 이 작물을 함풍 5년본과 민국 21년본에는 '회회산약(囘囘山藥)'으로 적고 있으나, '까오은꽝의 주석본'에서는 '회회산약(回回山藥)'으로 표기하고 있다.

101 이 '회회백채(囘囘白菜)'를 '까오은꽝의 주석본'에서는 함풍 5년본과 민국 21년본과는 달리 '회회백채(回回白菜)'로 표기하고 있다. 이것은 이슬람계통의 속이 노랗고 단단하게 알이 찬 배추로서, 이미 서역의 채소가 유입되어 이곳에 재배되었음을 말해 준다.

제3장
농기구[農器]

1) 기경起耕 농구

(1) 뇌耒

뇌耒는 보습 위에 굽은 나무이다.[102] (아래쪽) 보습[耜]은 삽이다. 쟁기[犂[103]]는 밭을 개간하는 도구이다. (당시의) 뇌사耒耜는 쟁기를 말하는데, 흙더미를 파헤치고, 잡초를 제거하며, 고랑을 파고 흙을 부드럽게 하는 작용을 한다. 무릇 갈이를 한 이후에 써레질을 한다. 끌개[癆][104]는 이빨이 없는 써레이다. 달撻은[105] 밭을 고르게 하는 끌개이다. 곰방메

耒, 耜上句木也. 耜, 舌也. 犂, 墾田器也. 耒耜曰犂耙, 所以散墢, 去芟, 渠疏之義也. 凡耕而後有耙. 癆記到切, 無齒耙也. 撻, 打田簟也. 櫌於求切, 槌塊器也. 礦古竹切

---

102 '뇌사(耒耜)': 고대에 땅을 갈아엎는 농구로서, 뇌사의 형태에 대한 다양한 견해가 있는데, 오늘날 산서[晉]지역 일대의 쟁기 볏을 단 쟁기와 유사하다.

103 이 단어를 함풍 5년본과 민국 21년본의 원문에는 '리(犁)'로 적고 있으나, '까오은 꽝의 주석본'에서는 '리(犂)'로 고쳐 적고 있다.

104 '로(癆)'는 '로(耢)'라고 쓰며, 일종의 흙을 덮고 평탄하게 하는 공구로서 봄갈이 이후 땅을 실하게 하여 습기 증발을 막는다. 산서지방의 어떤 지역에서는 마(耱)라고 부른다.

[櫌]106는 흙덩이를 부수는 기구이다. 롤러[磟]107碡는 북방에서는 돌로 만들고, 남쪽에서는 나무로 만드는데, 써레질 이후에 롤러를 사용한다. 누거耬車는 (자동)파종 기구이다. 돈거砘車는 돌바퀴를 달아서 땅을 다지는 수레이다. 나무로 축과 굴대를 만들고 돌로 바퀴를 만들어 굴리기 때문에 돈거라고 칭한다. 호종瓠種은 표주박에 구멍을 뚫어서 종자를 담는 도구이다. 소 멍에는 소를 (그 목에 씌워서) 복종하게 하는 도구이다.

碡徒篤切，　北方以石，南人以木，　耙而後有磟碡焉。　耬落候切車，下種器也。砘車，砘石碡也。　以木軸架碡爲輪，故名砘車。瓠種，竅瓠盛種也. 牛軛, 服牛具也．

【그림 10】 뇌사(耒耜)
『王禎農書』「農器圖譜」 참조

【그림 11】 곰방메[櫌]
『王禎農書』「農器圖譜」 참조

---

105 달(撻)은 나뭇가지를 묶어서 빗자루 모양으로 만들어 그 위에 흙덩이로 눌러 끌고 다니면서 흙을 실하게 만들어 싹이 들뜨지 않고 쉽게 나오게 하는 도구이다.

106 '우(櫌)': 모양이 망치 머리와 닮았으며, 이미 『설문(說文)』과 『여씨춘추(呂氏春秋)』에서 보이며, 산서지역의 향촌에서는 가납추(坷拉鎚)라고 부른다.

107 '류(磟)': '록(碌)'의 이체자이다. 이 단어를 함풍 5년본과 민국 21년본의 원문에는 '류(磟)'의 반절음을 '고죽절(古竹切)'로 적고 있는데, '까오은꽝의 주석본'에서는 '역죽절(力竹切)'로 표기하고 있다.

(2) 괭이

괭이[钁[108]]는 땅을 파는 기구이다. 삽[臿[109]]
은 가래[鍫]로서, 도랑을 파는 것이다. 장참長
鑱[110]은 (발로써 보습을) 밟아 흙을 일으키는 도
구이다. 쇠스랑[鐵搭]은 그 이빨은 날카롭고
약간 굽어 있으며, 갈퀴를 닮았으나 갈퀴가
아니고, 땅을 일군 것이 탑[搭]과 같다.[111] 가래
[枚[112]]는 삽의 부류이며, 가래[鍫]와 삽[臿]은 다
르다. 철험鐵枚은 오직 흙을 작업할 때 좋고,
목험木枚은 곡물을 던져 (불순물을) 날릴 때
사용하며, 대나무로 만든 것을 일러 죽양험
竹揚枚이라 하였다. 강(江)과 절(浙)지역에서 바구니
를 이용해서 곡물을 날리는 것과는 약간 다르다. 참鑱은
쟁기의 금속부분이다. 화鏵는 삽鍤의 부류로

钁居縛切, 劚田器
也. 臿楚治切, 鍫也, 所
以開渠者. 長鑱仕衫
切, 踏田器也. 鐵搭,
其齒銳而微鉤, 似杷
非杷, 劚土如搭也.
枚, 臿屬, 與鍫臿異.
鐵枚惟宜土工, 木枚
可擆初責切 穀物, 以
竹爲之者, 謂之竹揚
枚. 與江浙颺籃少異. 鑱,
犁之金也. 鏵胡瓜切,
鍤類起土者也. 鑱開

---

108 이 단어를 함풍 5년본과 민국 21년본의 원본에는 '곽(钁)'으로 쓰고 있으나, '까오
    은꽝의 주석본'에서는 '궐(钁)'자로 고쳐 적고 있다.

109 '삽(臿)'을 '까오은꽝의 주석본'에서는 함풍 5년본과 민국 21년본과는 다르게 모
    두 '삽(鍤)'자로 표기하고 있다. 이후의 문단에서도 동일한 현상이 두 번이나 등
    장한다. 하지만 두 판본과 '까오은꽝의 주석본'에서는 '삽류(鍤類)' 글자도 동시에
    사용되고 있다.

110 '참(鑱)': 고대의 일종의 쟁기머리부분으로, 발로써 보습을 밟아서 뒤로 당겨서
    흙을 일으키는 공구이다. 굽은 긴 손잡이를 장착하여 장참이라고도 부른다.

111 쇠스랑은 화북에서 전국시대부터 등장한 다치궐(多齒钁)과는 다르며, 『왕정농서』
    에는 철탑(鐵搭)이란 이름으로 처음 등장하며, 『신당서』「동이열전(東夷列傳)」
    에서는 '철치파(鐵齒杷)'라고 하여 한반도 제주도[儋羅]에서 유입되었다고 한다.

112 '험(枚)': 초(鍫)와 유사하나 산(鏟)보다 둥글다. 손잡이 끝에는 짧은 횡목(橫木)
    이 없다.

서 땅을 일으키는 것이다. 참鑱은 맨땅을 파는 데 사용되고, 화鏵는 개간한 토양을 파는 데 사용된다. 북방에서는 대부분 화鏵를 사용하고, 남방에서는 모두 참鑱을 사용한다. 벽鐴은 쟁기에 달려 있는 볏[犁耳]이다. 잔剗[113]은 흙을 평평하게 깎는 도구이다. 확劐[114]은 파종기인 누거耬車의 발 끝부분에 달린 뾰족한 금속이다.

生地, 鏵耕熟地. 北方多用鏵, 南方皆用鑱. 鐴蒲狄切, 犁耳也. 剗所間切, 平土器也. 劐呼钁切, 耬足所耩金也.

【그림 12】 쇠스랑[鐵搭]

『王禎農書』「農器圖譜」 참조

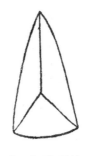

【그림 13】 참(鑱)

『王禎農書』「農器圖譜」 참조

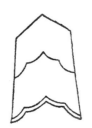

【그림 14】 화(鏵)

『王禎農書』「農器圖譜」 참조

(3) 가래[錢]

가래[錢][115]는 큰 호미[銚][116]이다. 가래[鍫]와 닮

錢子踐切, 銚也銚

---

113 '잔(剗)': 산(鏟)의 이체자이다.

114 '확(劐)': 날을 땅속에 넣어서 파는 도구이다. 확(劃)으로도 불리며 쟁기술[耜]로도 불린다. 대체적으로 누거[耬]의 발끝에 달린 작은 쇠보습으로 연(燕)·조(趙) 지역에서 사용한다.

115 '전(錢)': 옛 농구의 이름이다. 지금의 철산(鐵鏟)과 닮았다.

았으나 가래[鍬]는 아니고, 거의 산鏟과 동일하다. 모를 배양하는 도구로서, 서鋤는 긴 자루가 달린 누耨[117]와 같지 않고, 누耨는 산劃[118]과 같지 않다. 박鎛[119]은 누耨의 또 다른 이름이며, 누耨는 풀을 제거하는 기구이다. 우서櫌鉬에서 우櫌는 서鉬의 손잡이이다. 서鉬는 서서 김을 매는 큰 호미이다. 등서鐙鋤는 풀을 깎는 도구이다. 산鏟도 풀을 평평하게 깎는 도구이다. 질銍은 곡식의 이삭을 베는 짧은 낫[120]이다. 애刈는 수확용 도구로서, 오늘날의 굽은 갈고리 모양의 낫이다. 고대의 낫[乂]자는 예乂자에 초두머리[艹]가 더해진 것으로, 현재의 예刈자는 예乂자에 도 변[刀]이 붙은 것이다. 겸鎌은 곡물의 이삭을 베는 굽은 낫이다. 발鏺은 양날로 베는 것이다. 려劙는 황무지를 개척하는 날이고, 도끼[斧]는 나무

七遙切. 似鍬非鍬, 殆與鏟同. 養苗之道, 鋤不如耨, 耨不如劃楚間切. 鎛布間切, 耨別名也, 耨, 除草器也. 櫌鉬, 櫌爲鉬柄也. 鉬, 立薅也. 鐙多鄧切鋤, 刏草具也. 鏟, 平削也. 銍, 穫禾穗㕙也. 艾, 穫器, 今之刈鎌也. 古艾從草, 今刈從刀. 鎌力詹切, 刈禾曲刀也. 鏺, 兩㕙刈也. 劙郎計切,

---

116 '요(銚)': 큰 호미이다.

117 '누(耨)': 『왕정농서(王禎農書)』 「농기도보(農器圖譜)」에 의하면 누(耨)는 손잡이가 긴 호미의 일종으로, 날과 손잡이가 기역자형태를 띠고 있으며, 풀을 제거하는 데 사용한다.

118 이 글자를 함풍 5년본과 민국 21년본의 원문에는 '산(劃)'으로 쓰고 있는데, '까오은꽝의 주석본'에서는 '산(鏟)'자로 고쳐 적고 있다.

119 '박(鎛)'은 『왕정농서』 「농기도보」에 의하면, 손잡이가 길고 날과 손잡이 부분이 갈고리 모양으로 휘어져 있으며 고대에는 땅을 김매고 잡초를 제거하는 데 사용되었다고 한다.

120 이 단어를 함풍 5년본 원문에는 '인(刃)'자로 적고 있으나, 민국 21년본과 '까오은꽝의 주석본'에는 '인(刀)'자로 표기하고 있다.

를 베는 도구이다. 거鋸는 나무를 써는 톱이다. 산[鏺][121]은 풀을 자르는 칼이고, 려礪는 칼을 가는 숫돌이다.

開荒刄也, 斧, 伐木刄也. 鋸, 解截木也. 鏺查鐽切, 切草也. 礪, 磨刄石也.

【그림 15】가래[鍫]
『王禎農書』「農器圖譜」참조

【그림 16】박(鎛)
『王禎農書』「農器圖譜」참조

【그림 17】누(耨)
『王禎農書』「農器圖譜」참조

(4) 고무래[杷]

고무래는 곡물이나 흙을 끌어 모으고 흩트리고 고르게 하는 공구이다. 곡파穀杷는 주로 곡물을 햇볕에 말리기 위해 너는 데 사용되는 도구이다. 운파耘杷는 논을 김매는 도구이다. 대갈퀴[竹杷]는 밭이나 산림에서 쓰레기나 나뭇잎을 긁어모으는 데 사용하는 도구이다. 당그래[杚][122]는 이빨이 없는 고무래로서 토양을 고르고

杷蒲巴切, 鏤鏉器也. 穀杷以攤曬穀. 耘杷以耘稻禾. 竹杷場圃樵野間用之. 杚傳拔切, 無齒杷也, 所以平土壤聚穀實也. 杚,

---

121 '산(鏺)': 풀을 자르는 칼이다.
122 '당그래'는 '고무래'와 동일한 역할을 하는 공구인데, 주로 이전부터 한반도 삼남

곡식을 모으는 도구이다. 가장귀[杈]는 찔러서 뒤적이는 도구이다. 화구禾鉤는 화곡작물의 짚을 끌어모으는 도구이며, 손으로 작업하는 것보다 아주 빠르고 편리하다. 탑조搭爪[123]는 (앞부분의 갈고리가 있어서 곡물을 모으거나 던지는 조탑爪搭과 쓰임새가 같으며), 손으로 처리하는 것보다 더 빠르다. 화담禾擔은 (화곡작물의 짚이나 곡물을) 어깨에 메는 공구이다. 도리깨[連枷[124]]는 화곡작물을 쳐서 두드리는 공구이다.

箔禾具也. 禾鉤, 斂禾具也, 比之手樞力展切, 甚速便也. 搭爪, 如爪之搭物, 速於手掣也. 禾擔, 負禾具也. 連枷古牙切, 擊禾器也.

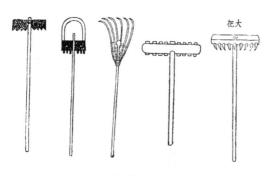

【그림 18】각종 고무래[杷]
『王禎農書』「農器圖譜」참조

【그림 19】당그래[朳]
『王禎農書』「農器圖譜」참조

지역에서 널리 사용되는 방언으로서 흙이나 곡물을 모으고, 흩트리고, 평평하게 하는 데 사용되어 왔다.

123 '탑조(搭爪)': 한족의 민간에서 사용되는 농구로서 중국 대부분 지역에서 사용되고 있다. 일종의 풀이나 짚을 모아서 묶거나 걷어 올려 쌓는 데 사용되는 소농구로서, 손잡이는 짧고 앞부분이 갈고리처럼 되어 있다.

124 이 단어를 함풍 5년본과 민국 21년본의 원문에서는 '가(枷)'로 쓰고 있으나, '까오 은꽝의 주석본'에서는 '가(枷)'자로 표기하고 있다.

2) 죽제竹製 용구

도롱이[蓑]는 비옷이다. 삿갓[笠]은 머리에 쓰는 도구이다. 비[扉]는 풀로 짠 짚신이다. 구[屨]는 삼으로 짠 신발이다.

조[筱][125]는 곡물의 종자를 담는 그릇이다. 괴[蕢][126]는 (풀로 엮은 광주리로서) 곡물을 담는 그릇이다. 광[筐]은 대나무로 짠 네모진 그릇이다. 거[筥]는 대나무로 엮어 짠 둥근 그릇이다. 삼태기[畚][127]는 흙을 담아 운반하는 대바구니다. 곳집[笆][128]은 (대나무로 짜서) 곡물을 넣어 두는 (원통 모양의) 그릇으로 둥근 대그릇인 수[簹]와 저[籧][129]를 포괄하는 총칭이다. 곳집[笆]은 대부분 노천에 설치하여서 식량을 담는 데 사용된다. 수저[簹籧]는 실내에 두며 종자를 담는 용도로 쓰이고, 이들은 곡식을 수확하기 전에 맨 먼저 갖추어야 할 도구들이다. 곡갑[穀匣]은 곡물을 저장하

蓑, 雨衣也. 笠, 戴具也. 扉, 草履也. 屨, 麻履也.

筱徒弔切, 盛穀種器. 蕢, 盛穀器. 筐, 竹器之方者. 筥, 竹器之圓者. 畚音本, 土籠也. 笆徒本切, 盛穀器, 兼簹市專切籧章怒切而言也. 笆多露置, 可用盛糧. 簹籧在室, 可用盛種, 皆收穀所先具者. 穀匣, 盛穀方木層匣

---

125 '조(筱)': 일종의 곡식을 담는 그릇이다. 남방에서는 주로 대나무로 만들지만, 북방에서는 초목의 가지를 엮어 만든다.

126 '괴(蕢)': 풀로 엮은 광주리다.

127 '분(畚)': 고대에 부들로써 엮어 짠 용기로서 이후에는 대를 사용하여 엮어 짰으며, 북방에서는 싸리나 버들가지를 사용하여 만들었다..

128 '둔(笆)': 곳집[囤]과 같다.

129 '수저(簹籧)': 수(垂), 저(蒢)로 읽으며, 대나무로 만든 제품이다 저(籧)는 마땅히 저(籧)이다.

는 서랍이 층을 이루고 있는 사각형의 나무틀이다. (대나무로 만든) 라籮는 미곡을 담아서 드는 손잡이가 달린 그릇이다. 차篜는 술을 양조하고 밥을 지을 때 쌀을 거르는 용도로 사용되며, 또한 음식물을 담기도 한다. 담儋은 쌀을 담는 그릇이며 간혹 항아리나 질그릇으로 만든다. 람籃은 대나무 그릇으로, 매어둔 끈[130]이 없으면 광주리[筐]이고, 끈이 있으면 람籃이라고 한다. 키[箕]는 (곡물을) 까부르는 도구이다. 까분다는 것은 쌀을 날려서 겨를 없애는 것이다. 빗자루[帚]는 짧은 것을 일러 조비條帚, 긴 것을 일러 소비掃帚라고 하며, 또한 한 그루를 심어서 그루 전체를 빗자루로 만드는 것을 일러 독비獨帚라고 한다. 체[籭][131]는 곡물을 체질하는 것으로, 조악한 것을 제거하고 양호한 것을 취할 수 있다. 조리[籍][132]는 밥을 담는 대그릇이며, 남쪽에서는 욱籅이라고 하고, 북쪽에서는 소籍라고

也. 籮, 挈米穀器. 篜才何切, 造酒造飯用之漉米, 又可盛食物也. 儋, 盛米器也, 或作甔, 瓦器也. 籃, 竹器, 無係爲筐, 有係爲籃. 箕, 簸箕也. 簸, 揚米去糠也. 帚, 短者謂之條亦作苕帚, 長者謂之掃帚, 又有種生者一科一帚, 謂之獨帚. 籭所宜切, 篩穀物, 可以除粗取精也. 籍所交切, 飯籍也, 南曰籅於六切,

---

130 이 의미를 함풍 5년본과 민국 21년본의 원문에서는 '계(係)'로 적고 있으나, '까오은꽝의 주석본'에서는 '계(繫)'자로 표기하고 있다. 바로 다음 문장의 '계(係)'도 마찬가지이다.

131 '사(籭)': 대나무 그릇으로 속은 네모지고 바깥쪽은 둥글다. 곡물을 체질하는 데 사용된다.

132 '소(籍)': 고대에 밥을 담는 대나무 그릇이며, 『설문(設文)』에는 다섯 되를 담을 수 있다고 하나 '까오은꽝의 주석본'에서는 한 말[斗] 두 되[升]를 담을 수 있다고 하며, 일설에는 다섯 말[斗]을 담는다고도 한다.

일컫는다. 남쪽에서는 대나무로 만들지만, 북쪽에서는 수양버들가지를 사용한다. 덧붙이자면, 무릇 대나무 그릇은 북방에서는 주로 수양버들가지로 만든다. 모두 쌀을 이는 도구이며, 혹은 밥을 담고 술과 음식을 만들어[133] 올리기 때문이다. 사곡괴篩穀箉는 이 지역 방언이다. 대나무로 만든다. 양람颺籃은 바람에 날리는 것이며, 풍구[車扇]보다는 못하지만 키질하는 것[箕籢[134]]보다는 낫다. 종단種簞은 종자를 담는 대그릇이다. 쇄반曬槃[135]은 곡식을 햇볕에 말리는 대나무 그릇이다.

北曰籓. 南方用竹, 北方用柳. 按凡竹器北方多用柳爲之. 皆漉米器, 或盛飯所以供造酒食也. 篩穀箉, 與袋同音, 土俗所呼. 竹器. 颺籃, 謂風飛也, 不待車扇, 又勝箕籢. 種上聲簞, 盛種竹器也. 曬槃, 曝穀竹器也.

【그림 20】 조篠
『王禎農書』「農器圖譜」 참조

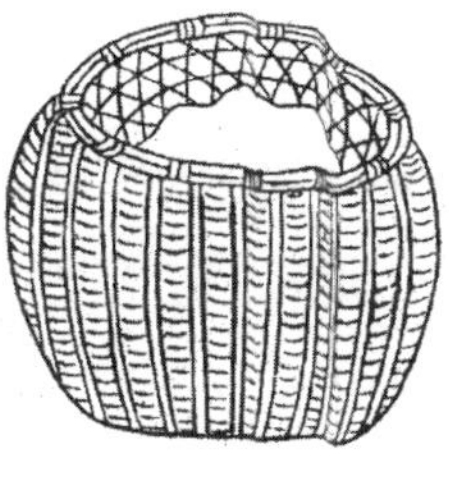

【그림 21】 삼태기[畚]
『王禎農書』「農器圖譜」 참조

---

133 '공조주식(供造酒食)' 이 문단을 '까오은짱의 주석본'에서는 함풍 5년본과 민국 21년본 원문과는 다르게 '공주식(供酒食)'으로 적고 있다.

134 이 글자를 함풍 5년본과 민국 21년본에는 '기파(箕籢)'로 적고 있으나, '까오은짱의 주석본'에서는 '파기(籢箕)'로 고쳐 적고 있다.

135 '쇄반(曬槃)'의 형태는 너비는 다섯 자, 깊이는 2치로서 가장자리가 약간 올라갔다. 이 글자를 '까오은짱의 주석본'에서는 함풍 5년본과 민국 21년본의 원문과는 달리 '쇄반(曬盤)'으로 적고 있다.

【그림 22】 체[籭]
『王禎農書』「農器圖譜」참조

【그림 23】 양람(颺籃)
『王禎農書』「農器圖譜」참조

3) 가공과 저장 용구

(1) 방아

절구와 공이[杵臼]는 찧는 도구이다. (발로 이용하는) 디딜방아[碓]는 돌로 만든 절구에 나무공이를 이용하여 곡물을 찧는 도구이다. 강대[堈碓]는 발로 딛는 디딜방아이다. (수조의 물을 지렛대 원리를 이용한) 방아[槽碓]는 물을 받아서 곡식을 찧는 도구이다. 롱礱[136]은 곡물을 비벼서 껍질을 제거하는 도구이다. (돌로 만든 바퀴를 이용해서 홈을 따

杵臼, 舂也. 碓,
石舂也. 堈居郎切
碓, 踏碓也. 槽
碓, 受水以爲舂
也. 礱力董切, 礳
穀器, 所以去穀
殼也. 輾石碢, 轢

---

136 롱(礱): 고대에 곡식의 껍질을 제거하는 공구로서 모양은 맷돌과 같으며 아래 위 절구의 작업대 위에는 단단한 나무나 대로서 사선의 홈을 만들어 작업할 때 아래 절구는 움직이지 않게 하고 위의 절구를 돌려 움직여서 절구의 홈이 마찰하면서 벼의 껍질이 벗겨지게 한다.

라 움직이는) 연석타輾石碢는 곡물의 껍질을 벗기는 도구이다. 연자방아[輾輾]를 세상 사람들은 해청연海靑輾이라 부르는데, 그 속도가 매우 빠름을 비유한 것이다.[137] 양선颺扇은 곡물을 날리는 도구이며, 마당이나 들에서 사용하는 것은 풍구라고 부른다. 살펴건대, 수읍(壽邑)에서의 풍구는 크고 작은 2가지 종류가 있는데, 작은 것을 미선(米扇)이라고 하고 큰 것을 일러 호두(虎頭)라고 하는데 이들과 더불어 큰 차이가 없다. (돌로써 가는) 연자방아인 마(磨:『당운』에서는 마磨라고 한다.)[138]는 돌로 만든 맷돌이다. 마를 주관하는 것을 제臍라 하고, 곡물을 주입하는 구멍을 일러 안眼이라 한다. 맷돌을 돌리는 나무[轉磨]는 간幹[139]이라고 하고, 맷돌을 받는 받침을 반槃이라 하며, 맷돌을 얹어 놓아둔 설비를 상牀이라 한다. 대체로 맷돌의 위에는 모두 깔때기[漏斗]를 사용한다. 유자油榨는 기름을 짜는 도구이다.

穀也.　　輾古本切輾, 世呼曰海靑輾, 喻其速也. 颺扇, 揚穀器, 場圃用之者謂之扇車. 按, 壽邑扇車, 大小二種, 小者謂之米扇, 大者謂之虎頭, 與此少異. 磨莫臥切, 唐韵作磨, 石磑也. 主磨曰臍, 注磨曰眼. 轉磨曰幹, 承磨曰槃, 載磨曰牀. 凡磨上皆用漏斗. 油榨, 取油具也.

---

137 『왕정농서(王禎農書)』「농기도보(農器圖譜)」의 그림에 의하면 두 마리의 말이 이 도구를 이끌고 있다.

138 마(磨):『당운(唐韻)』에서는 애(磑)라고 하였으며, 같은 글자이다.

139 이 글자를 함풍 5년본과 민국 21년본의 원문에는 '간(幹)'으로 적고 있으나, '까오 은꽝의 주석본'에서는 '간(干)'자로 고쳐 적고 있다.

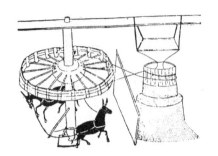

【그림 24】려롱(驢礱)

『王禎農書』「農器圖譜」 참조

【그림 25】롱마(礱磨)

『王禎農書』「農器圖譜」 참조

【그림 26】연자방아[輾轆]

『王禎農書』「農器圖譜」 참조

【그림 27】양선(颺扇)

『王禎農書』「農器圖譜」 참조

(2) 창고[倉]

창倉은 곡물을 저장하는 곳이며, 건물의 지붕이 있는 것은 늠廩이라 하고, 지붕이 없는 것은 유庾라고 한다. 유庾는 노천에 곡식을 쌓아 두는 것이다. 무릇 노천에 쌓아 둔 것은 풀로 엮어서 덮어 주어야 하며, 그것을 일러 이엉[積

倉, 穀藏也, 有屋曰廩, 無屋曰庾. 庾, 露積穀也. 凡露結者, 編草覆之, 謂之積苫. 囷, 圓

囷]이라고 한다. 균囷은 원형 곳집이고, 경京은 방형 곳집이다. 교窖는 곡식을 저장하는 구덩이인데, 방형은 교窖라고 하고, 길고 좁게 판 것을 두竇라고 한다. 한 되[升]는 열 홉의 양이고, 한 말은 10되의 양이다. 한 섬[斛]은 열 말의 양이다. 무릇 양을 재는 단위는 약龠140에서 시작하는데, 약이 모이면 합合이 되고, 합이 커지면 되[升]로 올라가며, 되[升]가 모여서 말[斗]이 되고, 섬[斛]이 가장 큰 단위이다. 개槩는 곡과 두의 용기 위쪽을 평평하게 깎는 평미레이다.

倉也, 京, 方倉也. 窖, 藏穀穴也, 方曰窖, 墮他果切, 謂狹而長, 曰竇. 升, 十合量也, 斗, 十升量也. 斛, 十斗量也. 夫量者躍於龠, 合於合, 登於升, 聚於斗, 角於斛. 槩工代切, 平斛斗器也.

【그림 28】창(倉)
『王禎農書』「農器圖譜」참조

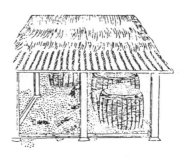

【그림 29】늠(廩)
『王禎農書』「農器圖譜」참조

140 '약(龠)': 피리와 같은 관악기에서 유래되었으며, 양을 재는 옛 단위 이름인데, 한 대의 한 자[尺]로는 사방 9푼이며, 깊이는 한 치[寸]로서 반홉[半合]의 양이다. 혹은 넓이로 810입방푼이다. 『한서』「율력지상(律曆志上)」에서 "중등 크기의 기장 1200낟알을 약(龠)에 채우고 2약은 한 홉[合]이 되며, 10홉이 한 되가 되고, 10되가 한 말이 되며, 10말이 한 곡(斛)이 되니, 이 5개의 양을 재는 단위가 갖추어졌다."라고 했다.

【그림 30】 유(庾)

『王禎農書』「農器圖譜」참조

【그림 31】 교(窖)

『王禎農書』「農器圖譜」참조

(3) 솥[釜]

솥[釜]은 끓이고 삶는[141] 도구이다. 시루[甑]는 찌는 도구이다. 비[箄][142]는 시루 밑에 까는 도구로서 시루의 밑바닥에 놓는 데 쓰인다.

釜, 鬻器也. 甑, 炊器也. 箄, 甑箄也, 所以蔽甑底也.

(4) 수레와 우리

하택거下澤車는 밭에서 짐을 싣는 수레이며, 대거大車는 평지에서 짐을 싣는 수레이다. 수사守舍[143]는 밭 가운데 작물을 지키는 작은 원두막이다. 소우리[牛室]는 밭 가는 소가 받는 추위를

下澤車, 田間任載車也, 大車, 平地任載車也. 守舍, 看禾廬也. 牛室,

---

[141] 『왕정농서』「농기도보」에 의하면 솥[釜]은 음식물을 요리하는 데 사용한 반면, 정(鼎)은 주로 누에고치를 삶거나 음식물을 담는 그릇으로 사용하였다고 한다. 삶는다는 의미를 함풍 5년본과 민국 21년본의 원문에서는 '자(鬻)'로 적고 있으나, '까오은꽝의 주석본'에서는 '자(煮)'자로 표기하고 있다.

[142] '비(箄)'라는 글자를 '까오은꽝의 주석본'에서는 함풍 5년본과 민국 21년본과는 다르게 '비(箅)'자로 고쳐 적고 있다. 연이은 문장에서도 이 '비(箅)'자를 쓰고 있다. 그 이유는 비(箄)는 음이 '비(悲)'로 이것은 대나무로 만든 물고기 잡는 기구이며, 비(箅)는 중국어 발음이 '필(必: bi)'로 시루 바닥의 대나무로 짜서 만든 발이라고 한다.

[143] 수사(守舍)는 여사(廬舍)와는 달리 나무를 가설하고 풀을 덮어 간단한 구조를 이루니 두 사람이 마주 들 수도 있다. 원두막에 가깝다.

막기 위해서 지은 집으로, 그 속에 소를 들여 우리¹⁴⁴로 사용한다.

耕牛爲寒築室, 納而阜之也.

(5) 급수汲水와 방아

수책水柵은 나무를 배열하여 물을 막는 장치이다. 수갑水閘은 열고 닫히는 수문이다. 피陂는 들판의 (자연스럽게 생긴) 못[池]이고, 당塘은 못에 방죽이나 보를 쌓은 것이다. 피陂에는 거의 인공적인 보[塘]가 있는데, 그 때문에 피당陂塘이라고 한다. 번차翻車는 용골차龍骨車이고,¹⁴⁵ 동차筒車는 바퀴에 물통을 달아서 흐르는 물을 긷는 도구이다. 두레박[㪺斗]은 물을 긷는 도구이고, 길고桔橰는 (지렛대 원리를 이용하여) 물을 끌어올리기 위한 도구이며,¹⁴⁶ 도르래[轆轤]는 두레박을 끈에 묶어서 물을 긷는 도구이다. 와두瓦竇는 물을 배수하는 기구이다. 준거浚渠는 하천의 물을 끌어들이는 도랑을 만드는 것으로, 이로써 관개한다. 음구陰溝는 물이 흐르는 것이 지상에 드러나지 않는 도랑이다. 우물[井]은 땅에 구멍을

水柵, 排木障水也. 水閘, 開閉水門也. 陂, 野池也, 塘, 猶堰也. 陂必有塘, 故曰陂塘. 翻車, 謂龍骨車也, 筒車, 流水筒輪也. 㪺候古切斗, 挹水器也, 桔橰, 挈水械也. 轆轤, 纏綆械也. 瓦竇, 泄水器也. 浚渠, 引川水爲渠, 以資沃灌也. 陰溝, 行水暗渠也. 井, 地穴出

---

144 이 의미를 함풍 5년본과 민국 21년본의 원문에는 '조(阜)'라고 표기하고 있는데, '까오은꽝의 주석본'에서는 '조(皁)'자로 적고 있다.

145 용골판을 돌려 물을 언덕 위로 끌어올리는 장치로 후한 영제(靈帝)가 필람(畢嵐)으로 하여금 만들게 했다고 한다.

146 우물가에 막대기를 수평으로 매달아 한쪽에는 추를 다른 한쪽에는 두레박을 달아 잡아당기면 내려오고 놓으면 올라가는 원리를 이용하여 물을 긷는 방식으로 작은 힘을 들이고도 효과는 컸다.

파서 물을 퍼내는 장치이다.

　수마水磨는 물의 충동을 이용해서 물레방아를 돌려 (거기에 부착된 톱니바퀴를 이용해서 맷돌을 돌려) 곡물을 가는 도구이다. 수롱水礱은 물의 힘을 이용해서 물레방아를 돌려 맷돌에 곡물을 가는 도구이다. 수연水碾은 물을 이용하여 물레방아를 돌려서 (물레방아 축에 돌바퀴를 부착하여 절구 가의) 곡물을 빻는 도구를 말한다. 기대機碓는 물을 이용해 곡물을 찧는 도구이다. 관缶[147]은 물을 긷는 기구이다. 두레박줄綆은 물을 길 때 쓰는 끈이다.

　(위 내용은) 왕정王禎의 「농기도보農器圖譜」에서 남북에서 통용되는 농기구를 간단하게 채록했으며, 상세한 것은 『왕정농서』에 보인다.

水也.

　水磨, 以水激磨隨輪轉也. 水礱, 水轉礱也. 水碾, 水輪轉碾也. 機碓, 水搗器也. 缶, 汲水器也. 綆, 汲水索也.

　王禎農器圖譜, 摘其南北通用者節錄之, 其詳其本農書中.

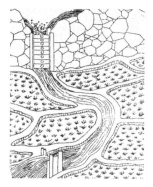

【그림 32】 수갑(水閘)
『王禎農書』「農器圖譜」 참조

【그림 33】 길고(桔槹)
『王禎農書』「農器圖譜」 참조

---

147 이 글자를 함풍 5년본의 원문에는 '관(缶)'으로 표기하였으나, 민국 21년본과 '까오은꽝의 주석본'에서는 '부(缶)'자로 적고 있다.

제4장
농언農諺

농민 상호 간에 소통되는 속담들이 있는데 그 유래는 아주 오래되었다. 『설문說文』에서 이르길 "'언諺'은 전해지는 말이다."라고 하였다. 옛날에 사신[輶軒][148]이 파견되어 채록한,[149] 전해 내려오는 방언과 민요 몇 마디가 향촌에 산재되어 있다. 고서에서는 이런 기록이 혼재되어 있는데,[150] 이것을 찾아서 말해 보면, 예컨대 "기장과 조가 수확되지 않으면 영화를 누릴 수 없다."라고 하였다. 『국어(國語)』에서 인용하였다. "흙이 올라와서[151] 말뚝을

農之有諺, 其來最古. 說文, 諺, 傳言也. 古者輶軒所采, 風謠所遺, 片語隻句, 散在里鄙. 曩籍觀縷, 可得而言, 若黍稷無成, 不能爲榮. 國

---

148 '유헌(輶軒)': 고대 사신이 타는 경차(輕車)로서, 사신의 대칭이었다. 따라서 고대에 파견되어 일을 처리하는 신하[使臣]를 '유헌사(輶軒使)'라고 일컬었다. 『풍속통서(風俗通序)』에서 이르길 "주(周)와 진(秦)은 항상 그 해 8월에 유헌사를 파견하여, 그 시대에 부합하지 않는 방언을 구하였다."라고 하였다.

149 이 의미를 함풍 5년본과 민국 21년본의 원문에는 '채(采)'로 적고 있는데, '까오은꽝의 주석본'에서는 '채(採)'자로 표기하고 있다.

150 이 의미를 함풍 5년본과 민국 21년본의 원문에는 '라(覵)'로 표기하고 있으나, '까오은꽝의 주석본'에서는 '난(亂)'자로 적고 있다.

덮으면 묵은 뿌리를 뽑을 수 있으니, 경작하는 자는 서둘러 갈이해야 한다."[152] 정현의 『월령(月令)』에 대한 주석은 농서에서 인용한 것이다. "힘써 10경을 경작하면 좋은 곡식을 거둘 수 있다." 왕가(王嘉), 『습유기(拾遺記)』에서 인용하였다. "3월 황혼 무렵에 삼수성[參星][153]이 석양으로 기울면 살구꽃이 활짝 피며, 뽕잎이 희게 된다."라고 하였다. "하고[河]와 대각성[角][154] 두 별이 동서東西로 비칠 때는 바로 농번기에 이른 것으로 농민이 야간작업을 행한다. 이성[犁星][155]이 서쪽으로 질 때 물이 바로 얼게 된다." 최

語. 土上冒橛, 陳根可拔, 耕者急發. 鄭氏注月令引農書. 力勤十頃, 能致嘉穎. 王嘉拾遺記. 三月昏, 參星夕, 杏花盛, 桑葉白. 河射角, 堪夜作. 犁星没, 水生骨. 崔實四民

---

151 이 의미를 함풍 5년본과 민국 21년본의 원문에는 '상(上)'으로 쓰고 있는데, '까오은꽝의 주석본'에서는 '장(長)'으로 표기하고 있다.

152 이 말은 『제민요술』, 『사민월령』, 『범승지서』 등의 책에서 모두 인용하고 있다. 스성한[石聲漢]이 저술한 『범승지서금석』 중에는 "봄에, 1자[尺] 2치[寸] 길이의 작은 나무 말뚝을 땅 속에 1자 깊이로 박고, 2치는 지면에 드러나게 해 둔다. 토양이 얼었다가 녹으므로 인해서 부피가 증가하여 위로 솟아오르면서, 작은 나무 말뚝이 지면에 드러난 2치 길이가 잠기는데, 이때 밑에 남아 있는 죽은 뿌리는 쉽게 손으로 뽑을 수 있으며, 급하게 땅을 갈이해야 한다."라고 해석하였다.

153 '삼(參)': 별이름이며, 삼수성(三宿星)을 가리키고, 28수의 하나이며, 백호 7수의 마지막 별이다. 별이 7개 있으며, 이는 곧 오리온자리 7성이고, 그중에서 아주 밝고 가까이 있는 세 별이 삼수성이다.

154 '하(河)'는 '하고(河鼓)'를 가리키며, 하고(河皷)라고도 쓴다. 별의 이름으로, 우수(牛宿)에 속하고, 견우성의 북쪽에 있다. 일설에는 즉 견우성이라고도 한다. '각(角)'은 대각성(大角星)으로 목자자리의 알파별인 1등성 아크투루스이다. 천동(天棟)이라고도 부르며, 천왕의 제정(帝廷)으로 간주된다.

155 이 단어를 함풍 5년본의 원문에는 '이성(犁星)'으로 적고 있는데, 민국 21년본에는 '이성(梨星)'으로 쓰고 있으며, '까오은꽝의 주석본'에서는 '이성(犂星)'이라고 표기하고 있다. '이성(犁星)'은 초겨울 새벽에 적도 상공의 오리온자리에 있는 별

실(崔實[156]), 『사민월령(四民月令)』의 농어(農語)[157]를 인용한 것이다. "귀뚜라미와 매미[蜻蛉]가 울면 (겨울용) 갖옷을 짓는다. 귀뚜라미[蟋蟀]가 울면 게으른 며느리가 놀란다."[158] 『월령(月令)』주의 방언[里語]에서 인용하였다. "사적산(射的山)의 돌 색깔이 흰색이면 풍년이 들어 쌀값이 떨어져 1곡이 100전에 불과한데, 사적산의 돌이 검은색을 띠면 흉작이 들어 1곡은 1,000전이 된다."[159] 여도원(酈道元)의 『수경주(水經注)에 있는 농언에서 인용하였다. "못이 넓으면, 하전(下田)이 좋다." 『수경주』에서 인용하였다. "곡식을 (많이) 수확하고 싶으면 싹이 말의 귀처럼 쫑긋할 때 김을 매어야 한다. 그대가 부자가 되려고 한다면 가을에 김을 매고, 맥의 뿌리를 복토하라.[160]" 가사협(賈思

月令引農語. 蜻蛉鳴, 衣裘成. 蟋蟀鳴, 懶婦驚. 月令注引里語. 射的白, 斛米百, 射的元, 斛米千. 酈道元水經注引諺語. 陂汪汪, 下田良. 水經注. 欲得穀, 馬耳鏃. 子欲富, 黃金覆. 賈思勰齊民要術. 槵厘厘, 種黍時. 齊民要術

로서, 삼수성[參星]의 3개의 별이 가로로 3개, 세로로 3개가 놓여 쟁기 모양을 구성한다.

156 이 인명을 함풍 5년본과 민국 21년본의 원본에는 '최실(崔實)'로 적고 있는데, '까오은꽝의 주석본'에서는 '최식(崔寔)'으로 적고 있다. '최식(崔寔)'의 자는 자진(子眞)이고, 일명 태(台)라고 하며 후한 말년에 태어났다. 저작으로는 『사민월령』이 있는데, 후한시기부터 남아서 전해져 내려오는 유일한 농서이다.

157 이 단어를 함풍 5년본과 민국 21년본의 원본에는 농어(農語)로 쓰고 있으나, '까오은꽝의 주석본'에서는 『사민월령(四民月令)』에 근거하여 '농요(農謠)'로 고쳐 적고 있다.

158 가을 귀뚜라미의 소리를 듣고 아직 겨울옷을 준비하지 못한 게으른 며느리가 놀란다는 의미로서 겨울이 닥쳤음을 의미한다.

159 북위 여도원(酈道元)의 『수경주(水經注)』「절강수(浙江水)」에 등장하는 내용으로 원문에는 '원(元)'대신 '현(玄)'으로 쓰여 있다. 사적산은 절강성 소흥 남쪽 15리에 있으며, 산상에 '사적석(射的石)' 있어서 그 색깔로써 풍흉을 판단했다고 한다.

鍹)『제민요술(齊民要術)』에서 인용하였다. "오디가 주렁주렁 달릴 즈음이 기장을 파종할 때이다."『제민요술(齊民要術)』(권2「서제(黍穄)」편)의 주이다. "좌고와 행상은 황무지를 개간한 것만 못하다." "습지에 밭을 갈고, 소택지에 김매는 것은 집에 돌아가는 것만 못하다." "갈이하고 힘써 관리하지 않으면, 해치는 것만 못하다."『왕정농서(王禎農書)』[161]에서 인용하였다. 이것들은 모두[162] 이치에 맞는 말들이며, 아울러 하찮은 속언이 아니다. 이들의 말은 토착 발음에 가까워서 현지에서 적용하기 매우 좋다. 비록 생사와 삼[麻]이 있을지언정 야생의 골풀과 황모새끼를 버리지 못하는 것과[163] 같다. 그들은 힘들게 농사에 종사해 왔으며 질박하고 거칠어서 화려하지 않다. 『관자管子』, 『여씨춘추呂氏春秋』 등의 서적과 범승지, 최식崔寔, 가사협[164] 등의 저작은 그들이 아직

注. 坐賈行商, 不如開荒. 淫耕澤鉏, 不如歸去. 耕而不勞, 不如作暴. 王禎農書. 斯竝至理恒言, 不涉纖俗. 其或發聲近鄙, 適用惟良. 雖有絲麻, 無棄菅蒯. 以彼廛身從事, 樸野不文. 管子呂覽之篇, 氾勝崔賈之說, 目未劉覽, 言輒符合. 自天

---

160 "자욕부, 황금부(子欲覆, 黃金覆)": 이 두 구절은『제민요술』에서『범승지서』의 "황금으로 덮는다는 것은 가을에 맥을 호미질하고, 섶을 끌어다가 맥의 뿌리를 덮는다."에서 인용한 것이다.

161 『왕정농서』에서『제민요술』을 인용한 것이다.

162 이 말의 의미를 함풍 5년본과 민국 21년본에는 '병(竝)'으로 적었으나, '까오은꽝의 주석본'에서는 주로 '병(並)'자로 고쳐 적고 있다.

163 이 두 구절의 출처는『좌전』「성공9년」이다. '괴(蒯)'는 다년생 풀로서, 줄기는 자리로 엮을 수 있고, 종이를 만들 수 있다. '관(菅)'은 화본과 식물로, 짚과 잎은 종이를 만드는 원료로 쓰인다.

164 '가(賈)':『제민요술』의 저자인 가사협을 가리킨다. 6세기 경 후위(後魏) 사람으로, 고양군(高陽郡) 태수였던 사실 정도만 알려져 있다.

읽어보지는 못했지만, 말하는 도리는 그 책들과 서로 부합되었다. 천시天時, 지리地利, 인정, 풍속은 모두 입증할 만한 믿음이 있고, 허구적인 수식이 없으니, 어찌 그것에 따르면 얻고 그것을 어기면 잃지 않겠는가. 비록 공자는 일찍이 자신을 탄식하여 "경험 있는 농부만 같지 못하다."라고 했을지라도,[165] 반고는 '농사짓는 촌놈[鄙者]'이라고 비웃으며, 오솔길의 진흙같이 작은 일(농업)에 구애되는 자는 장부가 되지 못한다고 하였다.[166] 그러나 일 년에 3번 변하는 조[禾][167]의 근본은 잘 파종하고 관리하는 것이며, (2인 1조組가 되어 쟁기질하는) 우리耦犁의 방법[168]은 백성을 부유하게 하니, 이것이 어찌 자질구레하고 작은 일이라고 말할 수 있는가? 간단하게[169] 이들을 제시해 본다.

時地利人情土俗, 竝有徵信, 無假彫飾, 豈非循之則得, 違之則失者哉. 雖孔門興不如之歎, 班氏有鄙者之譏, 小道恐泥, 壯夫不爲. 然三變之禾, 取其顧本, 耦犁之法, 足以富民, 豈曰瑣屑. 槩以略諸.

---

165 『논어』「자로」에 따르면 번지(樊遲)가 농사에 대해 가르침을 청하자 공자가 답하여 가로되 "나는 경험 있는 농부만 같지 않다."라고 하였다.

166 『한서』「예문지(藝文志)·제자략(諸子略)」에서 '장부(莊夫)'는 '군자(君子)'인데 여기에서는 인용이 잘못된 것이다.

167 '삼변지화(三變之禾)': 『회남자』「무칭훈(繆稱訓)」에서는 "선생이 조[禾]가 3번 변하는 것을 보고 도도하게 말하기를 '여우는 언덕을 향해서 죽는데 나의 머리도 벼의 머리처럼 구부러지겠는가?'"라고 하였는데, 주(注)에 이르길 '삼변(三變)'은 조[粟]를 파종하기 시작해서, 싹이 나고, 이삭이 달리는 것이라고 하였다.

168 '우리(耦犁)': 고대의 경작방법으로 두 사람이 1조가 되어서 하나의 보습 또는 두 개의 보습으로 마주 보거나 어깨를 나란히 하여 발토하는 방식이다.

169 이 의미를 함풍 5년본과 민국 21년본의 원문에는 '개(槩)'로 표기하고 있으며, '까오은꽝의 주석본'에서는 '개(槪)'자로 적고 있다.

1) 사시四時의 농언

(1) 봄

입춘[打春]¹⁷⁰이 되면 40일 동안 가지가 봄바람에 흔들리고, 어떤 바람이 불어도 차가움을 느끼지 못한다.¹⁷¹ 춘풍은 차갑지 않다.¹⁷²

입춘[打春]이 되면 목이 짧은 가죽신¹⁷³을 신고 홑옷을 입는다. 버선¹⁷⁴을 신지 않는다.¹⁷⁵

일 년에 입춘[打春]이 두 번이면¹⁷⁶ 황토가 금으로 변한다.

경칩驚蟄¹⁷⁷에는 강이 녹아서 열린다. 또한 말하길 '경칩에는 강이 녹거나 강이 녹지 않는다.'고 한다.

강이 풀렸다가 다시 얼면¹⁷⁸ 곡식을 두 번

打了春, 四十日擺條風, 風莫風, 不上身. 春風不寒.

打了春, 連鞵單布裙. 不著襪.

一年打兩春, 黃土變成金.

驚蟄河開. 又曰, 驚蟄河開河不開.

河重凍, 穀重種.

---

170 '입춘': 양력으로 약 2월 4일 전후이다.

171 산서성 방언에는 '입춘'을 일컬어 '타춘(打春)'이라 하고, 입춘 후 날씨가 따뜻해지기 시작하며, 봄바람이 작은 나뭇가지를 흔들며 바람이 사람 몸위에 불어도 냉기를 느끼지 못한다. '막(莫)'은 '어떤[麼]'에 해당한다.

172 '춘풍불한(春風不寒)': 함풍 5년본과 민국 21년본에는 이 문장이 있으나 '까오은꽝의 주석본'에서는 누락되어 있다.

173 '혜(鞵)'를 함풍 5년본과 민국 21년본에서는 이와 같이 적고 있으나, '까오은꽝의 주석본'에서는 '혜(鞋)'자로 표기하고 있다.

174 '말(襪)'을 함풍 5년본과 민국 21년본 원문에서는 이와 같이 적고 있으나, '까오은꽝의 주석본'에서는 '말(褫)'자로 고쳐 적고 있다.

175 입춘 후 날씨가 따뜻하게 변화하는 것을 가리킨다.

176 음력 1년 안에 입춘이 두 번 출현하는 것을 가리킨다.

177 '경칩': 양력으로 3월 6일 전후이다.

178 봄철에 강이 다시 어는 것을 가리키며, 곡식이 모를 지탱하기 어려워서 두 번째

파종한다. 꽃샘추위에는 강이 녹았다가 다시 언다.

경칩驚蟄에 우레 소리를 들으면 좁쌀 값이 진흙과 같을 정도로 풍년이 든다.[179] 또한 경칩 때의 우레를 '설리뢰(雪裏雷)'[180]라 부르며, 풍년을 기약한다.

춘분春分[181]에는 밀[麥]을 (자동파종기인) 누거로 파종한다.[182] 이때 밀은 봄밀[春麥]이다.

춘사春社[183]에 제비가 온다.

봄바람에 비가 내리면 아픈 사람이 드물다.

청명淸明[184]에는 (겨울에 파종한) 마늘을 옮겨 심는다. 또한 말하길, 청명(淸明)에는 집에 있지 않고, 백로(白露)[185]에는 밖에 있지 않는다. 마늘을 옮겨 심고 수확하는 시기를 말한다.

청명절이 2월에 있으면 꽃이 빨리 피고, 청명절이 3월에 있으면 꽃이 피지 않는다.[186]

春寒, 河開復凍.

驚蟄聞雷米如泥. 又, 驚蟄雷謂之雪裏雷, 主豐年.

春分耩麥. 春麥.

春社燕來.

春風有雨病人稀.

清明栽蒜. 又曰, 清明不在家, 白露不在外. 謂種蒜收蒜時也.

二月清明有花, 三月清明無花.

파종이 필요하다.

179 '미여니(米如泥)': 쌀값이 싸서 진흙과 같다는 의미로, 풍작을 설명하는 말이다.

180 함풍 5년본에서는 '설리뢰(雪裏雷)'라 적고 있으나 민국 21년본과 '까오은꽝의 주석본'에서는 '설과뢰(雪裹雷)'로 표기하고 있다.

181 춘분: 양력 3월 21일 전후이다.

182 '강(耩)': 파종기[耬]를 사용해서 파종하는 것이다.

183 '춘사(春社)': 입춘 후 다섯 번째 무일(戊日)이 춘사일(春社日)이다.

184 이 단어를 함풍 5년본과 민국 21년본의 원문에는 '청명(淸明)'이라 적고 있는데, '까오은꽝의 주석본'에서는 '청명(清明)'으로 표기하고 있다. 본서에서의 전후에서도 '청명(淸明)'이라고 적고 있다. '청명'은 양력 4월 5일 전후이다.

185 '백로': 양력 9월 8일 전후이다.

186 이것은 춘한(春寒)을 말하는 것으로, 춘한은 각종 농작물의 생장에 영향을 주어 꽃 피는 시기도 늦어진다는 의미이다.

(2) 여름

곡우穀雨[187]에는 산비탈 밭을 누거로 파종한다. 곡식의 파종[種穀]은 산비탈이 따뜻하기 때문에, 일찍 파종한다.

곡우에는 서로 머리를 부딪칠 정도로 (바쁘게) 파종하며,[188] 입하立夏[189]에는 강의 완곡 부분에 파종한다. 강가는 차기 때문에 늦게 파종한다.

입하立夏에 호마胡麻[190]를 파종하면 온갖 가지가 사방으로 뻗어 나가며, 소만小滿[191]에 호마胡麻를 파종하면 가을이 되어서야 단지[192] 꽃이 피게 된다.

밀[小麥]은 4월의 비를 기다린다. 또한 말하길, 밀은 네 절기의 비를 기다리며, 대개 밀의 성장은 사계절에 영향을 받는다.

입하에는 검은 종자를 심지 않는다. 이는 검은콩을 가리킨다.

穀雨耩山坡. 種穀山坡暖, 故早種.

穀雨搶頭種, 立夏種河灣. 河地寒, 故遲種.

立夏種胡麻, 九股八格杈, 小滿種胡麻, 到秋只開花.

麥望四月雨. 又曰, 麥望四節雨, 蓋麥秀四節也.

立夏不種黑. 謂黑豆.

---

187 '곡우': 양력 4월 20일 전후이다.

188 이 문장은 곡우 때는 앞을 다투어 씨를 뿌리고, 앞다투어 첫 번째를 쟁취한다는 의미이다. 따라서 곡우절기는 봄파종의 결정적 작용을 하는 시기를 가리킨다.

189 '입하': 양력 5월 6일 전후이다.

190 여기서의 호마에 대해서는 「마수농언주석 초판서언[馬首農言注釋序]」의 각주를 참고하라.

191 '소만': 양력 5월 21일 전후이다.

192 이 단어를 함풍 5년본과 민국 21년본의 원문에는 '지(只)'자로 적고 있는데, '까오은꽝의 주석본'에서는 '지(祗)'자로 표기하고 있다.

(비가) 초하루 혹은 초이튿날에 내리면 (수확량이) 두 냥 부족하고, (비가) 초사흘, 초나흗날에 내리면 맥의 잎이 누렇게 되고, (비가) 초닷새, 초엿샛날에 내리면 서리가 일찍 내리고, (비가) 초이레, 초여드렛날에 내리면 수확이 마당에 가득 찬다. (비가) 초아흐레, 초열흘날에 내리면 마당에 대수가 지고 십일일과 십이일에 내리면 식량이 남아돈다.[193] 4월에 비를 점친 것에는 도광 11년 4월 8일 비가 내리면 그해에 풍년이 든다.

4월 4일은 밀이 패기[194] 시작하고, 오월 단오에는 밀이 모두 다 팬다.[195]

3월에는 검은콩을 내고 4월에는 쌀을 조세로 납입한다. 이것은 식량을 납입하는 것을 일컫는다.

4월 8일에 (서리가 내리면) 갓 나온 검은콩의 모종이 얼어 죽는다.[196]

소만 전후에 외는 손으로 덮고 콩은 점파한다.

소만 때는 밀의 마디가 고정된다. 태(胎)는 밀

初一初二缺斤兩, 初三初四麥彈黃, 初五初六霜降早, 初七初八打滿場. 初九初十溢了場, 十一十二有餘糧. 四月占雨, 道光十一年四月八日雨, 是歲豐.

四月四, 麥挑旗, 五月端午麥秀齊.

三月黑豆四月米. 謂納糧.

四月八, 凍煞黑豆甲.

小滿前後, 安瓜點豆.

小滿麥定胎. 胎,

---

193 대개 음력 4월 상·중순에 비가 내리는 날을 가리킨다.

194 '패다'는 곡식의 이삭 따위가 나온다는 의미이다. '배다'라는 의미는 식물의 줄기 속에 이삭이 생기다. 또는 이삭을 가진다는 의미이다.

195 밀이 이삭이 패기 전에 마지막 한 잎을 기엽(旗葉)이라고 부르며 도기(挑旗)는 바로 기엽(旗葉)이 나오는 것으로서 이는 곧 이삭이 펴려고 하는 것이다. 수제(秀齊)는 밀 이삭이 모두 편 것을 가리킨다.

196 음력 4월 8일에 늦서리가 내리면 검은콩의 모가 얼어 죽게 된다.

의 마디이다.

조의 파종은 소만 때까지 끝낸다.

소만에 꽃이 만개하면 목화꽃이다. 집에 돌아
가지 못한다. 면화의 파종이 늦어지면 수확하지 못한
다.¹⁹⁷

홰나무[槐]의 어린 싹이 닭발과 같으면, 조
[穀]는 다소 드물게 파종한다.

망종芒種¹⁹⁸ 때는 기장을 서둘러 파종하고,
하지 때에도 늦지 않다.

망종芒種에는 일찍이 파종한 기장[穉黍]¹⁹⁹이
싹이 난다.

망종芒種때에 기장에 싹이 나지 않으면, 서
둘러 조[穀]를 파종한다. 이것은 거듭 파종한다는 것을
일컫는다.

돈이 있어도 오월의 가뭄²⁰⁰은 사기 어려우
며, 유월에 계속 구름이 끼면 배불리 먹을 수
있다.

하짓날에 비가 오면 조금만 와도 천금의 가

麥節也.

穀種至小滿.

小滿花, 棉花. 不
回家. 棉花遲種則不
收.

槐芽兒雞爪, 種
穀稀少.

芒種急種黍, 夏
至也不遲.

芒種穉黍生芽.

芒種黍子急種
穀. 謂重種者.

有錢難買五月
旱, 六月連陰喫飽
飯.

夏至日得雨, 一

---

197 "불회가(不回家)"는 함풍 5년본과 민국 21년본과는 달리 '까오은꽝의 주석본'에
서는 "불회가(不回家)"로 적고 있으며, 아울러 다음에 "면화지종즉불수(棉花遲種
則不收)"라는 소주가 누락되어 있다.

198 '망종(芒種)': 24절기의 하나로, 양력 6월 6일경이다.

199 '직서(穉黍)': 직서는 일찍 파종한 기장이다.

200 음력 5월에는 각종 작물이 모두 싹이 나는 시기로서, 가물면 어린 싹이 단련이 되
어서 모가 자리 잡는[蹲苗] 작용을 일으킨다.

치가 있다.

하지에는 고산에 기장을 파종하지 않으나, 2무의 땅[坰]에 메기장[虋²⁰¹子]을 심는다. 경(坰)은 면적단위인 무(畝)를 일컫는다.

절기가 적합하든 적합하지 않든, 하지가 되면 보리를 먹는다. 또한 이르기를 하지에는 깍지[角角]를 먹으며, 이것은 콩깍지[豆角]를 일컫는다. 보리는 밀의 별종이다.

하지까지는 모종을 남기지 않는다. 근대[苔蓬], 회회배추[回回白菜²⁰²]의 각종 모종을 일컬으며, 이때까지 모두 파종한다.

검은콩은 부끄러움을 알지 못하고, 여름에 꽃이 펴서 입추까지 간다.²⁰³

5월과 8월이 작은 달이면 만전[晚田]에는 종자를 적게 파종한다. 이것은 서리가 내리는 것이 빠름을 이른다.

5월이 작은 달이면 반드시 수확이 좋고,²⁰⁴ 5월이 큰 달이면 두렵게 된다.

點值千金.

夏至不種高山黍, 還有兩坰種虋子. 坰, 畝也.

得節不得節, 夏至喫大麥. 又曰, 夏至喫角角, 謂豆角也. 大麥, 麥別種.

夏至不留秧. 謂苔蓬回回白菜諸秧, 至此皆種.

黑豆不識羞, 夏至開花立秋了.

五八月小盡, 晚田少種. 謂霜降早.

五月小, 必定好, 五月大, 必定怕.

---

201 이 단어를 함풍 5년본과 민국 21년본의 원문에는 '마자(虋子)'로 적고 있는데, '까오은꽝의 주석본'에서는 '미자(糜子)'로 표기하고 있다.

202 '회회백채(回回白菜)'를 민국 21년본에서는 '회회백채(回回白菜)'로 쓰여 있으며, '까오은꽝의 주석본'에서는 '회회채(回回菜)'라고 표기하고 있다.

203 검은콩의 꽃의 꽃피는 시기가 길어서, 하지에서 입추까지 모두 꽃이 달려 있다.

204 이 의미를 함풍 5년본과 민국 21년본의 원본에는 '필정호(必定好)'로 적고 있는데, '까오은꽝의 주석본'에서는 '필정소(必定小)'라고 표기하고 있다.

소서에는 콩깍지[角角][205]를 먹고, 대서에는
밀[麥麥]을 먹는다. 콩깍지[豆角]를 일러 각각(角角)이라
한다. 금유암(金劉嵒)의 노첨시에 "주방에서 콩깍지[豆角]를
요리하는 것이 향기롭도다."라는 구절이 있다.

은하수[天河][206]가 각이 질 때는 콩깍지[豆角]를
먹으며, 은하수[天河]가 동서로 펼쳐질 때는 갓
나온 좁쌀[米][207]을 먹는다.

하지에 이후 세 번째 경일[庚]은 복일[伏]에
진입하고, 입추에 5번째 무일[戊]이 되면 추사가
된다. 6번째 무일인 것도 있다.[208]

밀[小麥]은 중복의 기운을 받지 못한다. 또한
이르기를 "밀은 복날의 기운을 받지 못한다."라고 한다.

복날에 비가 오지 않으면, 조에 낱알이 생
기지 않는다.

小暑喫角角, 大
暑喫麥麥. 豆角謂之
角角. 金劉嵒老瞻詩有
廚香炊豆角之句.

天河掉角喫角
角, 天河東西喫新
米.

夏至三庚入伏,
立秋五戊爲社. 有
六戊者.

麥子不受中伏
氣. 又曰, 麥子不受伏
家氣.

伏裏無雨, 穀裏

---

205 남경농대(南京農大), 후이푸핑[惠富平] 교수의 지적에 의하면, 수양(壽陽)지역의
속어에서는 '각각(角角)'을 '두각(豆角)'이라고 부르는데, 수양지역의 방언 중에서
'각각'은 완두(豌豆)이며 또한 '완두각각(豌豆角角)'이라고도 부른다고 한다.
완두는 갓 알이 달리면서부터 식용할 수 있으며, 밀은 대략 대서 무렵에 비로소
익게 된다. 여기서 '각각(角角)'과 '맥맥(麥麥)'으로 처리한 것은 수양의 방언 중에
'각'은 'jue'로 읽고, 맥은 방인으로 'mie'로 읽어서 상호 압운을 맞춘 것이라고
한다.

206 은하수[天河]는 창공의 은하계를 가리킨다.

207 여기서의 미(米)는 화북지역이기 때문에 조를 가리키는 듯하다.

208 옛 시간에는 갑(甲), 을(乙), 병(丙), 정(丁), 무(戊), 기(己), 경(庚), 신(申), 임
(壬), 계(癸)를 '천간(天干)'이라고 일컬으며, 날은 이러한 순서에 따라 배열되며,
하지 이후 3번째 경(庚)일이 복날이 되며, 입추 이후 5번째 무(戊)일이 추사일이
된다.

초복에 호미로 깊이 김을 매면 항아리에 곡식이 가득하고, 중복에 김을 매면 항아리의 절반이 차고, 말복에 김을 매면 곡식이 거의 나지 않는다. '누(耬)'는 호미질하는 깊이이며, '유(油)'는 낱알이 가득 찬다는 의미이다.[209]

초복에 무[蘿蔔]를 파종하고 말복에는 유채를 파종한다. 또한 이르기를 초복에 순무를 파종하고, 말복에는 갓을 파종한다.[210]

無米.

頭伏耬, 滿罐油,
二伏耬, 半罐油, 三
伏耬, 沒來由. 耬, 鋤
之深也, 油, 粒飽湛也.

頭伏蘿蔔末伏
菜. 又曰, 頭伏蔓菁末
伏芥.

(3) 가을

입추에 비가 오면 만물의 수확이 좋아지며, 처서에 비가 오면 만물을 잃게 된다.

입추 3일간은 씨를 뿌리지 않는다.

입추가 빨리 들면 바람이 서늘하고, 입추가 늦게 들면 소가 햇볕에 더워서 죽는다. 입추가 오일(午日)의 전에 오면 빠르고, 오일(午日)의 이후에 오면 늦다고 말한다.

처서에는 더위가 더 이상 오지 않는다.

처서에는 고량을 먹는다. 주로 풍년의 조짐이다.

立秋有雨萬物收,
處暑有雨萬物丟.

立秋三日不下子.

早立秋, 涼颼颼.
晚立秋,　曬煞牛.
謂立秋時刻午前爲早,
午後爲晚.

處暑熱不來.

處暑喫高粱.　主
豐收.

---

209 이때 '유(油)'가 기름일 가능성도 없지 않다. 만일 이 곡식이 대두라면 착유한 기름을 의미한다고 볼 수도 있다.

210 여름에 호미질을 일찍 해야 하며, 호미질이 늦을수록 증산은 적어진다.

조의 이삭 끝이 누렇게 되면 전반적으로 한 차례 호미질을 해 준다.

8월 초에 한바탕 비가 내리면, 가뭄이 이듬해 5월까지 간다.

백로에는 곡물을 심은 절반의 밭을 수확한다. 소마(小䕲[211]), 소서(小黍), 소두(小豆)는 이때 수확한다.

일제히 이슬이 내리면, 외[瓜]와 흰콩[白豆]을 거둔다.

백로에는 겨울밀[宿麥]을 갈이한다.

7월 15일에는 메밀 꽃밭을 거닌다. 메밀꽃이 핀다는 의미이다.

7월에 백로白露가 들면, 밀을 일찍 파종하고, 8월에 백로가 들면 밀을 늦게 파종한다.

추분에는 밀을 누거로 갈이하여 파종한다. 이때 밀은 겨울밀[宿麥]이다.

추분에는 밭을 간다.

추사秋社[212]가 앞서고 추분이 뒤에 오면 반드시 수확이 좋으며, 추분이 앞서고 추사가 뒤에 오면[213] 배고픔을 견뎌야 한다.

추분을 두려워하거나 추사를 두려워하지

穀兒黃掛頭, 全憑鋤一鋤.

八月初一灑一陣, 旱到明年五月盡.

白露一半田. 小䕲小黍小豆此時有成熟者.

齊少露, 摘瓜挽小豆.

白露耕宿麥.

七月十五遊花田. 蕎麥開花.

七月白露麥種早, 八月白露麥種遲.

秋分耩麥. 宿麥.

秋分割田.

先社後秋分, 必定好收成, 先秋分

---

211 이 단어를 함풍 5년본과 민국 21년본의 원문에서는 '소마(小䕲)'로 적고 있으나, '까오은꽝의 주석본'에서는 '소미(小糜)'자로 표기하고 있다.

212 '추사(秋社)': 입추(立秋) 후 다섯 번째의 무일(戊日)이다.

213 추사일은 어떤 때는 추분 전에 있고, 어떤 때는 추분 이후에 있다.

않고, 단지[214] 주야가 그날 밤에 같아지는 (그 이후에 밤이 길어지면서 서리가 많이 내리게 되는) 것을 두려워한다. 추분날 밤에 서리가 많이 내린다.

추사 이후 10일이 되면 밭에 작물이 더 이상 자라지 못하고 말라 죽는다.[215]

추사秋社에는 제비가 떠나간다.

한로절寒露節[216]에는 온갖 풀이 말라 죽는다.

(농민들은) 구월 구일 중양절[217]에 (비가 오기 바라는데,) 만약 오지 않으면 음력 13일[218]에 비가 내려 주기를 바란다. 만약 9월 13일을 기다렸는데 여전히 비가 오지 않으면, 그해 겨울 내내 건조한 날씨가 이어지게 될 것이다.

상강霜降[219]절에는 갈대를 벤다.

상강절에는 다리를 수리한다.

後社, 必定忍餓.

不怕秋分不怕社, 只怕晝夜相停那一夜. 秋分夜多霜.

過社十日無生田.

秋社燕去.

寒露百草枯.

重陽無雨盼十三. 十三無雨一冬乾.

霜降割葦.

霜降搭橋.

---

214 이 단어를 함풍 5년본과 민국 21년본의 원문에는 '지(只)'로 적고 있는데, '까오은 꽝의 주석본'에서는 '지(祇)'자로 적고 있다.

215 추사 이후 10일이 되면, 토지의 작물이 기본적으로 모두 말라 죽는다.

216 추분과 상강 사이에 있는 24절기의 하나로 양력 10월 8일 무렵이다. 이때에는 공기가 점차 선선해지면서 이슬이 찬 공기를 만나서 서리로 변해 가는 계절이다.

217 '중양(重陽)': 음력 9월 초아흐레이다.

218 중양절(重陽節)의 기후를 점치는 내용으로, 여기서의 '십삼(十三)'이 9월 13일의 의미인지 10월 3일인지, 아니면 13일간인지 분명하지 않다. 여기서는 9월 13일의 의미로 해석했다.

219 '상강(霜降)': 양력 10월 24일경이다.

(4) 겨울

입동에는 소를 부리지 않으나, 양지 쪽 3무를 갈이한다.[220]

'소설小雪에는 양이 우리로 돌아온다[221].

소설에는 땅이 (얼어 갈이할 수 없어서) 봉쇄되고, 대설에는 강이 (얼어서 건너갈 수 없어) 봉쇄된다.[222]

동지가 맑으면 새해는 구름이 낀다. 동지일이 맑으면 정월 초하루에는 구름이 끼고 바람은 없으며 풍년의 조짐이다.

동지를 신년으로 인식하면, 다가올 새해가 묵은 날이 된다.

동지가 되면 처음으로 양기가 생겨난다.

(동지로부터) 9일 후인 1구일과 18일 후인 2구일에는 밥을 먹을[223] 때조차 (추위) 손을 꺼내지 않는다. 3구일과 4구일에는 얼어서 방아와 절구가 부서질 듯 불안하다. 5구일과 6구일에는 강가에 있는 수양버들을 본다. 또한 이르기를

立冬不使牛，還有三坰朝陽地．

小雪羊回圈．

小雪封地，大雪封河．

明冬暗年． 冬至日晴，元旦陰無風，主豐年．

新冬舊年．

冬至一陽生．

一九二九，喫飯溫手． 三九四九，凍破碓臼． 五九六九，沿河看柳． 又曰，開門叫狗． 七九

---

220 입동 이후에는 일반적으로 더 이상 땅을 갈지 않으나, 약간 양지쪽에는 여전히 갈이할 수 있다.

221 '회(囘)'를 '까오은꽝의 주석본'에서는 함풍 5년본과 민국 21년본과 달리 '회(回)'자로 적고 있다.

222 '소설(小雪)'은 양력 11월 22일이고, '대설(大雪)'은 양력 12월 7일이다.

223 '먹는다'는 표현을 함풍 5년본과 민국 21년본에서는 '끽(喫)'으로 표기하고 있는데, '까오은꽝의 주석본'에는 '흘(吃)'로 적고 있다.

문이 열리면 개가 짖는다.[224] 7구일에는 기러기가 오고, 8구일에는 강이 풀린다.[225] 또한 이르기를 7구일과 8구일에는 강가에 있는 수양버들을 본다고 한다. 구구일에서 또 9일을 더하면 리루犁耬가 땅에 두루[226] 돌아다닌다. 일설에서는 리루(蠡[227]耬)를 벌레의 이름이라고 하는데, 크기는 쌀알과 같으며 색이 붉고, 애벌레 때에는 그것을 일러 '홍양파(紅陽婆)'라고 한다. 9구일 이후에는 이 벌레가 두루[228] 다니는 것이 내 눈에도 잘 보인다. 수양 땅은 한랭하여 이때는 리루(犁耬)로써 땅을 갈 수 없기 때문에 마땅히 벌레를 가리키는 것이 합당하다. 또 강가의 수양버들을 본다는 것은 특별히 강가의 수목이 연기와 같이 뿌옇다는 것을 말하며, 결코 수양버들의 색이 이처럼 푸르다는 것을 말하는 것이 아니다.

雁來, 八九河開. 又曰, 七九八九, 沿河看柳. 九九又一九, 犁耬徧地走. 一說蠡螻, 蟲名, 小如米, 色紅, 小兒謂之紅陽婆. 九九後此蟲徧地走, 余目驗良然. 壽陽地寒, 此時犁耬不能出地, 當指蟲言. 又, 沿河看柳, 特言近河樹木似有煙氣耳, 非謂柳色至此已靑也.

7구일에 강이 풀리고 풀리지 않는 것과 관

七九河開河不

224 이 소자(小字)를 '까오은꽝의 주석본'에서는 함풍 5년본과 민국 21년본과는 달리 앞문장의 '凍破碓臼' 다음에 삽입하고 있다. 그리고 문장 속의 글자도 함풍 5년본과 민국 21년본의 원문에는 '규(呌)'자로 표기하고 있는데, '까오은꽝의 주석본'에서는 '규(叫)'자로 적고 있다.

225 '七九雁來, 八九河開.'를 '까오은꽝의 주석본'에서는 함풍 5년본과 민국 21년본의 원문과는 다르게 '七九河開, 八九雁來.'로 적고 있다.

226 이 의미를 함풍 5년본과 민국 21년본의 원문에서는 '편(徧)'으로 적고 있는데, '까오은꽝의 주석본'에서는 '편(遍)'자로 고쳐 적고 있다.

227 '리(蠡)'를 '까오은꽝의 주석본'에서는 함풍 5년본과 민국 21년본의 원문과는 다르게 '리(犁)'자로 고쳐 적고 있다.

228 이 의미를 함풍 5년본과 민국 21년본의 원문에서는 '편(徧)'이라고 표기했는데, '까오은꽝의 주석본'에서는 '편(遍)'자로 고쳐 적고 있다.

계없이 8구일에 기러기가 온다는 것은 반드시 정해진 것이다. 도광 15년 2월 초이렛날에 처음으로 기러기 소리를 들었으며, 9구일은 2번째로 들은 날이다.

　　동지에서 63일이 지난 7구일에는 (풀린 강을 건너기 위해서) 행인이 길에서 옷을 걷어 올린다.

　　9구일에서 또 9일이 지나면 이것이 바로 춘분 때이다.

　　구일에 한바탕 바람이 불면 복날에는 한바탕 비가 내린다.[229]

　　6구일은 봄의 시작을 알린다.

　　섣달에 세 차례 폭우로 인해서[230] 빗방울이 얼음이 되어 나무에 달리고[樹稼],[231] 농민[莊家][232]이 문을 나서며 손뼉 치면서 (풍년이구나 하며) 크게 말한다. 도광 7년 12월 초3일, 초9일, 얼음꽃[冰花]이 나무에 가득 달리자, 이듬해에 크게 풍년이 들었다. 9년 정월 16일, 18일, 19일 세 번 나무에 얼음이 달리자, 또한 풍년이 들었다.

開, 八九雁來必定
來. 道光十五年二月初
七日始聞雁, 在九九第
二日.

七九六十三, 行
人路上把衣擔.

九九又一九, 便
是春分候.

九日一場風, 伏
日一場雨.

春打六九頭.

臘月三白兩樹
稼, 莊家出門拍大
話. 道光七年十二月
初三日初九日冰花滿
樹, 次年大有. 九年正
月十六日十八日十九

229　'수구(數九)'는 곧 9일이며 이날 바람이 많으면, 복날에는 비가 많이 내린다는 의미이다.

230　'백량(百兩)'은 '백우(白雨)'를 잘못 표기한 것으로 생각되며, 백우(白雨)는 소나기 또는 우박의 의미로 해석된다.

231　'수가(樹稼)': 또한 '목가(木稼)', '목개(木介)'로도 칭하며, 냉각된 빗방울이 지나면서 나무 위에 맺혀 언 것이다.

232　'장가(莊家)': 또한 '장호(莊戶)', '장객(莊客)'으로 부른다. 원래는 지주의 토지[莊田]에 있는 전농과 고용농을 가리키며, 또한 농민을 두루 지칭한다.

섣달 7일, 8일에 문을 나서면 얼어 죽는다.

섣달의 절반쯤 접어들면[233] 진흙물이 스며든다. 햇빛이 점점 나오면서, 햇살에 얼음이 녹는다.

겨울이 따뜻하면서 때때로 추우면, 봄의 한기가 나날이 사라진다.

날씨가 춥고 해가 짧으며, 바람이 없으면 따뜻하다.

진성辰星[234]이 달을 쫓으면, 밀의 수확이 좋고 달이 진성辰星을 쫓으면, 배고픔이 사람을 죽인다. 12월 24일 새벽 4시[五更]에 나타난다.

삼수성[參星][235]이 정남에 있을 때 작물을 수확하기 시작하며, 진성辰星이 정남에 이를 때 배년拜年[236]이 시작된다. 이것은 모두 단중성[旦中][237]을 가리키는 말이다. 『하소정(夏小正)』에서는 8월에 "삼수성[參星]이 남중하면 아침이다."라고 하였다. 속설에서는 "원단(元旦)에 신을 접하는 것이 곧 진성(辰星)을 접하는 것이다."라고 오장언(吳丈彦)이 명확하게 말했다. 허신의 『설문해자(說文解

日三番樹稼, 亦豐.

臘七臘八, 出門凍煞.

臘月半, 泥水滲. 陽氣漸生, 日光融也.

冬暖時時凍, 春寒日日消.

天寒日短, 無風就暖.

辰趕月, 好收麥. 月趕辰, 餓煞人. 十二月二十四日五更候之.

參正割田, 辰正拜年. 皆指旦中言. 夏小正, 八月參中則旦. 俗說元旦接神, 即接辰也. 吳丈彦明說. 許慎

---

233 이 의미를 함풍 5년본과 민국 21년본의 원문에는 '반(半)'이라고 적고 있는데, '까오은꽝의 주석본'에서는 '풍(豊)'자로 표기하고 있다.

234 '진성(辰星)': 심수성(心宿星)을 가리키며, 또한 '상성(商星)', '대화(大火)'로도 칭하고, 28수 중의 하나이다. 청룡 7수 중의 제5수이고, 별이 세 개 있으며, 이는 곧 천갈(天蝎)좌의 세 별이다.

235 '삼(參)': 별이름이며, 삼수성(三宿星)을 가리킨다.

236 중국 전통의 민간습속으로 한 해를 보내고, 새해를 맞는 송구영신의 시간이 되면서로 바람을 인사한다.

237 해가 돋을 때 천구(天球)의 정남쪽에 보이는 별이다.

字)』에서는 "신(曟238)은 방성(房星)이고, 백성의 농사시기를 알려 주는 것으로서, 정(晶)을 부수239로 하고, 진(辰)은 신(晨), 신(曟) 혹은 성(省)으로 발음한다."라고 하였다. 단옥재(段玉裁)가 주를 달아, 『이아(爾雅)』에서 이르길 "천사(天駟)는 방성(房星)이다. 대진(大辰)은 방수(房宿), 심수(心宿), 미수(尾宿)가 있다. 천관에서 동방의 창룡(蒼龍)이 된다."라고 하였다. 『주어(周語)』에서 이르길 "농상(農祥)은 신정(晨正)이다."라는 말이 있는데, 위(韋)가 이르기를 "농상(農祥)은 방성(房星)이다. 신정(晨正240)은 입춘일을 말하며, 신성(晨星)은 오시(午時)에 남중한다."라고 하였다. 농사의 징후에서는 그 때문에 '농상(農祥)'이라 하였다. 『이아(爾雅)』의 주석에 이르길 "용성(龍星)이 밝은 것으로써 그 시절과 징후로 삼기 때문에 대진(大辰)이라고 한다."라고 하였다. '신(晨)'을 풀어 나열하면 당연히 정(晶) 부수와 진(辰) 부수로 되어 있다.241 진(辰)은 때[時]이다. 진은 또한 그 글자의 소리이다. 백성이 밭을 갈 때 시(時)를 알려 주는 것은, 바로 진(辰)의 부수가 말해 준

說文解字, 曟, 房星, 爲
民田時者, 从晶, 辰聲
晨曟或省. 段氏玉裁
注, 爾雅曰, 天駟, 房
也. 大辰房心尾也. 於
天官爲東方蒼龍. 周語
曰, 農祥晨正, 韋曰,
農祥, 房星也. 晨正謂
立春之日, 晨中於午也.
農事之候, 故曰農祥.
爾雅注曰, 龍星明者,
以爲時候, 故曰大辰.
以晨解例之, 當云从晶
从辰. 辰, 時也. 辰亦
聲. 爲民田時者, 正爲
从辰發也. 曟, 星字, 亦

---

238 '신(曟)'을 '까오은꽝의 주석본'에서는 함풍 5년본과 민국 21년본과 달리 '신(晨)' 자로 적고 있다. 소주에 등장하는 '신신(晨曟)'도 까오은꽝의 주석본에서는 '신진(晨震)'으로 적고 있다.

239 이 의미를 함풍 5년본과 민국 21년본의 원문에서는 '종정(从晶)'으로 적고 있으나, '까오은꽝의 주석본'에서는 '종정(從晶)'으로 표기하고 있다.

240 이 말을 함풍 5년 원본과 민국 21년의 원본에서는 '신정(晨正)'으로 적고 있는데, '까오은꽝의 주석본'에서는 '진정(辰正)'으로 표기하고 있다.

241 '종정종진(从晶从辰)'을 '까오은꽝의 주석본'에서는 함풍 5년본과 민국 21년본과는 달리 '종정종진(從晶從辰)'으로 적고 있으며, 이어 등장하는 '종진(从辰)' 역시 '종진(從辰)'으로 적고 있다.

다. 신(晨[242])은 별[星]을 뜻하는 글자이며, 또한 세월이 흐르면서 진(辰)으로도 쓴다. 『주어(周語)』에서 이르길 "진(辰)은 농상(農祥)이다."라고 하였다. 정강성(鄭康成)[243]이 이르길 "무릇 저녁 무렵에 중성(中星)이 밝은 자가 인군이 되며, 남면(南面)하여 천하를 다스리고, 시후(時候)를 살펴서 백성에게 일을 준다."라고 하였다. 수양지역에서는 '북(北)'을 일러서 '정(正)'이라고 하는데, 대개 '정남면(正南面)'의 의미를 지니며, 방언은 심히 오래되었다.

어느 때 서리가 내리고 언제 동지가 되느냐? 동지 이후에 45일이 되면 입춘이 된다.[244] 서리가 내리는 것과 동지는 대부분 같은 날이다.

동지는 한식寒食[245]과 105일 만큼 떨어져 있으며, 한식寒食에서 복날까지는 고정된 수를 사용하지 않는다.[246] 동(冬)은 동지를 의미한다.

(바늘과 실을 이용해서 시간을 재는데) 동지가 지나면 바늘[247]이 길어지고, 해가 지나면 실의

經作辰. 周語, 辰馬農祥, 植鄰切. 鄭康成曰, 凡記昏明, 中星者爲人君, 南面而聽天下, 視時候以授民事. 壽陽北謂之正, 蓋即取正南面之義, 方言甚古.

幾時霜降幾時冬. 四十五天就打春. 霜降冬至多同日.

冬離寒節一百五, 寒節離伏不用數. 冬謂冬至.

過了冬, 長一鍼. 過了年, 長一綫.

---

242 이 단어를 함풍 5년본과 민국 21년본의 원본에는 '신(晨)'으로 표기하고 있지만, '까오은꽝의 주석본'에서는 '신(晨)'자로 고쳐 적고 있다.

243 '강성(康成)': 후한 말 학자 정현의 자(字)이다.

244 상강(霜降)과 동지는 종종 달이 같지 않은 동일한 날이다. [예컨대 상강(霜降)은 10월 22일이고, 동지는 12월 22일이다.] 그러면 동지 후 45일은 입춘이 된다.

245 한식은 중국 전통 절일로서 음력 동지 후 105일, 청명 전 1-2일을 가리킨다. 이날부터 3일간은 불을 피워 밥을 짓지 않는다. 그 때문에 한식(寒食)이라 부른다.

246 동지 후 이듬해 청명까지는 105일이 차이 나며, 청명에서 복일[입추 후 3번째 경(庚)일이다.]까지는 또한 105일이다.

247 '침(鍼)'을 '까오은꽝의 주석본'에서는 함풍 5년본과 민국 21년본과는 다르게 '침(針)'자로 적고 있다.

길이가 길어진다.[248]

2) 파종

양과 말의 해에는 밭에 파종하기 좋다.　　　　羊馬年, 好種田.

윤달[閏月]이 지나면, 말이 달리듯 급히 밭에　　過了閏月年, 走

파종한다.　　　　　　　　　　　　　　　馬就種田.

게으른 사람은 있지만, 게으른[249] 밭은 없다.　有嬾人, 無嬾地.

농민[莊家]의 (수확은) 토지에 거름 주는 데 달　莊家憑糞土.

려 있다.

가을에 수확을 잘 하려면, 먼저 소를 잘 먹　　　要秋收, 先餧牛.

여야[250] 한다.

쟁기로 흙을 깊게 갈고, 흙을 곱게 써레질　　犁深土, 耙絨土,

하며, 누거[耬]로써 흙을 얕게 갈고, 흙에 거름을　耬淺土,　多糞土,

많이 주되, 토지[田土] 소유는 줄인다. 이것이 농가　少田土.　農家五土,

가 지켜야 할 토지에 대한 다섯 가지 원칙[五土]으로서 거름은　糞多田少, 其穫必倍.

많이 주되 토지[田土] 소유를 적게 하면, 그 수확은 반드시 배

가 된다.[251]

---

248 동지 이후에는 낮은 점점 늘어나고, 밤은 점차 줄어든다.

249 이 의미를 함풍 5년본과 민국 21년본의 원문에서는 '란(嬾)'자로 적고 있는데, '까
오은꽝의 주석본'에서는 '나(懶)'자로 표기하고 있다.

250 이 의미를 함풍 5년본과 민국 21년본의 원문에서는 '위(餧)'라고 표기하고, '까오
은꽝의 주석본'에서는 '위(喂)'자로 적고 있다.

251 '융토(絨土)'는 토양이 곱고 부드러운 것을 가리킨다. '전토(田土)'는 경지 이외 각

밀은 축축한 고랑에 파종해야 하고, 기장은 마른 토양에 파종한다.

밀은 조밀하게 파종해야 하며, 조는 드문드문 파종해야 한다. 또한 이르기를 팽조(彭祖)[252]는 800년을 살았는데, 조는 드문드문 파종하고 밀은 조밀하게 파종하는 것을 잊지[253] 않았다. 또한 이르기를 조를 드문드문 파종해야 하는데, 만일 조를 촘촘히 파종하게 되면 조밀하게 파종한 조는 공간이 좁아 죽게 된다.

농민[莊家]이 검은콩[254]을 파종하면, 10년 중에 9년은 수확을 보증할 수 있으며, 1년은 수확이 좋지 않은데, 그럴 경우에는 (검은콩으로) 한 말의 쌀을 바꾸어서 먹는다. 토지는 검은콩에 적합하다.

자子일에는 맥을 파종하지 않고 해亥일에는

麥子種泥條, 黍子種乾土.

麥宜稠, 穀宜稀. 又曰, 彭祖活八百, 怂不了稀穀稠麥. 又曰, 稀穀打下稠穀子, 氣得稠穀沒處死.

莊家種黑, 十年九得, 有一年不得, 換一斗米喫. 土宜黑豆.

子不種麥亥不

종 비농업용지를 포괄하며 범위가 광범하다. 하지만 '까오은꽝의 주석본'에서는 생토(生土)를 가리킨다고 한다.

252 팽조는 전설상 고사의 인물이다. 성은 전(籛)이고, 이름은 갱(鏗)이다. 오제 중의 한 사람인 전욱(顓頊)의 현손으로서, 하대(夏代)에 태어나서 은(殷) 말기까지 767년 동안 살았다. (일설에는 800살이라고도 한다.) 은왕(殷王) 때 대부(大夫)를 지냈으며, 병을 핑계 삼아서 정사를 돌보지 않았다. 이는 『신선전(神仙傳)』과 『열선전(列仙傳)』에서 볼 수 있으며, 예로부터 팽조(彭祖)는 장수의 상징이었다.

253 이 의미를 함풍 5년본의 원문에서는 '망(怂)'자로 적고 있는데, 민국 21년본과 '까오은꽝의 주석본에서는 '망(忘)'자로 적고 있다.

254 '흑'은 '검은콩[黑豆]'을 가리키며, 대두(大豆)의 일종이다. 남경농대(南京農大), 후이푸핑[惠富平] 교수의 지적에 의하면, 청대 수양지역에서는 널리 대두를 재배하는데, 무엇보다 대두는 주린 배를 채우는 데 매우 좋은 식품이며, 이 외에도 또한 각종 두(豆)제품을 만들었는데, 예컨대 수양의 건두부[豆腐乾]는 곧 원근에서 명성이 자자하다고 한다.

삼을 파종하지 않으며, 병丙일과 정丁일에는 조를 파종해도 싹이 나지 않으며, 경신庚申일에는 기장[稷]과 조를 파종해도 알맹이가 없다. 임자壬子일에는 검은콩을 파종해도 꽃이 피지 않는다.[255]

한 구멍에 세 개의 싹이 나면, 모종은 드물게 파종해야 한다. 하나가 잘못되면 세 개 모두 구할 수 없다.

(첫 번째 파종이 잘못되어) 다시 조[穀]를 파종하는 것을 겁내지 말고, 단지[256] 조[穀]를 연이어 거듭 파종하는 것을 두려워한다. 중종곡(重種穀)은 이미 조가 잘못되어 다시 파종한 것이며, 곡중종(穀重腫)은 한 땅에 2년 연속 조[穀]를 파종한 것을 가리킨다.

검은콩[黑豆子]을 심은 곳에 (거름을 주지 않은 채로) 조[穀]를 중복[257]으로 파종하면, 일 년에 한 개도 심히 먹지 못한다. 거름을 주지 않고 종자를 파종한 것을 일러 '자종(子種)'이라 한다.

검은콩[黑豆]은 부끄러움을 몰라서, 자라면서 고랑과 이랑을 덮는다. 쟁기질은 얇게 하는 것이 좋다는 말이다.

麻, 丙丁種穀不生芽, 庚辛黍稷無子粒. 壬子黑豆不開花.

一坐三苗, 苗至稀. 一毁三不得.

不怕重種穀, 只怕穀重種. 重種穀謂已種旋毁者, 穀重種謂一地兩年種穀.

重複黑豆子種穀, 一年一個没甚喫. 無糞下子謂之子種.

黑豆不識羞, 遮了黑突溝. 言犁宜淺.

---

255 옛날에 농민은 천간(天干)일을 사용하여 파종기를 선택하였는데, 어떠한 과학적 근거가 없다.

256 이 단어를 함풍 5년본과 민국 21년본의 원문에서는 '지(只)'로 적고 있으나, '까오은꽝의 주석본'에서는 '지(祇)'자로 표기하고 있다.

257 이 단어를 함풍 5년본과 민국 21년본의 원문에는 '복(複)'으로 적고 있는데, '까오은꽝의 주석본'에서는 '부(復)'자로 적고 있다.

밀은 마당에 파종하고, 기장은 부드러운 땅에 파종한다. 밀은 단단한 땅이 좋고, 기장은 부드러운 땅이 좋다.

기장은 기와 꼭대기에서도 자란다.

메밀이 콩을 보는 것이 사위가 장인丈人을 보는 것과 같이 친숙하지 못하다. 지난해 메밀을 파종한 땅에 올해 콩을 심는 것은 적당하지 않다.

기장을 심은 땅에[258] 콩을 파종하면, 친숙하기가 며느리와 시아버지의 관계 같다. 콩은 작년에 기장을 심은 밭에 파종하는 것이 적당하다. 그루터기는 앞작물의 그루터기이다. 무릇 같은 모종을 거듭 파종하면 잘 자라지 못하는데 오직 밀은 적합하다.

외 심은 데 외 나고 콩 심은 데 콩 난다.

메밀은 비 온 후에 판결[259] 현상이 없으면 포대에 저장할 정도로 수확한다.

밀을 (파종할 때는) 15알을 잡고 콩의 경우는 8알을 집는다. 종자를 파종할 때 종자마다 손에 집는 수를 가리킨다.

메밀은 세 번 쟁기질하고 기장은 한 번 쟁기질한다. 일알(一遏)은 한 번 쟁기질하는 것이다. 또한 이

麥種場, 黍種湯. 麥地宜堅, 黍地宜柔.

黍子頂瓦出.

蕎麥見豆, 外甥見舅. 去年種蕎麥地, 今年不宜種豆.

黍杈種豆, 親如娘舅. 豆宜於去年黍田種之. 杈, 舊根也. 凡苗重種則不長, 惟麥宜之.

種瓜得瓜, 種豆得豆.

蕎麥不涸晌, 就拿布袋裝.

麥子十五豆八顆. 下子每握之數.

三犁蕎麥一遏黍. 一遏, 一犁也. 又

---

258 이 단어를 함풍 5년본과 민국 21년본의 원문에는 '차(杈)'로 표기하고 있으나, '까오은꽝의 주석본'에서는 '치(茬)'자로 고쳐 적고 있다.

259 이 단어를 함풍 5년본과 민국 21년본의 원문에서는 '학상(涸晌)'으로 적고 있으나, '까오은꽝의 주석본'에서는 '학상(涸傷)'으로 바꾸어 표기하고 있다.

르기를 "메기장[260]은 세 번 갈아엎고 기장은 한 번 쟁기질한
다."라고 한다.

삼[麻]은 3일 만에 싹트며, 조는 6일, 유채는
하룻밤[261]에 싹이 나며, 묵은 메밀은 번뇌하며
몸을 뒤척이다 바로 싹이 난다. 싹이 트는 일수가 늦
고 빠른[262] 것을 일컫는다.[263]

밀은 해동되려고 하는 땅에 갈이해서 파종
하면 알갱이 수가 많아진다. 능사(凌沙)는 언 땅이 녹
으려 하는 것을 말한다. 능(凌)은 뇌(雷)와 같이 읽는다. 구
(溝)는 모두 구(勾)로도 쓰는데 밀 이삭 중의 작은 외씨를 일
컬어 구(勾)라고 한다.

편두에는 3개가 들어 있고, 흑두는 4개, 소
두의 두각豆角에는 14개가 들어있다.[264] 콩의 낱알
수를 가리킨다.

남맥南麥은 컴컴한 밤에 꽃이 피고, 북맥北麥
은 대낮에 꽃이 핀다.

日, 三翻糜子一遍黍.

麻三穀六, 菜子
一宿, 老蕎惱了,
翻身就出. 謂生之日
數遲蚤.

麥耩淩沙溝數
多. 淩沙, 凍地將消
者. 淩讀如雷, 溝一作
勾, 麥穗中小蘥謂之勾.

扁沒三, 黑沒四,
小豆角角沒十四.
豆之顆數.

南麥開花在黑
夜, 北麥開花在白
天.

---

260 이 단어를 함풍 5년본과 민국 21년본의 원문에는 '마자(糜子)'로 적고 있으나, '까
오은꽝의 주석본'에서는 '미자(糜子)'로 표기하고 있다.

261 이 의미를 함풍 5년본의 원문에는 '숙(宿)'이라 적고 있는데, 민국 21년본과 '까오
은꽝의 주석본'에서는 '숙(宿)'자로 적고 있다.

262 이 단어를 함풍 5년본과 민국 21년본의 원문에는 '조(蚤)'로 쓰어 있으나, '까오은
꽝의 주석본'에서는 '조(早)'자로 표기하고 있다.

263 파종 이후에 싹이 나오는 날수를 가리킨다.

264 '편(扁)'은 '편두(扁豆)'를 가리키고 '흑(黑)'은 '검은콩[黑豆]'을 가리키며, 3과 4의
숫자는 깍지마다 들어 있는 알갱이를 가리킨다.

느릅나무 열매가 땅에 떨어질 때 조를 파종할 땅을 두 차례 일군다. 조를 재배할 땅을 일구는 것을 말한다.

멀구슬[楝楝] 꽃이 필 때 소두를 점종하며, 소두가 꽃이 필 때는 멀구슬을 거두며, 멀구슬 잎이 떨어지면 소두의 두각을 딴다. 멀구슬[楝楝]에는 가시가 있으며 붉고 작은 알맹이가 달려 있고 산언덕에 많다. 익으면 자줏빛이 되며 맛은 달고 가루[265]를 낼 수 있으며 하나같이 연연(楝楝)이라고도 쓴다.

조[穀]의 열매가 익는 데는 150일이 걸리며 기장의 열매는 120일, 메밀의 열매는 70일이 걸린다.

밀은 깊게 쟁기질하면 한 덩어리로 얽혀서 뿌리를 이룬다. 소두는 얕게 갈면 점파하지 않은 것만 못하다.

봄에는 땅을 3번 써레질하고 소를 이용해서 두루[266] 밟아준다.

고랑 속에 씨를 파종하는 것을 아끼면 (수확량이 줄어) 주로 늙어서 굶어 죽게 되고, 이랑 속에 모종을 아끼면 늙어서 가난함을 겪는다. 씨를

楡錢錢落地, 還有兩坰穀地. 又曰打爬穀地.

楝楝開花點小豆, 小豆開花打楝楝, 楝楝落葉葉, 小豆摘角角. 楝楝有刺, 結小紅顆, 山坡多有之. 熟則紫, 味甘, 可爲麪. 一作楝楝.

穀實一百五十日, 黍實一百二十日, 蕎麥實七十日.

麥子犁深, 一團皆根. 小豆犁淺, 不如不點.

春地耙三徧, 牛蹄躧踏徧.

耬中惜子, 主老餓死. 棱中惜苗,

---

265 이 의미를 함풍 5년본과 민국 21년본의 원문에는 '면(麪)'으로 적고 있는데, '까오은꽝의 주석본'에서는 '면(面)'자로 표기하고 있다.

266 이 단어를 함풍 5년본과 민국 21년본의 원문에는 '편(徧)'으로 적고 있는데, '까오은꽝의 주석본'에서는 '편(遍)'자로 쓰고 있다.

뿌릴 때는 촘촘하게 뿌려야 하며 모종을 김매기할 때는 듬성 듬성 해야 한다.

主老受貧.　下子宜密, 鋤苗宜疏.

3) 정지整地와 재배

　　날이 가물면 논에 김을 매고, 큰비가 내리면 밭에 물을 댄다.

　　날이 가물면 산에 물을 주고 큰비가 내리면 하천으로 물을 배수한다.

　　호미 끝267에 물이 있다. 호미질한 후에는 땅이 윤택해진다. 갈라진 보습 위에는 불이 있다. 이 말은 땅을 갈아엎으면 조[穀]가 쉽게 마르게 된다는 의미이다.

　　3번 갈이하고 4번 써레질하고 5번268 김을 매면 8할이 알곡이고 2할이 겨인 충실한 알곡이 더 이상 변하지 않는다.

　　조[穀]를 1치 깊이로 김매면 (그 효능은) 거름을 주는 것과 같다.

　　밀은 어릴 때 물을 주고 조[穀]는 성장한 후에 물을 준다. 우(雨)는 물을 뿌린다는 의미이다.

　　天旱鋤田, 雨潦澆園.

　　天旱澆山, 雨潦澆川.

　　鋤鈎上有水.　鋤後田潤.　又匙上有火.　翻場禾易乾.

　　耕三耙四鋤五徧, 八米二糠再没變.

　　穀鋤一寸, 強如上糞.

　　麥澆小, 穀澆老.　雨.

---

267 이 부분을 함풍 5년본과 민국 21년본의 원문에서는 '구(鈎)'로 표기하고 있으나, '까오은꽝의 주석본'에서는 '구(勾)'자로 적고 있다.

268 '순번' 또는 '두루'의 의미로 사용하는 '편(徧)'을 '까오은꽝의 주석본'에서는 함풍 5년본과 민국 21년본과는 달리 주로 '편(遍)'으로 적고 있다.

건조하면 메기장과 기장[糜²⁶⁹黍]을 김매며 열초(熱草)²⁷⁰를 없앤다. 습할 때는 콩을 김매고, 뿌리를 상하게 해서는 안 된다. 가랑비가 내리면 소두小豆를 김맨다.²⁷¹ 잎을 상하지 않게 해야 잘 자란다.

농민[莊家]이 번거롭지만 쟁기와 써레질을 하면, 100일이 지나면 여름의 곡식을 먹을 수 있고, 농민이 힘들지만 괭이질과 호미질을 하면 100일이 지나면 가을의 곡식을 먹을 수 있다.

농민이 호미와 괭이로써 작업을 하면, 매매는 가을에 이루어진다.

습기가 있는 땅에는 무를 심고 마른 땅에는 파를 심는다.

(땅이) 가물면 대추를 심고, 비가 내리면 수박을 심는다.

밀이 익고 살구가 누렇게 익는 농번기에는 상인이 시원한 곳에서 쉰다.²⁷²

조[穀]를 건조대 위에 올리고서 여인들은 구들 위에서 쉬고, 조[穀]를 마당에 펴고서 여인들

乾鋤糜黍，去熱草．溼鋤豆，不傷根．細雨淋淋鋤小豆．不傷葉，易長．

莊家荷起犁耙，一百日喫夏，莊家荷起鋤鈎，一百日喫秋．

莊家作在鋤鈎，買賣作在一秋．

水地蘿蔔旱地葱．

旱棗潦西瓜．

麥熟杏黃，買賣人歇涼．

穀上垛，女上炕．穀攤場，女歇涼．

---

269 본서에 등장하는 '마서(糜黍)'와 '마자(糜子)'를 '까오은꽝의 주석본'에서는 함풍 5년본과 민국 21년본과는 달리 모두 '미서(糜黍)'와 '서자(黍子)'로 표기하고 있다.

270 열초(熱草)의 대표적인 것으로 어성초가 있다.

271 메기장[糜], 기장[黍]의 뿌리는 얕아서 건조할 때 김을 매며, 콩의 뿌리는 깊어서 깊게 김을 매야 한다.

272 밀이 익고 살구가 노랗다는 것은 농번기로서 물건을 구입할 겨를이 없기 때문에, 상인들이 할 일이 없다는 의미이다.

은 시원한 곳에서 쉰다.

조[穀]를 장대 끝에 매달고서 여인들은 시원한 곳에서 쉰다.

좋은 기장은 (이삭에 의해) 잎이 보이지 않고, 좋은 조[穀]는 (잎에 가려서) 이삭이 보이지 않는다.[273]

살구 씨[杏兒]로 콧구멍을 막으며,[274] 타는 나귀는 곡물 종자와 교환한다.

조[穀]는 비 올 때 이삭이 패고, 또한 (꽃피고 성숙할 때는) 태양의 빛이 필요하다.[275]

밀[麥]은 한창 뜨거울 때 이삭이 패며, 또한 뿌리 끝에는 습기가 필요하다.[276]

밀[麥子]을 파종할 때 비가 내려 고랑이 촉촉하면[277] (수확량이 좋아지게 되어) 거지들도 동냥

穀擔槍, 女歇涼.

好黍不見葉, 好穀不見穗.

杏兒塞了鼻孔, 騎上毛驢換穀種.

穀兒拖泥秀, 還要太陽蔜.

麥子鑽火秀, 還要根頭湮.

麥子搉泥條, 乞兒舍了瓢.　種時有

---

[273] 좋은 기장의 이삭은 잎을 크게 가리고, 좋은 조의 이삭은 묵질해서 굽어 아래로 내려가 잎 속에 숨어 있다.

[274] 위진남북조 시대의 부자들은 화장실의 냄새를 막기 위해서 대추씨나 살구씨로 코를 막는 습관이 있었다.

[275] 조는 비오는 시기에 이삭이 패지만 꽃 피고 성숙할 때는 충분한 햇빛이 필요하며, 그래야만 열매가 충실해진다.

[276] 밀[小麥]은 한참 익을 때는 여전히 물을 대 주어야 하는데, 이를 일러 '송노수(送老水)'라고 한다.

[277] 이 의미를 함풍 5년본과 민국 21년본의 원문에는 '차(搉)'로 적고 있으나, '까오은 쌍의 주석본'에서는 '차(扯)'자로 적고 있다. '차니조(搉泥條)': 맥을 심을 시기에 비가 오면 토양이 습윤하여, 이랑을 번토할 수 있다. 『마수농언』본 편 중에 이와 관련하여 "밀은 축축한 고랑에 파종해야 하고, 기장은 마른 토양에 파종한다.[麥子種泥條, 黍子種乾土.]"는 구절이 있다.

바가지를 버린다. 파종하는 시기에 비가 내리면 풍성하게 수확할 수 있다. 또한 이르기를 "밀이 얼면 허리가 잘리고, 거지는 동냥 바가지를 버린다."라고 하였다.

밀은 이삭이 다섯 계절 동안 성장하며, 조는 이삭에 여섯 잎이 패어 난다.

메기장 (이삭)이 손 크기로 자라면,[278] 1무에 7-8말을 수확할 수 있다.

메밀에 만약 곁뿌리[279]가 더 이상 자라지 않으면, 단지 7일간만 살아남게 된다.[280]

雨, 主豐. 又曰, 麥子凍折腰, 乞兒擲了瓢.

麥秀五節, 穀秀六葉.

糜子挨著手, 一畝要打七八斗.

蕎麥不扣根, 還有七日生.

---

278 '미자애저수(糜子挨著手)'에 대해 남경농대(南京農大), 후이푸핑[惠富平] 교수는 "메기장이 손의 높이까지 자란다.[糜子長到手的高度.]"라고 지적하고 있다.

279 여기의 '뿌리[根]'는 메밀의 주근(主根)에 자라는 곁뿌리로서, 사방에 고루 분포한다. 고루 분포하는 것을 수평분포라고 하며, 이는 지구 표면에서 수평방향으로 퍼져 있는 생물의 분포로서, 수직분포에 상대된다. 메밀의 곁뿌리는 끊임없이 생장하고 수분과 양분 흡수 능력이 강하여 메밀의 생명활동에 중요한 작용을 한다. 만약 곁뿌리가 생장을 멈추면, 메밀의 생명은 바로 끝난다.

280 메밀 뿌리는 직근계(直根系)에 속하며, 제뿌리[定根]와 막뿌리[不定根: 제뿌리가 아닌 줄기 위나 잎 따위에서 생기는 뿌리이다. ─역자주]를 포함한다. 제뿌리는 주근과 곁뿌리 두 종류를 포괄하는데, 주근은 종자의 어린뿌리에서 발육하며 가장 빨리 형성되는 뿌리이므로 초생근(初生根)이라고도 부른다. 주근에서 자란 잔뿌리[支根] 및 잔뿌리에서 다시 자라는 2급, 3급 잔뿌리는 곁뿌리로 칭하며 또한 이차근[次生根]이라고도 한다. 메밀의 주근은 비교적 굵게 자라고 아래를 향해 생장하는데, 곁뿌리는 비교적 가늘며 수평분포 상태를 이룬다. 메밀 주근의 줄기나 가지 부분에는 막뿌리가 자랄 수 있다. 막뿌리가 나오는 시기는 주근보다 늦어서 역시 일종의 이차근이다. 메밀 주근은 1-2일 후에 뻗어 나오며 그 위에 여러 개의 곁뿌리가 생기는데, 곁뿌리는 비교적 가늘고 생장 속도가 빠르며, 주근 주위의 토양에 분포하며 지지와 흡수 작용을 일으킨다. 곁뿌리는 형태상 주근에 비해 가늘어 땅에 들어가는 깊이가 주근에 미치지 못하지만 수량이 많아서, 일반

봄비가 이랑을 넘치면, 밀[麥]과 편두扁豆는 종자를 잃게 된다.

가을에 (조와 같이) 익는 작물은 하룻밤에 누렇게 익고, 여름에 수확하는 (밀과 같은) 작물은 한낮이면 바로 익는다.[281]

가을에 서늘하지 않으면, 열매가 익지 않는다.

돈이 있어도 추수 이후의 햇빛을 구입하기 힘들다.

곡물을 두 차례 타작하면 (그 싸라기로) 솥에 죽을 끓인다. 곡물을 두 차례 타작한 것을 일러 등양(膽穰)이라 하는데, 그 남은 알갱이는 건실하고 좋다.

봄 추위에 들보가 얼고, 가을 (추위에) 웅덩이가 언다.[282]

한 달 늦게 파종하여 기를 수는 있으나, 한 달 늦게 수확할 수는 없다.

春雨溢了隴, 麥子扁豆丢了種.

秋禾連夜變, 夏田一晌午.

秋不涼, 子不黃.

有錢難買秋後熱.

膽穰穀, 鍋底粥. 穀打二次謂之膽穰, 其粒堅好.

春凍脊梁秋凍窪.

有遲一月養種, 無遲一月收割.

적으로 주근 위에 50-100개의 곁뿌리가 나온다. 곁뿌리는 끊임없이 분화하여 또한 작은 곁뿌리를 만드는데, 비교적 큰 이차근계를 구성하며, 뿌리의 흡수면적을 확대한다. 곁뿌리는 메밀의 생장발육 과정 중에서 지속적으로 발생하는데, 새로 나온 곁뿌리는 백색이지만 잠시 후에 갈색으로 변한다. 곁뿌리는 수분과 영양분을 흡수하는 능력이 강하여 메밀의 생명활동에 매우 중요하다.

281 후이푸핑[惠富平] 교수에 의하면, 민간에는 "맥은 한낮이면 익고, 누에는 일시에 익는다.[麥熟一晌, 蠶老一時.]"는 말이 있다고 한다. 이는 작물은 빨리 성숙하므로 때맞춰 수확해야 한다는 의미이다.

282 봄철에는 주로 늦서리[晚霜]가 피해를 입혀서, 지세가 높은 지역의 작물은 얼기가 쉽다. 가을철에는 늘상 북방의 냉기가 침입하여, 움푹하고 낮은 곳에 냉기가 쉽게 쌓여서 동해(凍害)를 입는다.

콩대는 오랫동안 두드리고, 밀대는 짧게 두드린다.

밀은 일찍 수확하면 낟알이 누런 콩보다 크고, 기장을 일찍 수확하면 짚이 한 무더기이다.[283]

산지는 수확이 적고, 강변의 땅은 수확이 많으며, 10년간 (경작한) 언덕 밭은 수확량이 중간쯤이다.

누에를 기르고 경지에 파종하는 것은 그 해의 복이다.

땅에 파종하고, 하늘이 수확한다.

한 가정에 식구가 다섯이면, 두 마리가 한 조[284]가 되어 쟁기를 끄는 소가 급히 걷는다.

장마가 들면 머슴은 일을 쉬고, 양을 모는 목동은 곤란하게 된다.

농민[莊家]의 생산량이 높아[285] 값이 비싸면 비쌀수록 내다 팔지 못하며, 농민이 (수확한) 식

豆打長楷, 麥打短稈.

麥子傷鎌賽豆黃, 黍子傷鎌一團穰.

山田少收, 河地多收, 十年平坡一般收.

養蠶種地當年福.

種在地, 收在天.

家有五口, 一具牛兒緊走.

陰雨長工歇, 牧羊兒受阽.

莊家生得阽, 越貴越不糶. 莊家完

---

283 이 농언의 의미는 맥은 일찍 수확하는 것이 합당하고 생산량을 높이는 데 유리한 반면, 기장(메기장)을 일찍 수확하면 생산량에 영향을 미친다는 것이다. '상렴(傷鎌)'은 낫에 손상된다는 의미로 앞당겨 수확함을 가리키며, '양(穰)'은 여기에서 작물의 짚을 뜻한다.

284 이 단어를 함풍 5년본과 민국 21년본의 원문에는 '구(具)'라고 적고 있는 데 반해, '까오은꽝의 주석본'에서는 '구(犋)'자로 표기하고 있다.

285 이 의미를 함풍 5년본과 민국 21년본의 원문에서는 '초(阽)'로 적고 있는데, '까오은꽝의 주석본'에서는 '초(俏)'자로 표기하고 있다.

량을 창고에 쌓아 두면 바로 왕王 부럽지 않게 된다.

땅은 금판을 깎아 내듯 (잘 갈이하면) 해마다 많은 생산을 할 수 있다.

8월에는 평상 위에 수놓는 아낙이 없다.

(좁)쌀이 있으면 5월까지 먹으며, 숯이 있으면 12월까지 태운다.

봄에 한 말의 종자를 파종하면 가을에 만석의 양식을 수확한다.

了糧, 便是自在王.

地是刮金板, 年年有出產.

八月牀床上無繡女.

有米喫到五月, 有炭燒到臘月.

春種一斗子, 秋收萬石糧.

4) 물후物候

갑일에 비가 내리면 (10일 후 다음) 갑일은 개고, 갑일에 날이 개이지 않으면 (10일 간 다음) 갑일까지 진흙탕이 된다.

가뭄이 오래되어도 경庚일을 만나면 변하고, 비가 와서 큰물이 져도 갑甲일이 되면 맑아진다.

임자壬子일과 계축癸丑일에 큰비가 내리면 그 물이 산꼭대기에서 흘러내린다(산사태가 난다). 도광 15년 6월 25일 계축일 전날 밤에 큰비가 내렸다.

임자壬子일과 계축癸丑일에 연속적으로 비가 내리면, 갑인甲寅일과 을묘乙卯일에는 목탁소리가 건조하다.

甲日下雨甲日晴, 甲日不晴十日泥.

久旱逢庚變, 雨澇遇甲晴.

壬子癸丑破, 水從山頭過. 道光十五年六月二十五日癸丑破前夕大雨.

壬子癸丑水連天, 甲寅乙卯響梆乾.

(비가 내릴 즈음에) 두꺼비[286]가 울면 물독이 젖는다. 만약 믿을 수 없다면, 쑥 뿌리를 당겨보라. 쑥 뿌리에 작고 흰 혹[白殫]이 있으면 비 올 징조이다.

바닷물에 3개의 해가 비치면 큰비가 내린다.

구름이 남쪽으로 가면 바람을 당기고, 구름이 북쪽으로 가면 비를 끌어당긴다.[287]

새털구름[288]이 하늘 위에서 일어나면 바람을 일으키고, 구름이 땅 아래로 내려오면 비를 내리게 하여 물구덩이가 생긴다.

무지개가 동쪽에 뜨면 갑자기 뇌성이 치고, 서쪽에 무지개가 생기면 비가 오고, 남쪽의 무지개는 큰비를 내리게 하며, 북쪽의 무지개가 뜨면 (재앙이 생겨서) 여자아이를 판다.

(매년 3, 6, 9, 12월의) 토왕일[289]의 첫머리에 비가 내리면 (토왕을 두려워하여) 18일간 소를 부려 갈이하지 않는다.

蝦蟇叫, 水甕津.
如不信, 挽艾根.
艾根有小白殫, 皆主雨.

海現三日下大雨.
雲南鉤風, 雲北鉤雨.

天上鉤鉤雲, 地下水坑洞.

東虹忽雷西虹雨, 南虹下大雨, 北虹賣兒女.

淋了土王頭, 一十八日不使牛.

---

286 이 단어를 함풍 5년본과 민국 21년본의 원문에는 '하마(蝦蟇)'로 적고 있는데, '까오은꽝의 주석본'에서는 '하마(蝦蟆)'라고 표기하고 있다.

287 "雲南鉤風, 雲北鉤雨"를 왕녹우의 교감기에서는 "雲南鉤風北鉤雨"로 적고 있다.

288 '구구운(鉤鉤雲)': 새털구름[卷雲]이 나타날 때는 기압이 내려가서 비와 바람이 인다. 새털구름은 또한 권층운, 고층운, 우층운으로 발전할 수 있고, 큰비를 내리게 한다.

289 일반적인 역서(曆書)는 모두 사립(四立; 입춘, 입하, 입추, 입동) 이전 18일을 토왕일이라고 한다. 본서에는 "토왕일에 비가 오면 18일간은 소를 부리지 않는다."의 뜻과 근접한다.

토왕일에 비가 온 이후에는 (비가 많아져서) 매일 한바탕 비가 온다.

초복에 비가 내리면 홀수 날은 가물고 짝수 날은 비가 온다.

가물 때 내린 비는 산을 적시고 비가 와서 물이 넘치면 강물이 분다.

아침노을이 지면 그날은 구름이 끼고, 저녁 노을이 지면 맑아진다.[290]

봄 갑자甲子일에는 (대개) 바람이 불고 여름 갑자일에는 가물며, 가을 갑자일에는 연일 비가 내리고 겨울 갑자일에는 비가 내려 대수가 진다.

초사흘에 동풍이 부는 것은 비 올 징조는 아니다. 천(天)은 비 올 징후이다.

햇무리가 하나 있으면 바람이 불고, 두 개 있으면 구름이 낄 징조이다. 햇무리는 태양 가장자리 의 기운이다.

크게 한 번 안개가 끼면 10일간 맑다.

아침[291]엔 동남쪽을 보고 저녁엔 서북쪽을 본다. 구름이 있으면 비 올 징조이다.

신辛일에는 대부분 밀을 수확하지 않는다.

淋了土王, 一日一場.

淋了伏頭, 單日旱, 雙日雨.

天旱雨澆山, 雨潦水澆川.

早燒陰, 晚燒晴.

春甲子風, 夏甲子旱, 秋甲子連陰, 冬甲子濫, 雨.

三日東風不由天. 主雨.

單珥風, 雙珥陰. 日旁氣.

一霧十日晴.

蚤看東南, 晚看西北. 有雲, 主雨.

辛多麥不收. 正

---

290 '조효(早燒)'는 아침노을이며, '만효(晚燒)'는 저녁노을이다.

291 이 단어를 함풍 5년본과 민국 21년본의 원문에서는 '조(蚤)'로 표기하고 있으나, '까오은꽝의 주석본'에서는 '조(早)'자로 바꾸어 적고 있다. 본문에서 아침과 대비 되는 저녁을 설명할 때에는 '조만(早晚)' 혹은 '조만(蚤晚)'으로도 표기하고 있다.

정월 상순에는 신(辛)일이 늦다.

봄 가뭄은 두렵지 않으나 가을 가뭄은 양식이 반으로 줄어든다. (그리고) 6월에 장마가 들면 배불리 먹을 수 있다.[292]

금두성은 양식을, 수두성은 비를, 화두성은 가뭄을 불러오며, 토두성과 목두성이 나타나면 사람이 병든다. 매달 절반의 징험이 나타난다.

느릅나무 열매가 알이 차면 시절이 좋다.

한 해 회화나무 씨가 좋으면 이듬해에 밀의 수확이 좋다. 도광 5년에는 회화나무 꽃과 열매가 번성하였고, 이듬해에는 밀의 수확이 좋았다. 또한 이르기를, "회화나무 꽃과 열매가 무성하면 이듬해 밀의 수확이 좋다."라고 하였다.

비 오기 전에 가는 비가 내리면 비가 오지 않고, 비 온 이후에 가는 비가 내리면 날이 개지 않는다.

저녁 때 비가 내리면 다음날까지 이어지며, 아침에 비가 내리면 그날은 맑게 갠다.

날이 가물면서 동쪽에서 바람이 불면 비가 오지 않고, 큰비가 내리면서 서풍이 불면 개지 않는다.

月上旬得辛遲.

春旱不算旱, 秋旱去一半. 六月連陰喫飽飯.

金斗糧長水斗雨, 火斗旱, 土木斗人瘁. 每月半驗.

榆錢飽, 時候好.

一年槐子二年麥. 道光五年槐花子繁, 次年麥收. 又曰, 槐花子稠, 明年麥收.

雨前毛雨不雨, 雨後毛雨不晴.

晚雨下到明, 早雨一日晴.

天旱東風不雨, 雨涼西風不晴.

---

292 북방지역에서 봄의 건조함은 결코 무섭지 않으며(건조하다고 할 수 없다), 많은 조치들이 작물의 파종과 싹이 트는 것을 보증한다. 가을에 건조할 때는 양식이 반으로 줄어들므로 가을의 건조가 제일 두렵다. 6월에 만약 장마가 계속되면 양식은 풍성하게 생산될 것이며, 사람들은 배불리 먹을 수 있다.

80세 노인도 동쪽에서 뇌성이 울리고 비 내리는 것을 보지 못했다.

초승달이 우러러보면 쌀값이 좋고, 초승달이 아래로 내려다보면[293] 쌀값이 떨어진다. 또한 이르기를 초승달이 넘어지는 형상을 하면 쌀값이 떨어지는데, 활의 시위가 위로 올라가는 형상이다.

땅에 3일간 안개가 올라오면 큰비가 내린다.

만약 많은 비를 관측하려면 단지 매달 25일을 보면 된다. 전월 25일에 비가 내리면 다음달 15일 전에는 많은 비가 내린다.

동풍이 몰아쳐서 유酉시에 이르면 금(金)이 목(木)을 이긴다. 서풍은 밤에 계속 윙윙거린다. 사(巳)시와 오(午)시 때 잠시 멈춘다. 또한 이르기를 서풍은 유(酉)시까지 불지 않아도 동풍은 밤새도록 윙윙거린다. 이것은 검증된 말이다.

화火일에는 비바람이 많지만 무戊일과 기己일에는 비가 많이 내리지는 않는다.

복일에 동풍이 불면 비가 내리지 않는다. 그것을 일러 한동풍(旱東風)이라고 한다.

8월 15일에 구름이 달을 가리고 정월 15일에 눈이 등[294]을 세차게 치는 것은 풍년이 들 징조

八十老兒没有
見東雷雨.

月牙兒仰, 米糧
長, 月牙兒卧, 米
糧落. 又曰, 月牙兒栽
(倒也), 米糧衰, 上弦.

土霧三日下大雨.

要看騎月雨, 單
看二十五. 前月二十
五日雨, 次月十五日前
多雨.

東風刮到酉, 金
尅木. 西風連夜吼.
巳午時少息. 又曰, 西
風不過酉, 東風連夜
吼. 此言驗.

火日多風雨, 戊
己不同天.

伏日東風不下
雨. 謂之旱東風.

八月十五雲遮
月, 正月十五雪打

---

293 이 의미를 함풍 5년과 '까오은쌍의 주석본'의 원문에서는 '와(卧)'로 표기하고 있으나, 민국 21년본에는 '와(臥)'로 적고 있다.

이다.

금년 겨울이 춥지 않으면 내년 여름은 덥지
않다. 흉년이 들 징조이다.

고드름[流錐]이 길면, 소두小豆가 풍년이 든
다. 처마 끝에 방울 져 떨어지는 물이 언 것을 고드름[流錐]이
라고 한다. 도광(道光) 6년 3월 27일, 처마 끝의 물이 한 자[尺]
정도로 얼었는데, 그해 소두가 풍년이 들었다.

구름이 서쪽을 향해 가면, 빗방울이 키 위
에서 무당이 굿하며 뛰는 듯한 소리가 난다. 구
름이 동쪽으로 향해 있으면, 갑자기 뇌성과 돌
쇠뇌[295] 소리가 들리고 한바탕 바람이 분다.

달무리가 붉다. 달 밖에 불이 나듯이 붉은 구름이 있
으면) 비가 올 징조다.

양 끝(정월과 12월)이 (음력으로) 작은달이면
반드시 좋고, 양 끝의 달이 큰달이면 반드시 두
렵다. 이는 정월과 12월의 음력 큰달과 작은달을 일컫는다.

천둥소리가 길면[296] 비와 우박이 많다. 여름
정오에 구름이 몰려 뇌성이 끊이지 않으면 우박이 올 징조이
다. 서북풍이 불 때 많이 생긴다.

鐙, 主豐.

今年冬不冷, 明
年夏不熱. 主歉.

流錐長, 小豆黃.
簷溜冰筋, 謂之流錐.
道光六年三月二十七
日, 檐冰尺餘, 是年小
豆收.

雲朝西, 雨點賽
簸箕. 雲朝東, 忽
雷礮炮響一場風.

月暖火. 月外紅雲
如火狀, 主雨.

兩頭小, 必定好.
兩頭大, 必定怕.
謂正十二月大小盡也.

連頭忽雷多雨雹.
夏正午暴雲, 雷聲不絕,
主雹. 有西北風時居多.

---

294 이 글자를 함풍 5년본과 민국 21년본의 원문에서는 '등(鐙)'으로 적고 있으며, '까
오은꽝의 주석본'에서는 '등(燈)'자로 표기하고 있다.

295 이 단어를 함풍 5년본과 민국 21년본의 원문에는 '포(礮)'로 적고 있는데, '까오은
꽝의 주석본'에서는 '포(炮)'자로 바꾸어 적고 있다.

296 '연두홀뇌(連頭忽雷)': 천둥소리가 길게 울리는 것을 가리킨다.

오월에 안개가 가득 끼면, 지나는 배가 길을 물어도 소용이 없다. 큰비가 올 징조이다.

여름의 검은 구름이 은하수를 가로지른다. 여름 구름은 비를 부른다.

윤달이 있는 해에는 나무를 옮겨 심지 못하고, 윤달이 있는 해에는 장醬을 담그지 않는다.

바람이 창을 뚫고 들어올 정도로 강하면, (그해 수확은 무畝당) 3섬 2말의 조를 거둘 수 있다. 이것은 바람의 힘이 강하다는 것을 말한다.

아주 뜨거우면 바람이 생겨나고, 아주 차가우면 비가 생겨난다.

갑자기 천둥이 치고 비가 몰려오면 연이어 세 차례 이어진다.

여름에 동쪽 바람은 구름을 밀려오게 하고, 서쪽 바람은 비를 내린다.

복날에는 3일간 두 번 비가 내린다.

3일간 비가 내리지 않으면 한 개의 벽돌[297]을 말린다.

일찍 비가 내리면 그날은 맑다.

구름이 서로 교차하면 비가 회오리치듯 내리며, 눈이 내려 녹으면 땅이 기름져서 수확이 좋다. 눈이 내리면 비옥해진다.

五月裏迷霧, 行船不用問路. 主潦.

黑豬過河. 夏雲, 主雨.

閏月年不栽樹, 閏月年不作醬.

窗間窟, 三石二斗穀. 風力重.

熱極生風, 寒極生雨.

忽雷雨, 連三場.

東風潮雲, 西風下雨. 夏.

伏裏三朝二雨.

三日不下熇一塼.

早雨一日晴.

雲相交, 雨相飄, 雪油地, 滿收成. 雪消如油.

---

297 '벽돌'을 '까오은꽝의 주석본'에서는 '전(磚)'자로 적고 있는 데 반해, 함풍 5년본과 민국 21년본에서는 '전(塼)'으로 표기하고 있다.

제5장
점험占驗

해가 암홍색이고 광선이 밝지 않은 것을 일러 '수범水泛'이라 하며, 먼 곳에 수재[298]가 있을 징후다. 오후에 많이 발생하는데, 달의 붉기도 역시 그러하다.

천둥이 북소리처럼 울리면, 풍년의 조짐이다. 서리 맞은 나뭇잎이 붉은 것을 일러 '산조홍山兆紅'이라 하며, 이듬해 풍년이 들 징후이다.

곡식이 익을 무렵에 이삭 위에 곡우우穀牛牛 해충이름이다. 가 많으면, 풍년이 들 조짐이다.

달무리가 둥글면 비가 올 징후이고, (달무리가) 없으면 바람이 불 징후이다.

구름이 산을 누르는 것을 일러 산이 모자를 쓴 것 같다 하여 '산대모山戴帽'라고 하는데, 이는 비가 내릴 조짐이다.

日赤無光, 謂之水泛, 主遠郡有水災. 多在午後, 月赤亦然.

天鼓鳴, 主豐. 霜葉紅謂之山兆紅, 主明年豐.

穀成時穗上多穀牛牛, 蟲名. 主豐.

月暈, 圓, 主陰, 缺, 主風.

雲壓山謂之山戴帽, 主雨.

---

298 '수재(水灾)'를 '까오은꽝의 주석본'에서는 '수재(水災)'라고 적고 있는데, 민국 21년본에는 함풍 5년본과 동일하게 '수재(水灾)'로 쓰여 있다.

쌓인 눈이 도처에 녹지 않는 것을 일러 '개피盍[299]被'라고 하며, 양치기는 이것을 가장 두려워한다.

서쪽에 무지개가 뜨면, 채소를 수확할 수 없음을 알리는 징후이다.

검은콩의 잎이 뒤집히면, 비가 내릴 조짐이다.

천창天倉이 보이면, 풍년의 조짐이다. 천창(天倉)은 별의 이름이다.

봄에는 동풍이 불어서 비를 몰고 오고, 여름에는 서풍이 불어서 비를 내린다. 만약 동풍이 불었는데도 하늘이 맑으면 이를 '한동풍旱東風'이라 한다. 가을에 서북풍이 불면 서리가 내리고, 겨울에 동풍이 불면 눈이 내린다.

땅에 한 치 미만의 풀[寸草]들이 가득 자라면, 이것은 풍년의 조짐이다. 밭 사이의 작은 풀은 한 치 미만이기 때문에 촌초(寸草)라고 칭하였다. 민간에서는 재황(災荒)이 든 해에는 촌초를 거두지 못한다고 하는데, 이것은 곧 이를 가리킨다.

벼룩이 많으면 기장[黍]이 풍년이 들고, 파리가 많으면 메밀[蕎麥]을 많이 수확할 수 있다. 형상으로 서로 연관 지은 것이다.

積雪遍地不能消謂之盍被, 牧羊者最怕此.

西虹主菜不收.

黑豆葉翻, 主雨.

天倉開, 主豐. 天倉, 星名.

春, 東風雨, 夏, 西風雨. 東風晴, 謂之旱東風. 秋, 西北風霜, 冬, 東風雪.

寸草飽, 主豐. 田間小草, 長不過寸, 故名. 俗謂年荒寸草不收, 即指此也.

蚤多收黍, 蠅多收蕎麥. 象形.

---

299 이 글자를 함풍 5년본과 민국 21년본의 원문에는 '개(盍)'로 적고 있으나, '까오은 꽝의 주석본'에서는 '개(蓋)'자로 바꿔 적고 있다.

5월 1일 비가 내리면 오화충五花蟲[300]이 쉽게 생겨난다. 단오날 비가 오면, 또한 이와 같다. 즉 자방충(好蚄蟲)[301]으로서, 목이 흰 까마귀가 날아오면 벌레는 곧 박멸된다.

해 질 무렵에 구름이 껴서 태양을 가리면 비가 올 조짐이다. 저녁 때 노을이 타다가 갑자기 사라진다.

복날의 동풍을 일러 '한풍旱風'이라 하는데 비가 오지 않고 벌레가 생기게 한다. 서남쪽에서 바람이 부는 것을 일러 '금풍金風'이라 하는데 많은 비를 내리게 한다.

산까치가 나뭇가지 끝에서 떠들썩하게 울어대면 바람이 불 징후이다.

비가 안 오는데 안개 낀 것을 일러 '한무旱霧'라고 하는데 작물의 싹을 상하게 할 조짐이다. 태양의 주위가 황색을 띠면 바람이 불 징후이고, 붉은 색을 띠면 비가 올 징후이다.

개미[302]가 개미집에서 나오면 비가 올 조짐

五月一日雨, 主生五花蟲. 端午雨, 亦然. 即好蚄蟲, 有白項鴉來, 蟲即滅.

雲夕淹日, 主雨. 晚燒忽止.

伏內東風, 謂之旱風, 不雨, 生蟲. 西南風謂之金風, 多雨.

山鵲噪樹梢, 主風.

無雨而霧, 謂之旱霧, 主傷苗花. 日黃, 主風, 紅, 主雨.

螘出垤, 主雨.

---

300 오화충(五花蟲)은 점충(黏虫)으로, 거염벌레 또는 야도충으로도 불린다.

301 '자방충(好蚄蟲)': 이는 곧 거염벌레로서 며루라고도 한다. 폭발성, 잡식성의 해충이다. 유충은 옥수수, 조, 고량, 밀 등의 화본과 작물에 해를 입히고, 많이 발생할 시기에는 또한 콩류, 목화와 채소에도 해를 끼친다. 성충은 원거리를 옮겨 다니며 비행하는 습성이 있다. 보통은 가을 이후 남쪽으로 날아가서 겨울을 나고, 봄에 북방으로 날아와서 발생한다.

302 이 글자를 함풍 5년본과 민국 21년본의 원문에는 '의(螘)'로 적고 있으나, '까오은 꽝의 주석본'에서는 '의(蟻)'자로 고쳐 적고 있다. 뒤에 등장하는 '의(螘)'의 경우

이다. 또, 간혹 개미가 무리[303]를 지어 그 수를 헤아릴 수 없을 정도로 많이 한길을 왔다갔다 하는 것을 일러 '의전도蟻傳道'라고 하는데, 이 역시 비가 올 징후이다.

개가 풀을 뜯어먹으면[304] 비가 올 조짐이다.

입하 후 며칠 간 뻐꾸기[布穀]가 우느냐에 따라서 가을에 몇 할이 수확되는지가 결정되는데, 이는 곧 (뻐꾸기가) 우는 횟수와 같으며 10일 이상이면 별도의 방식으로 계산한다.

10월 1일에 날이 맑으면 사람들이 병에 많이 걸린다. 비가 내리면[陰] 겨울 추위가 올 징후이다.

12월 8일 전야에 얼음을 거름더미 위에 두어서 태우면 이듬해 농작물에 해충이 생기지 않는다.

12월 8일에 물 한 사발[305]을 낙수물이 떨어

又或成羣不計其數，一道往來，謂之蟻傳道，亦主雨.

犬齧草，主雨.

立夏後幾日布穀鳴，秋成幾分，即如其數，一旬外另數.

十月一日晴，人多病. 陰，主冬寒.

臘八前夕，以冰置糞堆燒之，明年稼不生蟲.

臘八日，以盌水

도 마찬가지이다.

303 이 의미를 함풍 5년본과 민국 21년본의 원문에는 '군(羣)'으로 적고 있으나, '까오은꽝의 주석본'에서는 '군(群)'자로 바꿔 적고 있다. 이후에 등장하는 '군(羣)'도 마찬가지로 처리하였음을 밝혀 둔다.

304 이 의미를 함풍 5년본과 민국 21년본의 원문에는 '설(齧)'로 적고 있으나, '까오은꽝의 주석본'에서는 '작(嚼)'자로 수정하였다.

305 이 의미를 함풍 5년본과 민국 21년본의 원문에는 '완(盌)'으로 표기하였으나, '까오은꽝의 주석본'에서는 '개(碗)'자로 고쳐 적고 있다.

지는³⁰⁶ 처마 아래 놓아두고, 얼음이 얼 때 어느 방향으로 볼록 튀어나오는가를 관찰하여, 어느 방향에 풍년이 들 것인가를 살폈다. 가운데로 튀어 나온다면 이 지역에 풍년이 든다는 조짐이다.

置中霤, 視冰凸何方, 主何方豐. 中央, 主本地豐.

【그림 34】 오화충(五花蟲)과 성충

【그림 35】 자방충(虸蚄蟲)과 각다귀

---

306 이 의미를 함풍 5년본과 민국 21년본의 원문에는 '류(霤)'로 적고 있으나, '까오은 꽝의 주석본'에서는 '류(溜)'자로 바꿔 적고 있다.

제6장
방언方言

쟁기질한 고랑을 일러 '상墒'307이라고 하고, 쟁기질한 두 고랑 사이를 일러 '이랑[隴]'이라 한다. 고지高地를 일러 '뇌堖'라고 하고, 하지下地를 일러 '와窪'라고 한다. 넓은 것을 일러 '평坪'이라 하고, 좁은 것을 일러 '언堰'이라고 한다. 볼록한 부분을 일러 '을탑圪塔'이라 하고, 움푹 파인 부분을 일러 '을동圪洞'이라 하며, 움푹 패여 물이 고인 곳 역시 '을동圪洞'이라고 한다. 흙덩이를 일러 '극랍克拉'이라고 한다.

봄에 얼음이 녹는 것을 일러 '택기澤起'라고 하고, 가을에 땅이 풀려서 약해지는 것을 일러 '낙택落澤'이라고 한다. 돌을 쌓아 그 속에 물을 쏟아붓는 것을 일러 '수파기水簸箕'라고 한다. 항巷308은 '합랑合朗'이라고 하며, 봉棒은 '불랑不浪'

犁溝謂之墒, 兩犁之間謂之隴. 高地謂之堖, 下地謂之窪. 寬者謂之坪, 狹者謂之堰. 凸者謂之圪塔, 凹者謂之圪洞, 水聚處亦曰圪洞. 土塊謂之克拉.

春凍釋謂之澤起, 秋漲消謂之落澤. 砌石瀉水謂之水簸箕. 巷謂之合朗, 棒謂之不浪.

---

307 경지를 탄 고랑의 토양은 종자의 발아와 작물의 생장온도에 적합하다.

이라고 하였다.

물건이 기울어져 변형된 것을 일러 '주작走作'이라고 하고, 또 극류克流라고도 한다. 재빠른 천둥소리를 일러 '홀뢰忽雷'라고 한다. 가랑비를 일러 '홀서[忽星]'라 하고 성(星)의 음은 서(西)와 같다. 또한 이를 일러 '박슬薄瑟'이라고도 한다. 무지개를 '강絳309'이라고 한다. 원미지(元微之)310의 '산봉우리에 붉은 두건 같은 것이 있다.'라는 시구 속에 있다.

우박을 일러 '냉우冷雨'라고 하고, 얼음을 일러 '동릉冬凌'이라고 한다. 따뜻한 것을 일러 '난화暖和'라고 하고, 추운 것을 일러 '양소涼騷'라고 하고, 한기가 사람을 상하게 하는 것을 일러 '박迫'이라고 한다. 처마의 고드름을 일러 '유추流錐'라고 한다.

불완전하게 차단한 그늘을 일러 '마음麻陰'이라고 한다. 어제를 일러 '야래夜來'라고 하고, 내일을 일러 '조신早晨'이라고 한다. 정오를 일러 '상오晌午'라고 하고, 저녁을 일러 '후상後晌'이라고 한다. 낮잠을 일러 '혈상歇晌'이라고 하고,

物傾斜謂之走作，又謂之克流．疾雷謂之忽雷．小雨謂之忽星，星讀如西．又謂之薄瑟．虹謂之絳．元微之有山頭虹似巾之句．

雹謂之冷雨，冰謂之冬淩．暖謂之暖和，寒謂之涼騷，薄寒中人謂之迫．檐冰謂之流錐．

薄陰謂之麻陰．昨日謂之夜來，明日謂之早晨．午謂之晌午，晚謂之後晌．午睡謂之歇晌，

---

308 본서의 저본인 함풍 5년본에서는 '항(巷)'으로 적고 있으나, 민국 21년본과 '까오은꽝의 주석본'에서는 '항(巷)'자로 적고 있다.

309 본서에서는 '강(絳)'으로 적고 있으나, 민국 21년본과 '까오은꽝의 주석본'에서는 '강(降)'자로 적고 있다.

310 미지(微之)는 당대 시인인 원진(元稹)의 자이다.

밤잠을 일러 '헐歇'이라고 한다.

일찍 심은 조를 일러 '직稙'이라고 한다.

함께 가는 것을 일러 '상근相跟'이라고 한다.
상(相)자는 입성(入聲)이다. 『노학암필기(老學菴311筆記)』에
서는 "세상 사람들은 즐거운 날을 말할 때 상(相)자를 쓰고, 대
부분 속어로 읽는데, 예컨대 '장안의 달을 물으면, 어찌하면 서
로 떨어지지 않겠는가.'라는 것이 이것이다."라고 하였다. 그
러나 북방사람들은 상(相)자를 입성으로 쓰며, 현재까지도 그
러하며, 즐거운 날뿐만 아니다. 노두(老杜)가 이르길 "꼭 춘풍
이 서로 속여서 밤에 불어와 자주 가지와 꽃을 떨어뜨리는 것
과 같다."라고 하였는데, 이 또한 속언의 발성에 따른 것이고,
여전히 음률을 잃지 않았다.

사람을 부르는 것을 일러 '초噍'라고 하고,
전달하는 말을 일러 '도導'라고 한다. 취하는 것
을 일러 '하荷'라고 하고, 잃는 것을 일러 '소召'
라고 한다. 그리워하는 것[思念]을 일러 '결계結
計'라고 하며, 한담開312談을 일러 '도자道刺313'라
고 한다. 아름다운 것을 일러 '극기克器'라고 하
고, 추한 것을 일러 '감심憨甚'이라고 한다.

夜眠謂之歇.

早禾謂之稙.

伴行謂之相跟.
相, 入聲. 老學菴筆記,
世多言樂天用相字, 多
從俗語, 作思必切, 如
爲問長安月, 如何不相
離, 是也. 然北人大抵
以相字作入聲, 至今猶
然, 不獨樂天. 老杜云,
恰是春風相欺得, 夜來
吹折數枝花, 亦從俗
聲, 乃不失律.

喚人謂之噍, 寄
語謂之導. 取謂之
荷, 去謂之召. 思
念謂之結計, 閒談
謂之道刺. 美謂之
克器, 醜謂之憨甚.

---

311 이 글자를 함풍 5년본과 민국 21년본의 원문에는 '암(菴)'으로 적고 있으나, '까오
은꽝의 주석본'에서는 '암(庵)'자로 바꾸어 적고 있다.

312 이 글자를 함풍 5년본과 민국 21년본의 원문에는 '한(開)'으로 적고 있으나, '까오
은꽝의 주석본'에서는 '한(閑)'자로 바꿔 고치고 있다.

313 이 글자를 함풍 5년본과 민국 21년본의 원문에는 '자(刺)'로 적고 있으나, '까오은
꽝의 주석본'에서는 '라(喇)'자로 고쳐 적고 있다.

없음을 일러 '몰랍没拉'이라고 한다. 재산을 나누는 것[析産]을 일러 '영另'이라고 하고, 동거하는 것을 일러 '과夥'라고 한다. 농가에서 공동으로 금지하는 것을 일러 '과상夥狀'이라고 한다. 가을에 수확물을 지키고 보는 것을 '간반看畔'이라고 한다. (장기간) 밭을 가는 자를 고용하는 것을 일러 '장공長工'이라고 하며, 하루하루 임금을 계산하여 고용하는 사람을 일러 '단공短工'이라고 한다. 남의 토지를 빌려 파종하는 자를 일러 '장가莊家'라고 하며, 또한 이를 일러 '반종伴種'이라고도 한다. 돌아다니며 부녀자에게 필요한 물건을 파는 행상을 일러 '화랑자貨郎子'라고 한다. 연말[314]에 시집가고 장가드는 것을 일러 '연세戀歲'라고 한다. 집[屋]을 일러 '가家'라고 한다.[315]

목화[棉花]를 일러 '화花'라고 한다. 벼루[硯]를 일러 '연와硯瓦'라고 한다. 부녀자의 얼굴을 덮는 수건을 일러 '안사眼紗'라고 한다.

들쥐를 일러 '각리各犁'라고 한다. 재빨리 달린다. 그중에서 큰 것을 일러 '흑로黑老'라고 한다. 굴에서 나오면 눈이 보이지 않는다.[316] 까치[鵲]를 일러

無謂之没拉. 析産謂之另, 同居謂之夥. 田家禁約謂之夥狀. 秋成守望謂之看畔. 受雇耕田者謂之長工, 計日傭者謂之短工. 租田種者謂之莊家, 又謂之伴種. 鬻女工所需物者, 謂之貨郎子. 歲尾嫁娶謂之戀歲. 屋謂之家.

棉花謂之花. 硯謂之硯瓦. 婦人蒙面謂之眼紗.

田鼠謂之各犁. 行疾而溜. 其大者謂之黑老. 出穴則目無

---

314 이 의미를 함풍 5년본의 원문에는 '세(崴)'로 적고 있으나, 민국 21년본과 '까오은 꽝의 주석본'에서는 '세(歲)'자로 고쳐 적고 있다.

315 남방의 남만(南蠻)인들이 집을 대개 난(欄)이라고 한 것과 구별된다.

'열작涅鵲'이라고 하고, 산까치[山鵲]를 일러 '회로
파灰老婆'라고 한다. 잠자리[蜻蜓]를 일러 '하희河
嬉'라고 한다.

매미[蟬]를 일러 '추량충秋涼蟲'이라고 한다.
귀뚜라미[蟋蟀]를 일러 '매유로買油老'라고 한다.
꾀꼬리[鶯³¹⁷]를 일러 '황루黃婁'라고 한다. 이는 곧
황율유(黃栗留)이다. 좀[蠹魚]을 일러 '불수不瘦'라고
하며, 쌀벌레 또한 '불수不瘦'라고 한다.

수면의 작은 벌레를 일러 '수슬水蝨'이라고
한다. 대합[蛤]을 일러 '해나파기海螺簸箕'라고 한
다. 비둘기를 일러 '종곡충種穀蟲'이라고 하고,
사반팔보四槃八寶는 비둘기가 우는 소리이다.

'서아暑兒'는 여름벌레이다. 색은 검고, 크기는 검
은콩과 같으며, 날아서 눈에 들어갈 수 있다. '한아寒兒'는
가을벌레이다. 또한 모충(毛蟲)으로도 불리고, 조 이삭
속에 많이 있다. 혹자는 '서왕한래暑往寒來'라고도 하
는데 일종의 벌레 이름이다. 벌과 비슷하나 작다.
날아서 일정한 곳에 있으며, 오랫동안 휴식을 취한 후에 움직
인다.

見. 鵲謂之涅鵲, 山
鵲謂之灰老婆. 蜻
蜓謂之河嬉.

蟬謂之秋涼蟲.
蟋蟀謂之買油老.
鶯謂之黃婁. 即黃
栗留. 蠹魚謂之不
瘦, 米蟲亦曰不瘦.

水面小蟲謂之水
蝨. 蛤謂之海螺簸
箕. 鳩謂之種穀蟲,
四槃八寶, 鳩自呼也.

暑兒, 夏蟲也.
色黑, 大如黑豆, 飛能
眯目. 寒兒, 秋蟲也.
又名毛蟲, 多在禾穗中.
或曰暑往寒來, 一
蟲名也. 似蜂而小.
飛有定處, 經久乃移.

---

316 '까오은꽝의 주석본', p.81에서는 각리[各犁; 花鼠: 다람쥐]와 할로[瞎老; 鼢鼠: 두
더지는 서로 종이 다른 서과(鼠科)라고 하고 있으나, 다람쥐는 다람쥐과이며, 두
더지는 두더지과에 속한다.

317 이 글자를 함풍 5년본과 민국 21년본의 원문에는 '앵(鶯)'으로 적고 있으나, '까오
은꽝의 주석본'에서는 '앵(鸎)'자로 적고 있다.

감이 익어 저절로 연해지는[318] 것을 일러 '임시醂'이라고 한다. 『본초강목(本草綱目)』「임시(醂柿)」에 대한 주(注)에는 "조미하여 숙성시킨 것이다."라고 하였다. 박과식물[瓜]에 거름 주는 것을 일러 '내과乃瓜'라고 한다. 박과식물의 덩굴이 점점 자란 이후에 흙으로 눌러 주는 것을 일러 '압과壓瓜'라고 한다. 『하소정(夏小正)』에는 내과(乃瓜)를 또 내의과(乃衣瓜)라고 적고 있는데, 이것이 바로 압과인 듯하다. 이처럼 내과(乃瓜)의 이름은 아주 오래되었다.

무릇 가을 추수하는 방식으로 볼 때, 밀은 '잡아당긴다[挽]'라고 하고, 귀리[油麥]는 '베고[割]', 소두는 '당기고[挽]', 검은콩은 '내리치고[撲]', 메기장[穈黍]은 '베거나[割]' '당기고[挽]' 또 '그 이삭을 취하는 것을 움켜잡는다[攫]'라고 한다. 메밀[蕎麥]은 '당기고[挽],' 조는 '베며[割]', 고량高粱은 '자르고[斫]', 박과 식물[瓜]은 '따며[摘]', 채소[菜]는 '뽑고[起]', 마늘[蒜]도 '뽑는다[起]'고 하며, 파[葱]는 '당기고[挽]', 콩깍지[豆角]는 '딴다[摘]'라고 한다.

무릇 마당에서 이삭을 취하는 데 있어서 밀은 '두드리다[扣]', 귀리[油麥], 검은콩, 메기장[穈黍]도 '두드리다[扣]'라고 하며, 또한 '이삭을 움켜잡기[攫]'도 한다. 조는 '자른다[切]'라고 하며, 고량

柿自輭曰醂. 本草醂柿注, 調菹也. 糞瓜謂之乃瓜. 瓜蔓漸長, 以土壓之, 謂之壓瓜. 夏小正乃瓜, 一本作乃衣瓜, 疑即壓瓜也. 乃瓜之名甚古.

凡秋收, 麥曰挽, 油麥曰割, 小豆曰挽, 黑豆曰撲, 穈黍曰割, 亦曰挽, 亦曰攫. 取其穗. 蕎麥曰挽, 穀曰割, 高粱曰斫, 瓜田摘, 菜曰起, 蒜曰起, 葱曰挽, 豆角曰摘.

凡登場取穗, 麥曰扣, 油麥曰扣, 黑豆曰扣, 穈黍曰扣, 亦曰攫. 穀曰

---

318 이 의미를 함풍 5년본과 민국 21년본의 원문에는 '연(輭)'으로 적고 있으나, '까오은꽝의 주석본'에서는 모두 '연(軟)'자로 적고 있다.

高粱은 '끌어당긴다[牽]'라고 부른다.

우藕는 '우근藕根[319]'을 일컫는다. 『설문해자(說文解字)』「초부(草[320]部)」에서 이르길 "연뿌리[䕅]는 정동(蒲䕅)이라고 한다. 두림(杜林)이 이르기를 '우근(藕根)'[우(藕)는 마땅히 우(蕅)로 써야 한다.][321]이다."라고 하였다. 단옥재(段玉裁)의 주석에서 이르기를 "곽박(郭璞)은 북방에서는 우(藕)를 하(荷)라고 하며, 뿌리로써 번식한다고 하였다. 그러나 두림은 우(藕)를 일러 동(䕅)이라고 하였다."라고 하였다. 나는 처음에는 '근(根)'자가 군더더기라고 생각하였다. 하지만 곽박의 견해로서 입증해 보면 우근(藕根)은 곧 하근(荷根)으로서, 거의 북방의 고어와 같다.

切, 高粱曰牽.

藕謂之藕根. 說文艸草部, 䕅, 鼎䕅也. 杜林曰, 藕根 (藕當作蕅). 段玉裁注, 郭璞曰, 北方以藕爲荷, 用根爲母號也. 然則杜林謂藕爲䕅. 余初疑根字爲贅. 以郭說證之, 則藕根即荷根, 殆猶北方之古語也.

---

319 이 '우근(藕根)'을 왕녹우의 교감기에서는 '만근(漢根)'으로 적고 있다.

320 이 글자를 함풍 5년본과 민국 21년본의 원문에는 '초(艸)'로 적고 있으나, '까오은 쾅의 주석본'에서는 '초(草)'자로 적고 있다.

321 원문의 괄호 부분은 '우근(藕根)'에 대한 주석이다.

제7장
오곡병 五穀病

모가 싹이 나지 못하는 병[捉不住苗]은[322] 습기로 인한 손상으로 종자가 땅을 뚫고 나오지 못하고 또한 땅이 말라도 이러한 병이 생긴다.

모가 갑자기 얽혀서 가로막히는 병[忽闌]은 모가 고르지 못해서 생긴다.

싹이 이랑의 한 부분에 치우치는 것[偏棱][323]으로 누거로 고르게 파종되지 않았기 때문이다. 두 이랑에는 싹이 있는데, 한 이랑에 싹이 없는 것은 바로 이것이다.

학상涸傷은 처음에 큰비가 온 진흙에 파종하여 땅의 표면에 딱딱한 판이 형성되어서 싹이 뚫고 나오지 못하는 것이다.

捉不住苗, 傷淫, 種不出土, 地乾, 亦有此病.

忽闌, 苗不匀.

偏棱, 耬不平故也. 如二棱有苗, 一棱無苗即是. 偏去聲.

涸傷, 初種大雨淤泥, 地皮生甲, 苗不得出.

---

322 '착불주묘(捉不住苗)': 원인이 매우 많은데 예컨대 종자가 손상을 입은 경우, 파종 방법이 적당하지 않거나 토양이 마르고 땅의 온도가 낮은 경우, 병충해의 피해 등이 그것이다.

323 '편릉(偏棱)': 파종할 때 누거를 잘 조절하지 못하여 어떤 이랑에는 싹이 나고 어떤 이랑에는 싹이 나지 않는다.

격별隔別[324]은 비가 내림으로 인해서 종자가 손상을 입은 것으로, (비가 내린 이후에) 판결 현상이 생겨서 싹이 뚫고 나오지 못하는 것이다.

여박茹薄[325]은 파종할 때 깊고 얕은 것이 일정하지 않으면 간혹 종자가 습기가 많아지면서 모종이 쓸데없이 엉키고 이삭 패는 것이 적어진다. 밀, 메기장, 기장은 모두 이와 같은 병이 있다.

격도格都[326]는 모가 나올 때 땅이 습하여서 생긴 손상으로, 잎이 말려서 펴지지 않는 병이다.

마麻[327]는 모가 조밀한데 솎아 내는 것이 늦어져서 비가 오게 되면 가늘고 키만 크고 건장하지 못하다.

화롱火籠[328]은 콩의 모가 가물어 불에 탄 것과 같게 된다.

회찬灰竄[329]은 소두의 잎이 회색을 띤다.

隔別, 種傷雨, 苗不出.

茹薄, 種時不得深淺之法, 或子淫, 則苗冗亂少穗. 麥糜黍皆有此病.

格都, 苗出土傷淫, 葉拳曲不舒.

麻, 苗稠而間遲, 見雨則苗細而高, 不壯.

火籠, 豆苗旱, 似火焦.

灰竄, 小豆葉灰.

---

324 '격별(隔別)': 파종 후 큰비가 내려, 지면에 판결 현상이 생겨서 싹이 나오지 못한다.

325 '여박(茹薄)': 밀, 메기장, 기장 등의 작물은 파종의 깊고 얕음이 고르지 않아서 싹이 나오는 순서가 고르지 않으며, 그 결과 크기도 일정하지 않아 이삭이 패는 것이 적다.

326 '격도(格都)': 어린 싹이 땅에 나온 이후, 잎이 말려서 주름이 생기는 것은 대부분 병해 때문이며 또한 진딧물[蚜蟲]에 의한 피해일 수도 있다.

327 '마(麻)': 모가 조밀하고, 모를 솎아 내는 작업이 늦어져서 비가 온 후에 종자가 가늘고 키만 커서 모가 건장하고 견실하지 못한 것이다.

328 '화롱(火籠)': 콩의 모가 가뭄을 만나면 잎이 마르고 누렇게 돼서 불에 탄 것 같이 된다. 붉은 거미의 피해로도 생긴다.

329 '회찬(灰竄)': 소두의 잎이 회색을 띠고, 대부분 세균성으로 인한 병해가 많다.

유한油汗[330]은 콩의 모종에 가뭄이 심하면 기름얼룩과 같은 것이 생긴다.

油汗, 豆苗旱甚似油點.

찬판竄瓣[331]은 조 이삭이 반쯤 마른 것은 습기에 의해 손상된 것이다.

竄瓣, 穀穗半枯, 傷溼.

열재捏栽[332]는 이미 김맨 잡초가 비를 만나면 다시 살아난다.

捏栽, 已鋤之草, 遇雨復活.

백당白儻[333]은 조가 어린 싹일 때 (해충의 피해를 입으면) 일찍 죽는다.

白儻, 穀早死.

곰팡이[霉][334]는 습한 곳에 파종하면 이삭에 흰 물집이 생기면서 가운데에 검은 털이 나는데, 이는 바로 곰팡이 균에 의한 병해이다.

霉, 種溼, 則穗出白泡, 中有黑毛, 即霉變也.

입강立僵[335]은 곡물이 가을비에 의해 손상되어, 자라면서 이삭이 말라 흰색을 띠게 된다.

立僵, 穀傷秋雨, 將成而槁, 色白.

수곡竪穀[336]은 조[禾]의 이삭이 패서 빠져나오지 못하

竪穀, 禾秀未脫,

---

330 함풍 5년본과 민국 21년본에는 '유한(油汗)'으로 적고 있으나, '까오은꽝의 주석본'에서는 '유한(油旱)'으로 적고 있다. '유한(油汗)'은 기름얼룩으로 가물 때 쉽게 발생하며, 진딧물의 분비물이 기름얼룩과 닮았기 때문에 '유한'이라고 부른다.

331 '찬판(竄瓣)': 조의 생장 후기에 비가 많이 오면 물이 많이 고이기 때문에 대량의 쭉정이가 형성되고, 누렇게 마르고 이삭이 작아진다.

332 '열재(捏栽)': 풀을 김맬 때 풀을 뒤엎어 묻어 버리지 않으면 비 온 후에 다시 자란다.

333 '백당(白儻)': 조가 어린 싹일 때 해충[속회명(粟灰螟), 곡조갑(穀跳甲) 등]의 피해를 받아서 죽는다.

334 '매(霉)': 종자에 균이 붙어서 이삭에 깜부기가 출현하여 대부분 깜부깃병[黑穗病]이라고 지칭한다.

335 '입강(立僵)': 가을에 비가 많이 오면 조의 성숙이 좋지 않아서 이삭이 희게 된다.

336 '수곡(竪穀)': 조의 이삭이 팬 이후에도 이삭이 곧게 서 있어서 고개를 숙이지 못하면, 이것은 조의 이삭이 검게 되는 병에 걸린 것일 수 있다.

여 이삭이 고개를 숙이지 못한다. 대개 지기(地氣)에 의해서 야기되기에, 토착민들은 수곡신에게 제사를 지낸다.

괴곡怪穀[337]은 조의 이삭이 패지 않으면 조는 누렇게 변하는데, 전하는 말에, 새가 (이미 누렇게 익은) 곡물 이삭을 입에 물고 먼저 토지신[田神]에게 보고한다고 한다.[338]

노곡수老穀穗[339]는 열매가 없고 이삭의 털이 담비 꼬리와 비슷해지는 것이며, 이것을 탕으로 졸이면 이질에 효과적이다.

강아지풀[莠]은 민간에서는 '모유(毛莠)'라고 칭한다.

귀출출鬼秫秫[340]은 달린 고량의 열매가 야무지지 않아 건드리면 즉시 떨어진다.

마활자䴷活子[341]는 기장과 메기장의 열매가 맺힌 것이 야무지지 않다.

황로심黃蘆心[342]은 조에 이삭이 없는 것이다.

怪穀, 禾未出穗, 此穀已黃熟, 相傳有鳥 銜去先報田神云.

老穀穗, 無實而毛 似貂尾, 煎湯可治痢疾.

莠, 俗名毛莠.

鬼秫秫, 高粱結實 不牢, 觸之則落.

䴷活子, 黍䴷結實 不牢者.

黃蘆心, 穀之無穗 者.

穗不下屈, 蓋地氣所致, 土人有祀豎穀神者.

---

337 '괴곡(怪穀)': 조에 이삭이 패어 나오지 못하면 즉시 누렇게 변하는데, 이것은 속회명(粟灰螟)에 의한 피해일 가능성이 크다.

338 '전신운(田神云)'의 '운(云)'은 조사로, 실제 의미는 없지만, '상황'의 의미도 담고 있다.

339 '노곡수(老穀穗)': 조의 이삭에 알갱이가 생기지 않고 담비꼬리 모양이 되는 것을 속칭 '강곡노(糠穀老)'라고 하며, 조의 백발병과 관련된 일종의 표현방식이다.

340 '귀출출(鬼秫秫)': 익은 후에 떨어지기 쉬운 고량(高粱)은 땅에 떨어져서 이듬해 일찍 싹이 나서 아주 건장하게 자라는데, 농민들은 이를 귀신이 파종한 고량이라고 하였다.

341 이 단어 중 '마(䴷)'자는 함풍 5년본과 민국 21년본의 원문에서는 이와 같이 쓰고 있으나, '까오은꽝의 주석본'에서는 '미(䴷)'자로 적고 있다. '마활자(䴷活子)': 알갱이가 쉽게 떨어지는 메기장과 기장이다.

342 '황로심(黃蘆心)': 조의 백발병이 만든 이삭이 없는 줄기로, 잎의 끝부분은 백발 모양을 띤다.

제8장
곡물가격과 물가[糧價物價]

곡물 가격은 그 해의 풍흉에 따라서 그 가격의 높고 낮음이 결정된다. 말[斗]로써 곡물을 계산한다. 수양현의 경우는 20용(甬)을 한 말[斗]로 삼는다.

좁쌀[米]³⁴³ 한 말은 비쌀 때는 1천 200-300전이었고, 쌀 때는 400전 전후였다.

밀[麥]³⁴⁴ 한 말은 비쌀 때는 1천 100-200전이 되었고, 쌀 때는 500전 이상이었다.

가경4-5년(1799-1800)에는 밀[麥]의 가격이 더 떨어져서 400전을 웃돌았다.

기장[黍]의 껍질을 벗긴 황미黃米 한 말[斗]은 비쌀 때는 1,100-1,200전이었으며, 쌀 때는 500

糧價, 視歲之豐歉, 其貴賤亦有制. 以斗計之. 壽陽二十甬爲一斗.

米, 貴至一千二三百錢, 賤至四百上下.

麥, 貴至一千一二百錢, 賤至五百以上.

嘉慶四五年, 麥賤至四百以上.

黃米, 黍之去殼者, 貴至一千一二百錢,

---

343 일반적으로 화북에서는 수도(水稻)가 많이 재배되지 않기 때문에 이 사료에서 등장하는 '미(米)'는 대부분 '좁쌀[粟]'을 뜻한다고 보아야 할 것이다.

344 맥(麥)은 대맥(大麥)과 소맥(小麥)이 있는데, 당시 산서 지역은 중국의 대표적인 면식(麵食)지역이었기 때문에, 이는 밀을 뜻하는 소맥으로 봐야 한다.

전 전후였다.

메밀껍질을 벗긴 메밀쌀[釈子]은 비쌀 때는 1,000전 이상이었으며, 쌀 때는 400전 전후였다.

건륭 24년(1759)에는 (가격이 더 떨어져서) 100전을 웃돌았다.

고량高粱은 비쌀 때 800전 이상이었고, 쌀 때는 250-260전이었다.

소두는 비쌀 땐 1,100-1,200전이었으며, 쌀 때는 400전 전후였다. 소두의 가격은 좁쌀[米] 가격과 등락을 같이한다. 검은콩[黑豆]은 비쌀 때는 800전 이상이고, 쌀 때는 500전 전후이고, 간혹 200전 전후일 때도 있다. 검은콩 가격은 고량가격과 등락을 같이한다. 조[穀]의 가격은 좁쌀의 6할이며, 기장의 가격은 황미의 6할이고, 메밀은 메밀쌀[釈子] 가격의 6할이었다. 편두는 비쌀 땐 900전 이상이었으며, 쌀 때는 400전을 웃돌았다. 귀리[油麥]는 비쌀 땐 700전 전후였으며, 쌀 때는 200전을 웃돌았다. 메기장[穈子] 가격은 조의 가격에 따라 결정된다. 함풍 4년, 수양현의 조는 한 말당 160전이고, 좁쌀[小米]은 300전, 소두는 220전, 검은콩[黑豆]은 120전, 기장은 240전, 황미는 400전, 고량은 160전, 귀리는 260전, 밀은 480전, 메밀쌀[釈子]은 420전, 메밀은 180전이었다. 흰 밀가루는 한 근당 24-25전이며, 메밀가루는 20전, 귀리 가루는

賤至五百上下.

釈子, 蕎麥去皮者,
貴至一千以上, 賤至
四百上下.

乾隆二十四年, 賤
至一百以上.

高粱貴至八百以
上, 賤至二百五六十.

小豆, 貴至一千一
二百錢, 賤至四百上
下. 小豆價視米. 黑豆,
貴至八百以上, 賤至
五百上下, 或至二百
上下. 黑豆價視高粱.
穀以米六分作價, 黍
以黃米六分作價, 蕎
麥以釈子六分作價.
扁豆貴至九百以上,
賤至四百以上. 油麥,
貴至七百上下, 賤至
二百以上. 穈子價視穀.
咸豐四年, 壽陽穀每斗一
百六十錢, 米三百, 小豆
二百二十, 黑豆一百二十,
黍子二百四十, 黃米四百,

16전, 콩가루[豆麪]는 14전이었다. 들건대 마을의 노인들이 모두 이르기를 과거의 곡식 가격이 올해만큼 싼 적이 없었다고 하였다.

일상에서 사용되는 각종 물품은 대부분 외지에서 도움을 받았으며, 그 가격은 때에 따라 높고 낮음이 있었다.

식용유[油]는 신지神池, 이민利民[345] 등지에서 나오고, 매 근斤당 100전 전후이며, 싸도 70전 이상이었다. 술[酒]은 유차楡次, 삭주朔州[346]등지에서 나오고, 본 읍에서도 생산된다. 모두 고량으로 만든 소주이며, 기장쌀로 만든 술은 본 읍에서 자체적으로 양조한다. 근斤당 가격은 식용유 값과 서로 같으며, 싸도 50전을 웃돌았다. 소금 중 상등품[鹽上者]은 귀화성歸化城[347]에서 나는데, 매 근당 30전 전후이고, 쌀 때도 20전 이상이었다. 차등품의 소금[次者]은 응주應州, 서구徐溝[348] 등지에서 나며, 매 근당 20전 전후였다. 본 읍의 소금은 모두 세금으로 내며, 백성들은 관에 내야 하는 소금을 먹지 못하였다. 장로진(長蘆鎭)에서 관에 바치는 소금은 매 근당 30전 전후였으며, 이는 사사로이 거

高粱一百六十, 油麥二百六十, 麥子四百八十, 秔子四百二十, 蕎麥一百八十. 白麪每斤二十四五錢, 蕎麪二十, 油麥麪十六, 豆麪十四. 聞之里中父老, 僉云, 自來糧價賤無過此年者.

日用諸物, 多取資於他邑, 其價與時消長. 油出神池利民等處, 每斤錢一百上下, 賤至七十以上. 酒出楡次朔州等處, 本邑亦有之. 皆高粱燒酒也, 黍酒本邑自釀. 每斤與油價相若, 賤至五十以上. 鹽上者出歸化城, 每斤三十上下, 賤至二十以上. 次者出應州徐溝等處, 每

---

345 '신지(神池)'는 지금의 신지현이며, '이민(利民)'은 신지현 내의 지명이다.

346 '삭주(朔州)': 지금의 삭주시이다.

347 '귀화성(歸化城)': 지금의 내몽골자치구의 후허하오터[呼和浩特]시이다.

348 '응주(應州)'는 지금의 응현(應縣)이고, 서구(徐溝)는 지금의 청서현(清徐縣) 서구진(徐溝鎭)이다.

래되었다. 장醬 중에서 상등품은 태원太原에서 나오고, 매 근당 50전 전후였으며, 차등품은 귀화성歸化城에서 나오고, 매 근당 40전 전후였다. 소다[鹻349: 탄산나트륨(Na_2CO_3)]는 섬서성 신목神木 등지에서 나오고, 매 근당 30전 전후였다. 철기鐵器는 노안潞安, 우현盂縣 등지에서 나온다. 밭에서 사용하는 철제 농기구[鐵器]는 절반은 본 읍에서 생산하며, 반은 다른 읍에서 생산된 것을 가져오고, 목기 또한 그러하며 그 가격은 물건에 따라 판단하였다. 면화는 직례直隷성의 난성欒城, 조주趙州350 등지에서 나오며 매 근당 140-150전에서 400전 전후였다. 매 근당 정가는 120전으로, 가격이 귀해지면 중량이 줄어들고, 가격이 낮아지면 중량이 늘어났는데, 통상적으로 사용하는 중량 이외에 한 근이 부족한 것이 있으면 '소근小斤'이라고 하고, 한 근이 많은 것을 일러 '노호(老號)'라고 하였다. 포布351는 직례直隷성 획록獲鹿, 난성欒城 등지에서 나오며, 이것을 일러 '동포

斤二十上下. 邑納鹽課, 不食官鹽. 長蘆官鹽每斤三十上下. 此私銷也. 醬上者出太原省城, 每斤五十上下, 次者出歸化城, 每斤四十上下. 鹻出自陝西神木等處, 每斤三十上下. 鐵器出潞安盂縣等處. 田間鐵器, 半出本邑, 半出他邑, 木器亦然, 其價以物爲斷. 棉花出直隷欒城趙州等處, 每斤自一百四五十至四百上下. 每斤有定價一百二十錢, 價貴則斤數減, 價賤則斤數增,

---

349 이 글자를 함풍 5년본과 민국 21년본의 원문에는 '겸(鹻)'으로 적고 있으나, '까오은쩡의 주석본'에서는 '감(鹹)'자로 바꿔 적고 있다.

350 '직례(直隷)'는 지금의 하북성이며, 난성(欒城)과 조주(趙州)는 지금의 하북성의 난성(欒城)현, 조현(趙縣)이다.

351 이때의 '포(布)'가 어떤 포(布)인지는 알 수 없다. 포에는 대개 마포(麻布), 면포(綿布), 갈포(葛布) 등이 있는데, 이 문장 속에 면화가 자주 등장하는 것으로 보아 면포였을 가능성이 없지 않다.

東布'라고 한다. 매 척당 관에서 정한 목척에 두 치[寸]를 더한 것을 일러 대척(大尺)이라 하고, 목척에 한 척을 더한 것을 일러 재척(裁尺)이라고 하였다. 30전 전후에서 40전 전후였다. 본 읍에서 나오는 것은 농민이 필요한 동포東布보다 많았다. 나머지 포布는 북로에서 팔았으며, 매 척[대척大尺]당 20전 전후였다. 함풍 4년, 수양현의 면화는 근당 120전이었고, 삼씨기름[麻油[352]]은 근당 63-64전이었으며, 술은 40전, 청염(靑鹽)은 18전, 소다[堿[353]]는 20전, 장은 40전 전후로서 가격 또한 극히 쌌다.

　　한 해의 풍흉은 하늘에 달려 있고 곡물 가격의 높고 낮음 또한 하늘에 달려 있으나, 모든 것이 하늘에 달려 있는 것은 아니다. 풍년이 들면 곡물 값이 내려가는데, 값이 내려갈 때 내다 팔지 않을 수 없다. 흉년이 들어 곡물 가격이 비싸지는데 값이 올라갈 때 사들이지 않을 수 없다. 이것은 하늘에 달려 있다. 만약 풍년도 아니고 흉년도 아닌 시절을 만났을 때, 풍년의 수확량과 비교하여 아직 그 절반도 생산하지 못하고, 흉년의 수확량

平斤而外，　有不足一斤者，謂之小斤，有一斤多者，謂之老號．布出直隸獲鹿欒城等處者，謂之東布．每尺，木尺加二寸，此大尺也，木尺加一寸者，裁尺．三十上下至四十上下．出本邑者，農人所需較東布爲多．餘布鬻於北路，每尺，亦大尺，錢二十上下．咸豐四年，壽陽棉花每斤一百二十錢，麻油每斤六十三四，酒四十，靑鹽十八，堿二十，醬四十上下，價亦極賤．

歲之豐歉由於天，糧價之低昂亦由於天，然有不盡由於天者．豐歲糧賤，非減

---

352 이 단어를 함풍 5년본과 민국 21년본의 원문에는 '마유(麻油)'로 적고 있으나, '까오은꽝의 주석본'에서는 '마유(麻油)'로 바꾸어 적고 있다.

353 이 글자를 함풍 5년본과 민국 21년본에는 '겸(堿)'으로 적고 있으나, '까오은꽝의 주석본'에서는 '감(鹹)'자로 고쳐 적고 있다.

보다 오히려 적다고 말하니 곡물가격이 갑자기 올라서 큰 흉년이 든 것보다 더욱 심하니 이것이 어찌 모두 하늘의 뜻이라고 할 수 있겠는가.

예컨대 도광 14년(1834), 수양현의 가을 수확이 40-50% 정도였고, 어떤 곳은 20-30%로서 차이가 일정하지가 않았다. 그리고 8월 초에 조와 기장을 아직 타작하기 전에 곡물가격이 조석朝夕으로 뛰었다. 비록 이후의 수확이 이미 좋지 않을 것이라고 예견[354]되만 이전에 축적된 양식이 여전히 남아 있었는데, 어째서 시장에 모인 좁쌀이 일시에다 팔려 버리는가. 일부 이익을 쫓는 사람들이 대량의 자본을 쥐고 앉아 시장 안팎을 농단하며, 이삭이 비고 쭉정이라는 사실을 보고서 후일 수확이 좋지 않을 것을 헤아려 마침내 매점매석하게 되면서 일시에 시장 곡물 가격이 등귀하게 된다. 이해가 도대체 하늘이 내린 흉년인지 아닌지 알지 못하는데, 사람이 만든 흉년은 이미 구제하기 어렵다.

이러한 바람이 한번 일어나면 교활한 사

價不能糶. 歉歲糧貴, 非增價不能糴. 此由於天也. 若值不豐不歉之歲, 較之豐年未得其半, 比之歉歲尚云薄收, 而糧價驟長, 視大歉而更甚, 此豈盡由於天乎.

即如道光十四年, 壽邑秋收有四五分者, 有二三分者, 參差不等. 而八月初間, 禾黍尚未登場, 糧價旦夕昂貴. 雖以後之收成已可逆覩, 而以前之蓄積尚有贏餘, 何市集之米, 一時遽空. 良由逐利之徒, 坐擁厚貲, 壟斷左右, 一見禾米空秕, 度後日之收獲子虛, 遂爾囤積居奇, 致一

---

354 이 의미를 함풍 5년과 민국 21년본에는 '도(覩)'로 적고 있으나, '까오은꽝의 주석본'에서는 '도(睹)'자로 바꿔 적고 있다.

람이 가격상승을 부채질한다. 가령, 좁쌀 한 곳집[囤]이 있으면 아침에는 어떤 상인이 800전에 사들이고, 저녁에 어떤 상인은 900전에 사들였으며, 다음날에 어떤 상인은 다시 1,000전에 구입하는 등 몇 번 사람을 전전하면서 구입하니 시간이 흐를수록 더욱 비싸져서 가격의 끝이 어딘가를 알 수 없다. 그러나 먹을 식량이 없는 빈민은 비록 한 되 한 말을 구입하고자 해도 구하지 못했다. 그 때문에, 민간에서 비록 곡물을 축적하고 있는 가정일지라도 또한 창고를 걸어 잠그고 내다 팔지 아니하는데, 한 측면에서는 곡물 가격이 올라갈 것을 기대하고, 또 한 측면에서는 이후에 양식이 없어질까를 걱정하였다.

농언에 이르길 "농민[莊家]이 곡물을 많이 생산하여355 값이 비싸면 비쌀수록 내다 팔지 못한다."라는 것은 이것을 이름이다. 더욱 심각한 것은 구입하는 사람이 굳이 돈을 낼 필요도 없고, 파는 사람도 반드시 좁쌀을 가지고 있지 않은 (상태에서 거래하는) 것으로, 이것을 일러 '공렴空斂356'이라 한다. 현재의 쌀값

時之市價騰踊. 是歲事之歉猶未可知, 而人事之歉已難救止.

此風一倡, 狡獪煽騰. 借如粟米一囤, 朝, 一商以錢八百買之, 夕, 一商以九百買之, 明日, 一商復以一千買之, 輾轉迭買, 愈增愈貴, 而莫知所終極. 而貧民之乏食者, 雖糴升斗而不予. 以故民間雖有積蓄之家, 亦靳而不糶, 一則待價之增長, 一則慮後之無資.

諺云, 莊家生得陗, 越貴越不糶, 此之謂也. 更有甚者, 買者不必出錢, 賣者不必有米, 謂之空斂. 因

---

355 이 의미를 함풍 5년본과 민국 21년본의 원문에는 '초(陗)'로 적고 있으나, '까오은 꽝의 주석본'에서는 '초(俏)'자로 고쳐 적고 있다.

356 이 글자를 함풍 5년본과 민국 21년본의 원문에는 '렴(斂)'으로 적고 있으나, '까오

에 근거하여 다가올 쌀값의 등락登落을 결정하고 뜻대로 가격을 올리는데, 이러한 것을 일러 '매공매공買空賣空'이라 하며, 현물 없이 값을 올림[357]으로써 값이 끝내 안정되지 못한다. 혹자는 좁쌀의 가격 등락은 그 자체 일정한 규율이 있다고 한다. 그러나 어떠한 때는 비싸고 어떠한 때는 싼 것은 중매인[牙行]이 양식의 많고 적음을 보고서 값의 등락을 결정하니 어찌 시장에 집화된 곡물가격이 안정되겠는가? 그리고 상인은 이미 마음속에 몇 배의 이익을 생각하고 있지 않겠는가? 그해에 흉년이 들든 흉년이 들지 않든 모두 이러한 사람의 손에 의해서 곡물가격이 조절되니 어찌 일정한 규율이 있다고 말할 수 있겠는가?

수양현에서는 농업을 중히 여겨, 상농[上戶]으로 밭이 많은 자는 비축에 여유가 있어 양식을 내다 팜으로써 사소한 비용을 충당하며, 중농[中戶]은 약간의 여유가 있어 간혹 어떤 때는 세 말 어떤 때는 두 말 정도 식량을 내다 팔아서 긴급한 용도로 삼았다. 인근의 양식이 부족한 곳, 예컨대 유차楡次와 평정平

現在之米價, 定將來之貴賤, 任意增長, 此所謂買空賣空, 虛擡高價, 而使價終不能平也. 或謂粟米貴賤, 自有一定之數. 然或貴或賤, 聽牙行視糧之多寡以增減, 何市集之價尚平. 而商賈已暗增數倍. 是歲之歉與不歉, 盡操於斯人之手也, 而何得謂有一定之數乎.

壽邑以農爲重, 上戶田多者積蓄有餘, 憑糶糧以爲日用之資, 即中戶稍有贏餘, 或三斗, 或二斗, 亦憑出糶爲水火之用. 而鄰境之不足者, 如

은꽝의 주석본'에서는 '렴(斂)'자로 고쳐 적고 있다.
[357] 이 글자의 의미를 함풍 5년본과 민국 21년본의 원문에는 '대(擡)'로 적고 있으나, '까오은꽝의 주석본'에서는 '태(抬)'자로 바꾸어 적고 있다.

定 등지는 얼마간 양식을 운반하여 식용의 양식을 공급하고, 만약 다른 지역과 같이 토지는 적고 인구가 많은 경우라면 그 용도를 충분히 보상하지 않으면 안 된다. 해도 그 용도를 보충하는 데 부족함이 없을 것이다. 상인이 반드시 매점하지 않는다면 자급에 여유가 있을 것이다. 혹자가 이르기를, 삭주朔州나 귀화성歸化城은 모두 식량점포가 있어서 조를 산 같이 쌓아 두고 있는데, 어찌하여 우리 지역에서는 그리 할 수 없는가 한다. 그쪽이 곡식[粟米]³⁵⁸을 취합하는 장소로서 사방의 중심을 이루고 있다는 것을 알아야 파는 자가 이쪽으로 들어오고 구입하는 자도 여기서 사서 나가는데, 그해 풍흉에 관계없이 그것은 일상적인 일이니 가령 상인이 매점매석하여 쌓아 두지 않는다면 곡식[粟米]이 어찌 유통되겠는가.

이것은 해당 지역을 겨냥하여 구체적으로 말하는 것으로 (다른 지역을) 동일³⁵⁹하게 말할 수 없다.

榆次平定諸地，兼可搬運待食，非若他境之土狹人稠，不足償其用也. 是不必有商賈囤積而自充足有餘也. 或曰，如朔州歸化城，俱有糧店，粟積如山，何不可爲之. 不知彼處爲粟米聚會之所，五方輻輳之地，糶者必由此入，糴者必由此出，不論歲之豐歉，此其常事，苟非商賈囤積，粟米焉能流通.

此又以地言之，而非可同日語也.

---

358 원문에서 '속미(粟米)' 혹은 '미속(米粟)'으로 표기하고 있는데, 산서 지역은 한전 작물의 생산지라는 것을 감안하면 좁쌀이라고 번역할 수도 있겠지만 표기방식이 '소미(小米)'가 아니라서 곡식의 총칭으로 번역하였다.
359 '동일(同日)'은 '동일(同一)'의 잘못이 아닌가 생각된다.

혹자는 또 이르길 두 지역의 곡식[米粟] 값이 아주 비싼 것은 무슨 까닭일까. 무릇 두 곳은 땅이 넓고 식량이 많이 생산되어서 금년에 비록 수확이 적다고 할지라도 다른 지역에 비하면 넉넉한 편인데, 좁쌀가격이 조금씩 오르면 어찌 오르는 것이 그치지 않는가? 모두 안문관雁門關 남쪽의 상인이 날마다 분주하게 뛰어서 많은 돈으로 양식을 집적하여 곡식 가격이 올라서 사방으로 전달되지 못하였기 때문이다. 이것은 또 간사한 장사치가 이익을 좇아서, 원근의 곡물가가 안정되지 못하게 한 것이다. 무릇 고대인들은 30년간 사용할 식량을 관장하여,[360] 비록 수재와 한재가 있을지라도 백성들은 굶주린 기색이 없었다. 지금 상인들은 힘써 곳집을 채우고 화물을 독점하여 이해는 본래 흉년이 아닌데도 잠깐 사이에 바로 큰 재앙과 흉년처럼 되어 버린다. 또 본 현의 면화는 난성欒城에서 구입하는데 전체 현의 통계에 의하면 매년 수천 마리의 낙타를 사용하여 운반한 물량에 지나지 않는다.[361]

或又謂, 二處之米粟亦極昂貴, 何故. 夫二處地廣糧多, 今歲雖云薄收, 較之他境, 尚屬豐盈, 穀米即云稍長, 何至昂貴不止. 皆因關南商賈, 日夜奔走, 叢集其地, 厚貲囤積, 以致米粟價高, 不能四達. 此又奸商逐利, 使遠近之價不能平也. 夫古人權三十年之通, 雖有水旱, 民無菜色. 今賈人盡力囤積, 以爲奇貨, 是歲本不歉, 一轉盼間, 而即成大荒大歉矣. 又邑之棉花, 買自欒城, 統計一邑, 每年不過用數千駝.

---

360 『예기(禮記)』「왕제(王制)」편에 의하면 "30년간 국가의 용도를 관리하였다."는 것은 곧 "3년 경작하면 1년간 여유가 있었다.[耕三餘一.]"라는 의미이다.

361 타(駝)는 싣는다는 의미의 타(馱)와 같으며, 일 타(駝)는 곧 한 마리의 가축이 싣

금년은 비록 수확은 많지 않으나 이전에 집적된 것이 여전히 수천 마리 낙타분이 남아 있고, 이 또한 1년간의 용도로 사용할 수 있다. 그런데 부상富商 6-8명이 고의로 높은 가격으로 여러 차례 면화를 모두 구입하여 쌓아두고서 이익을 독차지하여, 한 낙타마다 60,000-70,000전이 아니면 팔지 않았다. 무릇 6-8명이 판매할 면화의 이익을 독점하여 가령 한 읍에 직기가 멈춰 방직을 할 수 없게 되면 옷을 입으려고 해도 입을 옷이 없다. (그 결과) 수많은 사람들이 추위를 호소했지만 모두 6-8명의 손아귀에 좌우되니, 어찌 통탄하지 않겠는가.

지금 좁쌀과 같은 곡물은 사방 여러 지역을 순방하였지만 근본적으로 수확이 좋지 못하여 가격 등귀가 반드시 나타날 것이다. 점진적으로 등귀하는 것은 자연스럽다. 어찌하여 짧은 시간 내에 값이 뛰는 것이 끝이 없는가. 이와 같은 재난은 사람에 의해서 야기된 것이지 모두 하늘에 의해서 말미암은 것이 아니니 마땅히 빨리 처리해야 할 것이다. 지금 처리하기 위해서는 마땅히 각 지역 시장

今歲雖云薄收, 而舊日之積蓄, 尚有數千駝, 亦足資一年之用. 而富商六七八人故以高價盡數買積, 以專其利, 每駝非六七十千不售. 夫有六七八人之專利, 致使一邑停機住紡, 衣著無物. 是億萬人之號寒, 盡操於六七八人之手也, 可勝嘆哉.

今穀米諸物, 訪諸四境, 本屬薄收, 價之昂貴, 勢所必至. 然亦漸增漸長, 因其自然. 何至瞬息之間, 騰貴無涯. 此荒之由於人致而不盡由於天, 所當急爲區處者也. 爲今之計,

---

는 분량으로, 평균 약 300-400근(180-240kg)이다.

에서 수집한 것을 칙령으로써 명백히 조사해야 한다.

과거에 곳집에 쌓아 둔 것은 평상시의 가격에 내다 팔고 단지 소상인이 왕래하면서 물건을 판매하는 것은 허락하며 대상인은 더 이상 집적하지 못하게 한다. 각 향鄕에서 공평, 청렴하고 진실한 사대부를 선발해 상호 감독하여 만약 법을 준수하지 않는 자가 있으면 관부에 보내 다스리게 하였다. 중매인[牙行]이 사사로이 이익을 좇는 자는 엄격하게 징벌하여 다스렸다. 그 서리[胥]가 시끄럽고 무리배[土棍]들이 속이고 사기 치는 자가 있으면 죄를 물었다. 이와 같이 철저히 조사하여 원근이 모두 일제히 행동한다면 양식도 이에 상응하여 증가하고 가격도 안정될 것이며, 가격이 안정되고 양식이 더욱 늘어나면 사람이 야기한 재해는 소멸되고 하늘이 야기한 재해 또한 다소 줄어들 것이다. 본가의 족형인 세공생(歲貢生), 후선훈도(候選訓導), 조준(朝駿)[362]의 문장이다.

宜於各處市集飭禁稽査.

其從前囤積者, 令其平價出糶, 祇許小販往來搬移, 大賈毋得再積. 各鄕耆老公平廉愼之士互加訪察, 如有不遵嚴禁者, 稟官究治. 其牙行有狗隱射利者, 嚴加懲辦. 其胥役騷擾土棍訛詐者, 罪之. 如此實力稽核, 遠近畫一奉行, 則糧廣而價自平, 價平而糧益廣, 人致之荒可泯, 而天致之荒, 亦可少彌矣. 族兄歲貢生候選訓導朝駿說.

---

362 이 부분은 기조준의『금돈적설(禁囤積說)』의 전문이다. 기조준은 수양현의 공생(貢生)이며 기준조의 족형(族兄)이다.『수양현지(壽陽縣志)』에 기록된 바에 따르면 기조준은 "함풍(咸豐) 3년에 향단(鄕團)을 기획하여 좁쌀 300석, 돈 200 꾸러미를 내서 향리(鄕里)를 보(保)하였다."라고 하였다.

무릇 대자연이 무궁무진하게 물질과 재부를 창조한 것은 '화化'와 '육育'의 순환 때문이다.

물질의 '육育'은 무에서부터 유로 나아가며, '화化'는 유에서 무로 가는 것이다.

싹에서부터 이삭이 나오고, 열매가 나오는 것이 '육育'이며, 수확하여 저장하고 이를 먹는 것이 '화化'이다.

만약 '육育'이 없다면, 어찌 '화化'가 있을 수 있겠는가?

'화化'가 잘 통하지 않으면, '육育'은 소진된다.

옛 성인들은 백성들에게 유무를 상통하도록 하였는데, 농업과 상업이 서로 돕는 것은 이른바 물질의 작용을 다하게 하는 것으로 이 역시 '화化'와 '육育'을 이끄는 발단이다.

지금 천지가 생산하는 물질[育]이 막혀서 '화化'가 되지 못함으로 인해 배를 굶주리는 자가 배고픔[363]을 울부짖고, 깊이 감추어둔 양식은 재빨리 썩으니, 나는 이것이 조물주의 바람이 아니라는 것을 안다.

최근 도광 2-3년에서 10-11년에 걸쳐 흉

夫造物之所以無盡藏者, 恃化育之流行而已.

育自無而之有, 化自有而之無.

自苗而秀, 而實, 育也, 自收而藏而食, 化也.

不有育也, 將何以化.

化之有滯, 育斯窮矣.

古之聖人, 有無懋遷, 農末相資, 所謂盡物之性, 亦贊化育之一端也.

今擧天地所育壅閉之, 使不得化, 枵腹者啼飢, 深藏者速腐, 吾知非天地之心也.

近者道光二三年

---

363 이 의미를 함풍 5년본과 민국 21년본의 원문에는 '기(飢)'로 적고 있으나, '까오은 꽝의 주석본'에서는 '기(饑)'자로 고쳐 적고 있다.

작이 여러 번[364] 있었고, 쌀 한 말[斗] 가격이 300전[文]에서 비쌀 때는 800-900전[文]까지 이르렀다. 각 시市와 진鎭의 창고에는 많은 곳은 만여 석이, 적을 때 역시 몇천 석이 비축돼 있다. 도광 12년(1832)에는 크게 흉년이 들어, 좁쌀 한 말[斗]이 1,200-1,300전[文]이나 하고, 마을 사람들은 매우 곤궁하며 인심도 흉흉하였는데, 이것은 '육育'은 이루어졌지만, '화化'가 되지 못한 명백한 증거이다. 그해 겨울, 시장에는 한 톨의 쌀조차 없었으며, 곳집은 텅텅 비었다. 도광 13-14년에는 시절이 약간 호전되기 시작하였는데, 이것은 '화化' 이후에 '육育'이 생겼다는 분명한 증거이다. 어리석은 백성들은 이를 알지 못하여, 단지 이익만 보고 그 폐해를 보지 못해, 스스로 약간의 여유가 있다고 믿고서 고개를 드리우고 상인들의 이익을 선망한다. 어찌 생존의 기회가 한번 막히니[365] 각종 폐단이 생겨나고, 인심이 흉흉해지며 풍속을 해치고 법의 근간을 흔들며, 오랫동안 혼란을 조성한 원천을 알겠는

至十年十一年, 婁遭荒歉, 斗米價錢三百文, 增至錢八九百文. 各市鎭倉篰, 多者萬餘石, 少亦幾千石. 十二年歲大歉, 斗米錢千二三百文, 閭閻大困, 人情洶洶, 此育而不化之明驗也. 是年冬, 市無赤米, 困篢空虛. 十三四年, 歲始稍豐, 此化而後育之明驗也. 愚民無知, 見利不見害, 自怙充餘, 垂涎末富. 豈知生機一塞, 百弊滋萌, 蠹人心, 害風俗, 干刑憲, 長亂源. 領本開商者, 視財東爲孤注,

---

364 이 의미를 함풍 5년본과 민국 21년본의 원문에는 '루(婁)'로 적고 있으나, '까오은 꽝의 주석본'에서는 '루(屢)'자로 바꿔 바꾸어 있다.

365 이 의미를 함풍 5년본과 민국 21년본의 원문에는 '새(塞)'로 적고 있으나, '까오은 꽝의 주석본'에서는 '한(寒)'자로 고쳐 적고 있다.

가? 자본을 투자하여 장사를 한 사람은 자본을 한꺼번에 투입하는데, 농隴을 얻으면 촉蜀까지 얻고 싶어 하며 (욕심이 끝이 없어) 보잘것없는 재산까지 노름판에 거는 것과 같다.

그해 흉년이 들면 이익을 염원하여 그 마음이 간사해진다. 그해 풍년이 들면 밑진 것을 걱정하여 그 생명까지 해친다. 돈이 많은 사람은 도리어 이를 위해 쟁취를 권고[366]하니, 이것은 어떤 심산인가? 실상 어떤 방법이 있다 한들 그들에게 이렇게 하라고 할 수 없지 않는가? 도광 12년 각지에서 크게 흉년이 들었지만, 양식을 쌓아 두고 값을 홍정하니 빈민들은 돈을 쥐고도 쌀을 바꿀 도리가 없었다. 산서성 개휴介休, 태곡太谷, 흔주忻州의 신사紳士와 부호 아무개와 각 촌락 중의 부자들이 자금을 내어서,[367] 시장 가격에 따라서 좁쌀[米]을 사들여서 공동의 장소인 사社에 비축하고, 아주 청렴하고 진실한 사람을 보내 그것을 맡기고, 가격을 낮추어 팔아서 각각 그 촌의 빈민을 보호하였다. 출연한 자본이

得隴望蜀者, 寄素産於賭場.

歲歉則恃獲利而驕淫其心. 年豊則憂賠折而斲喪其命. 爲富人者, 反爭勸爲此, 此何心耶. 然則如之何而可. 道光十二年, 各處大荒, 囤糧㭋價, 貧民握錢無處易米. 晉省介休太谷忻州有紳士富戶某某, 各糾其村中富人出貲, 依市價糴米儲於社, 派淸愼者司之, 減價糶給, 各護其村中之窮民. 所出錢本不足, 更捐之, 至來

---

366 이 글자를 함풍 5년본과 민국 21년본의 원문에는 '권(勸)'으로 적고 있으나, '까오은꽝의 주석본'에서는 '취(取)'자로 바꾸어 적고 있다.

367 이 의미를 함풍 5년본과 민국 21년본의 원문에는 '자(貲)'로 적고 있으나, '까오은꽝의 주석본'에서는 '자(資)'자로 고쳐 적고 있다.

부족하면 다시 모금하여, 이듬해 봄에 좁쌀 가격이 대략 안정되자 (그 사업을) 이내 멈추었다. 이것은 본 현의 사창社倉에서 출연을 통해서 진대한 방법으로서, 모두 눈에 보이는 이득은 있었지만 해害는 없어, 실로 덕이 넘치는 일이었다. 부자 된 사람은 선善에 의거해서 좋은 일을 하여, 자신의 것을 덜어 남에게 이익을 줌으로써 남과 자신이 두루 이익되게 한 것이다. 예의의 발단은 부유함에서 시작된다. 바라건대 태평하고, 풍우가 고르면, 멀고 가까운 지역의 가난한 자와 부자가 서로 아무 탈 없이 편안하게 되니 이 또한 좋은 일이 아니겠는가. 서가촌의 거인 해륜解崙[368]의 문장이다.[369] 출처:『계돈적설(戒肫積說)』.[370]

春米價略平乃止. 此本社倉捐賑之法, 有共見之利, 而無不見之害, 誠盛德事也. 是在爲富人者, 處善循理, 損己以益人, 實人己之兼益. 禮義之生, 自富足始. 庶幾太和醞釀, 風雨調諧, 遐邇貧富, 得相安於無事, 不亦休哉. 西岢村解孝廉崙說.

---

368 이 글자를 함풍 5년본과 민국 21년본의 원문에는 '륜(崙)'으로 적고 있으나, '까오 은꽝의 주석본'에서는 '륜(侖)'자로 고쳐 적고 있다.

369 '해륜(解崙)': 자는 하원이고, 산서성 수양현 서가촌(西岢村) 사람이다, 도광 5년 (1825)에 거인(擧人)이 되었다. 유차의 수천서원(受川書院)의 주인을 지냈고, 훗 날 요주학정을 담당하였다. 저서로는『사서문의(四書文義)』,『오경보주(五經補 註)』,『사론적요(史論摘要)』,『자사편독(子使便讀)』등이 있으며, 모두 집에 보 관하고 아직 간행하지 않았다.

370 '까오은꽝의 주석본', 104쪽에서는 이 같은 출처를 제시하고 있다.

제9장
수리水利

수양현은 과거에 수리水利시설이 없었다. 오직 남향 한촌 남쪽에 소하小河가 있었는데, 지역에서는 백마하白馬河[371]라고 불렀다. 그 원천은 화순和順현, 평정平定현, 낙평樂平현 등에서 발원하고, 수양현의 양두애진羊頭厓鎭 남쪽에서부터 서쪽을 향해 흘러 진鎭의 서쪽에 이르는데, 그 이름은 '활두하闊頭河'라고 하였다. 천수와 회합하여 소하小河는 이내 큰 강이 된다. 또 냉천사冷泉寺 서쪽에 이르러 수수壽水와 회합하며, 또 여가장廬家莊의 남쪽으로 흘러 와수渦水와 합한다. 와수渦山는 심히 작은 강으로서 과산에서 발원하여 북쪽으로 흘러 소하小河와 합해진다. 단정촌段廷村

壽陽向無水利. 惟南鄕韓村南有小河, 俗名白馬河. 其源發於和順平定樂平諸處, 自邑之羊頭厓鎭南向西流, 至鎭西, 名闊頭河. 會泉水, 小河乃大. 又至冷泉寺西, 與壽水合, 又至廬家莊南, 與渦水合. 渦水甚微, 自渦山出, 北流與小河合. 至段廷村東歡喜嶺北, 水勢漸

---

371 백마하는 원래 수수(壽水)라고 불렸으며, 산서 수양현 서부 요라(要羅) 산맥의 힐가하촌(頡家河村)에서 발원한다.

동관 희령 북쪽에 이르러 물의 기세는 점차 증대되고, 지형 또한 점차 광활해져, 경지가 십수 경에 달했는데, 이는 곧 하남촌, 단정촌, 한촌 3곳의 땅이다.

수로[渠]를 개척하여 관개한 것은 실제적으로 건륭 25년(1760)에 시작되었다. 처음에는 한촌韓村, 단정촌段廷村, 북동촌北東村의 사이에 (관개수로가) 생겼으며, (그 사이에는) 십수경頃 규모의 경지가 있다. 옹정 원년(1723)에는 한촌韓村에 수로[渠]를 개착했으며, 건공촌建公村의 서쪽, 단정촌段廷村의 동쪽과 호로애저葫蘆厓底에서 물을 끌어 관개하였다. 옹정 2년(1724)에는 수로가 무너졌다. 건륭 58년(1793)에는 한촌韓村의 공생貢生[372] 정경교鄭景僑가 마을사람들과 더불어 다시 수로[渠]를 개착했으나, 완성되기 전에 정경교가 죽었다. 가경 22년(1817)에는 (정경교의 아들인) 생원[373] 정천여鄭天與가 또 마을사람과 더불어 단정촌段廷村 동쪽에서 강을 따라 물을 끌어

盛, 地亦漸闊, 有田十數頃, 乃河南村段廷村韓村三村之地.

開渠灌漑, 實始於乾隆二十五年也. 先是韓村段廷村北東村之間, 有田十數頃. 雍正元年, 韓村開渠, 自建公村西段廷村東葫蘆厓底接水灌田. 二年而渠壞. 乾隆五十八年, 韓村貢生鄭景僑與村人復開此渠, 未成而景僑卒. 至嘉慶二十二年, 其子生員天與又與村人議, 自段廷村東隨河接水. 渠路有占段廷村

---

372 '공생(貢生)': 명, 청의 과거제도중 부와 부, 주, 현학에 예속된 생원으로서, 만약 경사(京師)의 국자감에 시험을 쳐서 들어가 독서할 경우에는 공생(貢生)이라고 일컫는다.

373 '생원(生員)': 당(唐)대 국학(國學) 및 주현의 학에서는 생원의 정원을 규정하였는데, 이로 인하여 생원이라고 칭하였다. 명, 청 시대에는 본 성(省)에 있는 각급 고시를 거쳐서 부, 주, 현학에 들어갔으므로 통칭하여 생원, 곧 수재라고 일컫는다.

오는 것을 의논하였다. 관개수로가 단정촌段廷村 지역을 통과하는[374] 곳은 무畝당 세금 1,500전[文]을 내게 하여 그 수로[渠]를 완성하였다. 또 소하小河의 남쪽인 한촌韓村, 하남촌河南村, 남동촌南東村 세 촌의 땅은 관개지가 수 경에 달했으며, 그 관개수로는 도광 14년(1834)에 처음으로 개착하였다. 또 북동촌, 서락진西落鎮, 남동촌南東村 역시 수전 십 수 경이 있는데, 이것은 바로 한촌 서쪽에서 물을 끌어 관개한 것이다.

수양현의 수리는 모두 이와 같다. 한촌의 거인(擧人) 정천총(鄭天寵)의 글이다.

『평정주지平定州志』에 의하면, "『통지通志』에는 '수양현 민전의 대부분은 산비탈에 있는 한전으로서, 수로[渠]를 개설할 수 없다.'라고 하였다. 옛 지志에는 또 '수수壽水는 현의 남쪽 2리에 위치한다. 한여름에 산의 물이 갑자기 불어나서 강의 위아래 물이 모두 혼탁해지는데, 오직 수수만 유독 물이 맑다. 수로를 개착하여 관개함으로써 백성을 이롭게 하였다.'라고" 하였다.

地者, 畝出租千五百錢. 其渠遂成. 又小河之南, 韓村河南村南東村三村之地, 灌田數頃, 其渠則道光十四年始開者也. 又北東村西落鎮南東村亦有水田十數頃, 乃自韓村西接水灌注者.

邑之水利, 盡於是矣. 韓村鄭孝廉天寵說.

平定州志云, 通志壽陽民田多山坡旱地, 不能設渠. 舊志壽水在縣南二里許. 盛夏山水暴漲, 河流上下皆赤, 惟壽水獨清. 開渠漑田, 可爲民利.

---

374 이 의미를 함풍 5년본과 민국 21년본의 원문에는 '점(占)'으로 적고 있으나, '까오 은꽝의 주석본'에서는 '점(佔)'자로 고쳐 적고 있다.

제10장
목축[畜牧]

송나라 진부가 쓴 『농서農書』 「우설牛說」에
서 이르길, "사계절에는 따뜻하고, 서늘하고,
차고, 무더운 것이 차이가 있으니 반드시 때에
순응하여 적합하게 조절해서 사육해야 한다.
초봄에는 반드시 우리 속에 쌓여 있는 짚과 분
뇨를 걷어 낸다. 또한 반드시 봄이 아니더라도
열흘에 한 번은 제거하여, 더러운 냄새와 떠서
축축해져 질병이 생기고, 또한 소 발굽이 오물
에 담겨서 쉽게 병을 일으키는 것을 방지해야
한다. 바야흐로 묵은 풀은 부숙하고, 새 풀이
아직 나오기 전에는 깨끗한 짚을 잘게 잘라 밀
기울[麥麩]과 등겨[穀糠] 혹은 콩을 섞어서 약간
질게 하여 여물통에 담아서 배불리 먹인다. 콩
은 잘게 으깨어 먹이면 좋다. 지푸라기는 모름
지기 때때로 햇볕에 쬐어 말린다. 날이 차가워
지면, 바로 따뜻한 곳[燠]375으로 거처를 옮겨서

宋陳旉農書牛說
云, 四時有溫涼寒
暑之異, 必順時調
適之. 春初, 必盡去
牢欄中積滯蓐糞.
亦不必春也, 但旬
日一除, 免穢氣蒸
鬱, 以成疫癘, 且浸
漬蹄甲, 易以生病.
方舊草朽腐新草未
生之初, 取潔淨稁
草細剉之, 和以麥
麩穀糠或豆, 使之
微溽, 槽盛而飽飼
之. 豆仍破之可也.
稁草須以時暴乾.

메기장죽[376]을 끓여 먹이면 머지않아 건강해진다. 또한 미리 콩과 닥나무[楮][377]잎과 누렇게 떨어진 뽕나무 잎을 거두어 절구에 찧어서 쌓아둔다. 날이 추워지면 즉시 쌀뜨물과 잘게 자른 풀과 등겨, 밀기울을 섞어서 먹인다.

봄, 여름에는 풀이 무성하니 방목하여 마음껏 먹인다. 매번 방목할 때는 반드시 먼저 물을 먹이고 그 후에 풀을 먹인다면 소가 복창腹脹병[378]에 걸리지 않는다. 또 새 꼴[芻][379]을 베어 묵은 볏짚과 섞어서 잘게 자르고 고루 섞어서 밤에 먹인다.[380] 오경(五更: 새벽 3-5시 사이)이 되어, 태양이 아직 떠오르지 않아 날씨가 서늘할 때 소를 부리면 그 힘은 보통 때의 배가 된다. … 해가 높이 뜨고 열기가 많아져서 소가 헐떡거리게 되면, 곧 쉬게 하여 힘을 소진하지

天氣凝凜, 即處之
燠暖之地, 煮釁粥
以啖之, 即壯盛矣.
亦宜預收豆楮之葉
與黃落之桑, 舂碎
而儲積之. 天寒, 即
以米泔和銼草糠麩
以飼之.

春夏草茂, 放牧
必恣其飽. 每放必
先飲水, 然後與草,
則不腹脹. 又刈新
芻, 雜舊稾, 銼細和
勻, 夜餧之. 至五更
初, 乘日未出天氣

---

375 '욱(燠)': 즉 따뜻하다[煖]는 뜻이다.

376 이 의미를 함풍 5년본과 민국 21년본의 원문에는 '마죽(釁粥)'으로 적고 있으나, '까오은꽝의 주석본'에서는 '미죽(糜粥)'으로 고쳐 적고 있다.

377 '저(楮)': 즉 '구(構)'로서, 뽕나무와 낙엽교목이다. 중국 황하 유역과 남쪽 지역에서 자란다. 목재로서 기구(器具), 가구(家具), 숯[薪炭]을 만드는 데 쓰이고, 잎은 가축의 사료로 쓸 수 있으며, 껍질은 종이[桑皮紙] 원료로 쓸 수 있다.

378 배가 더부룩하면서 불러 오는 병증이다.

379 '추(芻)': 가축에 먹이는 풀이다.

380 이 의미를 함풍 5년본과 민국 21년본의 원문에는 '위(餧)'로 적고 있으나, '까오은꽝의 주석본'에서는 '위(喂)'자로 고쳐 적고 있다. 10장 「목축[畜牧]」에서도 모두 '위(餧)'를 '위(喂)'로 적고 있다.

않도록 한다. … 마땅히 한겨울에는 해가 나와서 밝고[晏]381 따뜻해지기를 기다려 (소를) 부려야한다. 밤이 되어 기온이 낮아지면 즉시 일찍 쉬게 한다. 무더울 때는 모름지기 일찍 먹여서 배불리 잘 먹여야 한다. 부리려고 할 때는 너무 배불리 먹여서도 안 되는데, 배가 부르면 바로 끄는 힘이 줄어든다. 소의 병은 하나가 아닌데, 어떤 경우는 풀을 먹고 배가 부르고[草脹], 어떤 경우는 잡충을 먹고 그 독에 중독되기도 하며, 또 어떤 경우는 대변과 소변이 막혀서 결장結腸382이 되기도 한다. 차고 더운 것의 차이로 말미암으니, 모름지기 그 병의 원인을 알아야 할 것이다. 그 약의 사용은 사람과 비슷하다."라고 하였다.383 수양현에서 소를 사육할 때는 밀기울[麩]과 등겨[糠]를 주는 것을 꺼리는데, 여기서 말한 것과는 약간의 차이가 있다.

송아지[犢]를 기르는 것이 농가에 가장 이익이 된다. 간혹 암소[牸]384를 키워서 새끼를 치거나 송아지를 사서 기르는데, 1년이 지나면 두 배

涼而用之, 即力倍於常. 日高熱喘, 便令休息, 勿竭其力. 當盛寒之時, 宜待日出晏溫乃可用. 至晚, 天陰氣寒, 即早息之. 大熱之時, 須夙餧令飽健. 至臨用, 不可極飽, 飽即役力傷損也. 牛之病不一, 或病草脹, 或食雜蟲以致其毒, 或爲結脹以閉其便溺. 冷熱之異, 須識其端. 其用藥與人相似也. 壽邑飼牛忌麩糠, 與此小異.

養犢最爲農家之利. 或畜牸, 或買

---

381 '안(晏)': 날이 밝다[晴朗]는 의미이다.

382 창자속이 막혀 통하지 않는 것, 변비라는 뜻으로 쓰인다.

383 이 부분은 『진부농서(陳旉農書)』卷中 「우설(牛說)」의 내용을 종합하고 재편성한 것이다.

384 '자(牸)': 암컷 가축이다.

154 마수농언

의 이익을 얻을 수 있다. (만약) 불친소[犍牛][385]를 기르면 그 이익이 더욱 많다. 『시경時經』「소아小雅·무양無羊」에서 이르기를, "누가 너에게 소가 없다고 이르는가? 누렇고 입술이 검은 소[犉][386]만 90 마리가 있다."라고 하였다. 단지 잘 기르기만 하면, 반드시 새끼를 낳아서 번식하게 된다. 다만 마음대로 도살하기 위해 팔 수는 없다. (왜냐하면) 소는 힘써 노동하니, 그 공은 심히 막대하다. 파리하고[羸][387] 늙은 소는 일을 줄여서 양육하는 것이 좋다. 법에는 소의 도살을 금한다. 민간[俗語]에서 이르기를, "소고기를 먹지 않는 사람은 전염병에 걸리지 않는데, 그 이치는 이와 같다."라고 하였다.

『수양현지[邑志]』에서 이르기를 "수양현에서 태어난 소는 유달리 체구가 크며, 갈이하고 무거운 짐을 싣는 것이 대부분의 다른 지역에서 태어난 소보다 나아서, 사방에서 다투어 구매하려 한다."라고 한다.

본 현의 조한장趙漢章[388] 선생은 이름은 종문

犢, 一年之間, 可致倍獲. 犍牛其利尤多. 詩曰, 誰謂爾無牛. 九十其犉. 蓋牧養得宜, 故字育蕃息也. 但不可售於屠肆. 牛之勤苦, 其功甚大. 羸老, 則輕其役而養之可耳. 律有屠牛之禁. 語曰, 戒食牛肉者不染瘟疫, 理當然也.

邑志云, 產牛特高大, 以耕作負重, 勝於常產, 四方爭販易焉.

吾邑趙漢章先生

---

385 '건우(犍牛)': 거세한 소다.

386 함풍 5년본과 민국 21년본에는 '순(犉)'으로 적고 있으나, '까오은꽝의 주석본'에서는 '자(牸)'자로 바꿔 적고 있다. '순(犉)': 털이 노랗고 입술이 검은 소이다.

387 '리(羸)': 여위고 약하다는 의미이다.

388 '조한장(趙漢章)': 이름은 종문(宗文)이고 자는 한장(漢章)이며 호는 숭원(崧園)이다. 수양현 사람이며 건륭 갑오년(1744)에 거인(擧人)이 되었다. 그는 호남(湖

으로, 그의 『시죽편蒔竹編』에서 이르길, "소는 마땅히 외양간 안에 가두어 길러야 한다. 풀을 먹인 후엔 겨울에는 노천에 매어 두고, 여름에는 그늘진 나무 밑에 묶어 두되, 모두 집 앞뒤에 두어서 관리가 편리해야 한다. 소가 누운 자리에 황토를 깔아 두면 그것이 오래되어 거름이 된다. 장마시기에는 우리 속에 가두어서 반드시 끌어서 밖에 둘 필요가 없다. 돼지는 네거리[衢][389]에 풀어놓아서는 안 되지만, 항상 우리 속에 가두어서도 안 된다. 우리 근처에 땅을 파고 구덩이를 만들어 돼지가 스스로 들락날락할 수 있게 하여서, 어떤 때는 우리에서 구덩이 속으로, 어떤 때는 구덩이에서 우리 속으로 들어갈 수 있게 하는 것이 좋다. 돼지는 원래 물을 좋아하는 가축으로, 축축한 것을 좋아하고 건조한 것을 싫어한다. 구덩이 속에는 항상 물을 뿌리고 흙을 채워 주는데, 이것도 오래되면 거름이 된다."라고 하였다.

『치부기서致富奇書』[390]에서 이르길 "양의 습

宗文蒔竹編云, 牛宜圈於廏中. 餧草之後, 冬則繫於露天, 夏則繫於樹陰, 俱在屋之前後, 以便看管. 其所臥之處, 用黃土鋪墊, 積久成糞. 陰雨, 仍放欄中, 不必牽出也. 豕不可放於街衢, 亦不可常在牢中. 宜於近牢之地, 掘地爲坎, 令其自能上下, 或由牢而入坎, 或由坎而入牢. 豕本水畜, 喜溼而惡燥. 坎內常潑水添土, 久之自成糞也.

致富奇書云, 羊

南)의 계양(桂陽), 소양(邵陽), 화용(華容), 신전(新田), 영현(酃縣), 수녕(綏寧)의 지현(知縣)을 역임했다. 영현(酃縣)에 부임했을 때 『훈속편(訓俗編)』을 지었고, 수녕(綏寧)에 있었을 때는 『시죽편(蒔竹編)』을 지었는데, 이는 모두 민생에 필요한 내용이다.

389 '구(衢)': 사방팔방으로 통하는 도로이다.

390 '『치부기서(致富奇書)』': 이는 곧 『도주공치부기서(陶朱公致富奇書)』(『농포육서

성은 축축한 것을 싫어하니, 우리는 높고 건조한 곳에 설치하는 것이 좋으며, 항상 똥과 더러운 오물을 제거해 주어야 한다. 사시(巳時: 오전 9-11시)에 풀어놓고, 미시(未時: 오후 1-3시)에 다시 불러들인다. 봄, 여름에는 일찍 방목하고, 가을, 겨울에는 늦게 방목한다. 양이 익은 것을 먹으면 복부가 팽창하여 풀을 먹을 수 없게 된다. 닭 우리391는 땅을 파서 대나무를 엮어 닭장[籠]을 만들고, 닭장 속에는 난간을 만들어서 여우와 살쾡이의 피해를 방지한다. 낯선 닭을 처음 집에 들일 때는, 먼저 깨끗하고 따뜻한 물에 발을 씻어서 놓아두면, 자연스럽게 도망가지 않는다. 수양현의 양은 봄에는 산간지역으로 내보내어 요주遼州392의 산속에서 방목한다. 가을에는 집으로 돌아와 근처에서 방목한다. 농작물을 이미 수확하게 되면, 그 빈 땅에

性惡溼, 棚棧宜高燥, 常埽除糞穢. 巳時放之, 未時收之. 春夏早放, 秋冬晚放. 食熟物則腹脹, 不能轉草. 雞栖宜據地爲籠, 籠內著棧, 可免狐狸之害. 生雞初到家, 便以淨溫水洗其足, 放之, 自然不走. 壽邑羊, 春則出山, 牧之於遼州諸山中. 秋則還家, 牧之於近地. 禾稼既登, 牧之於空田. 夜圈羊於

(農圃六書)』로서 원래 언제, 누가 저술했는지 알 수 없다. 이 책 속에는 곡물[穀], 채소[蔬], 나무[木], 과일[果], 약재[樂], 목축(畜牧), 점후[占] 등을 포괄하고 있으며,『사계비고(四季備考)』,『군화비고(群花備考)』,『위생(衛生)』,『복식방(服食方)』 등의 편에는 또한 약간의 시사(詩詞)류가 포함되어 있다.『사계비고(四季備考)』,『군화비고(群花備考)』는 모두 일부 고사(古事)가 섞여 있는데, 참고할만하지는 않지만 생산을 언급한 부분은 자못 실용적 가치를 지닌 농서이다.

391 이 의미를 함풍 5년본과 민국 21년본의 원문에는 '서(栖)'로 적고 있으나, '까오은 꽝의 주석본'에서는 '서(棲)'자로 고쳐 적고 있다.

392 '요주(遼州)': 현재의 좌권현(左權縣)이다.

서 방목한다. 밤에는 밭 가운데 양 울타리를
치는데 이것을 권분圈糞이라고 하며, 밭을 기름
지게 한다. 닭 또한 야외에 풀어놓으며, 항상
닭장 속에서 사육하는 것은 아니다.

田中, 謂之圈糞, 可
以肥田.　雞亦有散
放者, 不盡籠飼也.

제11장
재난대비[備荒]

구전區田은 땅을 파서 구덩이를 만들고, 구덩이 속에 종자를 파종한 후에 물을 대서 가뭄에 대비한다. 궤전櫃田[393]은 진흙을 쌓아서 궤짝처럼 만들어서 그 속에 파종하여, (외부에서 물이 들어오는 것을 막았으며) 때때로 구멍을 뚫어 배수

區田, 劚地爲區, 布種而灌漑之, 可備旱荒. 櫃田, 築土如櫃, 種藝其中, 以時疏洩, 可備水

---

393 '궤전(櫃田)'에 대해서 원대에는 『왕정농서(王禎農書)』「제전(諸田)·궤전(櫃田)」에서 이르길 "강가에 있는 밭을 궤(櫃)라고 일컫는데, 사방 둘레에 흙을 쌓아 모두 힘들게 만든다.[江邊有田以櫃稱, 四起封圍皆力成.]"라고 하였으며, 명(明) 서광계(徐光啟)의 『농정전서(農政全書)』권5에서는 "궤전은 흙을 쌓아서 논을 보호하는 것이 위전과 비슷하지만, 규모가 작고 사면에 모두 물을 저장할 수 있는 구덩이를 설치하는데, 이같은 형태를 만들어 지형에 따라 두둑을 쌓아 경작을 편하게 하였다.[櫃田, 築土護田, 似圍而小, 四面俱置瀿穴, 如此形制, 順置田段, 便於耕蒔.]"라고 하였다. 그리고 『수시통고(授時通考)』에서 이르길 "궤전(櫃田)은 흙을 쌓아서 밭을 보호하는 것으로 위전(圍田)과 비슷하나 규모가 작다. 사면에 물꼬를 만들어 두는데, 이와 같은 형태는 밭의 층계[田段]에 따라 만들어 경작하고 모종하기에 편리하다. 만약 수해(水害)를 만나면 밭의 규모는 작지만 축대가 높고 견고하여, 외부의 물은 들어오기 어렵고, 내부의 물은 수차(水車)로 퍼내어 말리기 쉽다."라고 하였다.

하여³⁹⁴ 수재에 대비하였다. 산간지역에서 궤전櫃田을 채용하여 재배해도 괜찮다. (그곳에서는) 구전區田은 적합하지 않은데, 물을 관개할 수 없기 때문이다. 메뚜기의 재앙[蝗災]은 우리 현에서는 보기 드물다. 오직 자방蚱蚄이 농작물을 해쳤는데, 이것은 일종의 한충旱蟲이다. 농민들이 이르기를, 이 해충은 목이 흰 갈까귀[白項³⁹⁵鴉]떼³⁹⁶가 날아오게 되면 곧 소멸된다고 한다. (해충은 대개 불에 뛰어드는 습성이 있어서) "횃불을 잡고 그 뜨거운 열기로 황충을 제거하는데[秉畀炎火],³⁹⁷" 그것으로 자방蚱蚄을 유인해서 제거할 수는 없다. 수재, 한재, 충재는 모두 대비하기 어렵기 때문에, 곡식을 비축하여 재난을 극복하는 방법을 말하지 않을 수 없다. 북방지역은 지

荒. 行之山國, 則
櫃田尚可. 區田非
宜, 以無水可灌漑
耳. 至於蝗災, 吾
邑罕見. 惟蚱蚄傷
稼, 乃旱蟲也. 農
人言, 此蟲遇白項
鴉羣飛則滅. 秉畀
炎火, 可以治蝗,
不能除蚱蚄也. 水
旱蟲災皆難備禦,
則蓄積之法不可
不講. 北方高燥,
無霉變之虞, 粟可

---

394 이 의미를 함풍 5년본과 민국 21년본의 원문에는 '설(洩)'으로 적고 있으나, '까오 은꽝의 주석본'에서는 '설(泄)'자로 바꾸어 표기하였다.

395 이 글자를 함풍 5년본과 민국 21년본의 원문에는 '항(項)'으로 적고 있으나, '까오 은꽝의 주석본'에서는 '경(頸)'자로 고쳐 적고 있다.

396 이 의미를 함풍 5년본과 민국 21년본의 원문에는 '군(羣)'으로 적고 있으나, '까오 은꽝의 주석본'에서는 '군(群)'자로 바꿔 적고 있다. 이 글자의 쓰임은 전후 문장에서도 같은 현상을 볼 수 있다.

397 '병비염화(秉畀炎火)':『시경(詩經)』「소아(小雅)·대전(大田)」에서 나오며, 일종의 해충을 유인해서 죽이는 방법이다. '염화(炎火)'는 '성양(成陽)'으로 '왕성한 양기'를 뜻하며, '병비(秉畀)'는 '그것을 잡고서 가까이 댄다.'의 의미로서 '횃불과 같이 뜨거운 불을 잡고서 해충을 태운다.'는 뜻이다. 즉 해충은 빛을 좇고, 불에 뛰어드는 습성이 있다는 것을 알고 서주시대부터 이런 방식으로 해충을 제거했음을 알 수 있다.

대가 높고 건조하여, 곰팡이가 슬어 변질될 우려가 없으며, 조[粟]는 오래 저장해도 상하지 않는다. 3년 경작하면 1년의 여유식량이 생기고, 9년 경작하면 3년의 여유식량이 생기니,[398] 삼가 식량을 저장하되[399] 마음대로 곳집에 쌓아둔 식량을 내다 팔아서는 안 된다. 한 번 흉년을 만나면 부유한 사람들이 간혹 돈과 식량을 빌려주거나 또는 곡식을 값싸게 내다팔아 곡가를 조절하여, 관부의 진휼[400]을 기다리지 않아도 백성들이 아사하거나 이주하지 않았다. 재난을 대비하는 대책은 이보다 좋은 것이 없다. 부득이한 상황을 만나면, 이른바 『구황본초救荒本草』,[401] 『야채박록野菜博錄』,[402] 『강제록康

支久. 耕三餘一, 耕九餘三, 謹其葢藏, 毋縱商販囤積. 一遇歉歲, 富民或施貸, 或平糶, 不待蠲賑, 而民無死徙. 救荒之策, 無善於此. 必不得已, 則所謂救荒本草野菜博錄康濟錄諸書, 皆可參試. 至王氏農書附載辟穀數方, 則又不

---

398 '경삼여일, 경구여삼(耕三餘一, 耕九餘三)': 『예기(禮記)』「왕제(王制)」에서 이르길 "3년 경작하면, 반드시 1년 치 식량의 여유가 생기고, 9년 경작하면, 반드시 3년 치 식량의 여유가 생긴다."라고 하였다. 이것은 사람들이 절약에 힘쓰게 하여, 각 가정에서 마땅히 삼분의 일의 식량의 여분을 갖도록 했다.

399 이 의미를 함풍 5년과 민국 21년본의 원문에는 '개장(葢藏)'으로 적고 있으나, '까오은꽝의 주석본'에서는 '개장(蓋藏)'으로 바꿔 적고 있다.

400 '견진(蠲賑)': 견(蠲)은 감면(減免)한다는 뜻이고, 진(賑)은 구제한다는 뜻이다.

401 '『구황본초(救荒本草)』': 명대 주숙(朱橚)이 찬술하여, 영락 4년(1406)에 책을 완성하였다. 저자는 본초, 야채를 광범위하게 수집해서 밭에 심고 관찰하였고, 능히 재난을 헤아려서 기아를 해결하는 법을 발견하였으며, 일일이 그림을 그리고 아울러 생산지, 형태, 맛과 그 먹을 수 있는 부분과 식용 방법 등을 제시하였다. 책은 초부(草部) 245종, 목부(木部) 80종, 미곡부(米穀部) 20종, 과부(果部) 23종, 채부(菜部) 46종이며, 모두 414종이다.

402 '『야채박록(野菜博錄)』': 명대 포산(鮑山)이 찬술하여, 천계(天啓) 2년(1622)에

濟綠』[403] 등 여러 책들을 모두 참고할 만하다. 왕
정의 『농서農書』에는 오곡을 먹지 않는[404] 몇 가
지 처방에 대해서 기록하고 있는데, 이는 또한
부득이한 상황에 대비하는 하책下策이다.

　도광 11년(1831), 수양현에 큰 가뭄이 들었
는데, 나의 아우 숙조宿[405]藻[406]는 마을 주민들과
더불어 두루 긴급한 상황에 대한 대책을 의논
하였다. 그 내용을 간략히 말하자면, "금년에
한재가 들어, 가을에 추수한 수확량이 적어서,
(생산량이) 작년의 절반에도 미치지 못하였다.

得已之下策矣.
　道光十一年, 壽
陽大旱, 予弟宿藻
與村人議周急之
策. 其略曰, 今歲
旱荒, 秋成歉薄,
不敵去歲之半. 數
百里內, 米價騰踊.
閏九月間, 邑侯鍾
公汪杰. 令於城關

책을 완성하였다. 책에 기록된 채소는 먹을 수 있는 부분에 따라서, 먹는 잎, 먹
는 줄기, 먹는 뿌리, 먹는 꽃, 먹는 열매 등의 류(類)로 나뉘었으며, 모두 435종을
헤아린다. 매 종마다 모두 그림을 그리고 아울러 그 이름, 별명, 형태특징, 용도
와 식용방법 등을 제시하였다.

[403] '『강제록(康濟錄)』': 청대 예국연(倪國璉)이 저술하고, 건륭(乾隆) 4년(1739)에
진언한 것으로서, 고종이 특별히 그 이름을 하사하였다. 주요 내용은 육증우(陸
曾禹)의 『구기보(救饑譜)』에서 삭제, 요약하였는데, 그것은 네 부분으로 나뉜다.
첫 번째는 전대의 기아를 구하는 전적[救饑之典], 둘째는 대비책[先事之政], 세 번
째는 당면책[臨事之政], 네 번째는 사후대책[事後之政]이다. 책은 총 6권의 구성
이고, 『사고제요(四庫提要)』의 사정류(史政類)에 수록하여 넣었다.

[404] '벽곡(辟穀)': 또한 '단곡(斷穀)', '절곡(絕穀)'으로 일컬으며, 이는 곧 오곡을 먹지
않는다는 의미이다.

[405] 이 글자는 본서의 저본인 함풍 5년본에서는 '숙(宿)'자로 적고 있으나, 민국 21년
본과 '까오은꽝의 주석본'에서는 '숙(宿)'자로 적고 있다.

[406] '숙조(宿藻)': 자는 유장(幼章)이며, 기준조의 아우이고, 형제 중 여섯째이다. 도
광 5년(1825)에 거인(舉人)이 되었고, 18년(1838)에는 진사(進士)가 되었으며,
다시 서길사(庶吉士)가 되어 편수(編修)직위를 받았다. 여기서 인용된 것은 기숙
조의 『주급의(周急議)』의 문장으로서, 『수양현지(壽陽縣志)』에 보인다.

(그 결과) 수백 리 안의 쌀값이 폭등했다. 윤 9월에 지현知縣인 종공鍾公이[407] 왕걸(汪杰)이다. 성관, 시진의 각 지역에서 양식을 쌓아 금령을 위반한 점포로 하여금 평상시 가격으로 내다팔게 하였다. 때맞춰 구제하여 재앙[408]을 진휼하였으니, 실로 선정이었다. 그러나 농가에는 곡식이 없고, 시장은 비교적 멀리 떨어져 있어서, 춥고 배고픈 사람들이 곡식을 짊어지고 수십 리를 왕래하는 것이 자못 힘든 일이었다. 또한 빈곤하게 홀로 살거나, 부녀자, 병든 노약자와 유약한 사람들은 최소한[升合]의 양식조차 아침저녁에 힘들게 구입하였다. 이런 사람은 멀리 떨어진 도시로 나갈 수도 없었으며, 또한 대부분 동전과 지폐를 조달할 수도 없었다. 식량을 사들일 길도 없고 가지고 올 방도도 없어서 아침저녁으로 밥을 거의 짓지 못하였다. 이것은 마을 사람 전체가 두루 아는 바로써 모두들 좌시하기가 어려웠다. 이에 12월 15일에 종을 울려서 북사에 모이게 하여 마을 사람들이 함께 의논

市鎮各處號囤禁米, 平價出糶. 救時恤災, 誠善政也. 但村舍無糧, 去市較遠, 寒餓之人, 負米往來數十里, 頗覺費力. 且有孤貧婦女老病幼弱之人, 升合所需, 早晚零買. 既不能遠赴城市, 又不能多辦錢鈔. 告糶無門, 取攜不便, 晨餐夕飯, 幾於斷炊. 此合社所共知, 同人難坐視者也. 茲於十二月十五日鳴鍾齊集北寺, 村人公議, 量力捐貲,

---

407 '종공(鍾公)': 종왕걸(鍾汪杰)을 가리키며 자는 원보(元甫)이고, 청대 가경 연간에 진사가 되어, 수양현 지현으로 임명되었다. 『수양현지(壽陽縣志)』의 기록에 의거하면, 관에 거한지 8년 만에 정치는 원활하고 민은 화합했다. 후에 삭주(朔州)의 지주로 임명되었다.

408 재앙의 재(災)를 함풍 5년본과 민국 21년본에서 이제까지 재(灾)라고 표기했으나 이 사료에서는 재(災)로 쓰고 있다.

하여 재량껏 물자[409]를 기부하고 돈도 약간 구해서 촌에서 일괄적으로 쌀을 구입하여 시세에 따라 공정하게 매매하였다. 현찰로 쌀을 구입하니 빌리지도 않고 외상도 없었다. 동전과 쌀이 잘 회전되어 구제가 두루 미쳤다. 이듬해에 추수 때까지 양식이 충분하였으며, 어떤 사람은 곡식을 내다 팔기도 하여 그 용도가 모자라지 않아 다시 본전을 각각 원기부자에게 돌려주기도 하였다. 이외에도 쌀을 팔 때에 일정한 공급량을 정하여, 구입량이 많아도 한 되[升]를 초과해서는 안 되고, 적은 경우에는 홉[合] 작[勺]의 차이가 나게 했다. 단지 빈곤한 가정에서 불시에 필요한 경우에는 공급했지만, 대중에게 장기간의 식량 제공은 어려웠다. 힘써 한 말[斗]의 좁쌀을 구입해야 할 가정은 스스로 성시에 나가서 사들였다. 왜냐하면 마을에는 돈도 적고, 쌀도 부족하여 두루 지원하기가 곤란했기 때문이다. 논의가 공평하고 모든 사람이 바라는 대로 일이 결정되었다. 만약 은폐하고, 훔치고, 빼앗는 일이 생겨 모든 사람들의 약속을 준수하지 않으면 가벼운 죄일 경우에는 마을에서 의논하여 처벌하고, 죄가 무거우면 관에 이송

得錢若干, 存社買米, 隨時隨價, 公入公出. 現錢買米, 不短不賒. 錢米輪轉, 運濟周流. 迨至明歲秋收, 糧米充足, 販糶有人, 給用不乏, 復將錢本各歸原人. 再者, 量米之時, 議有定數, 多, 不許過一升, 少, 則合勺聽便. 祇給貧戶不時之需, 難供大眾無窮之用. 至於力辦斗粟人家, 自宜仍赴城市糴買. 村社錢少米缺, 勢難支應. 公議至平, 事出情願. 如有隱蔽偷減攘奪之事, 不遵約束, 輕則合社

409 이 의미를 함풍 5년본과 민국 21년본의 원문에는 '자(貲)'로 적고 있으나, '까오은 쌍의 주석본'에서는 '자(資)'자로 바꿔 적고 있다.

하여 죄를 다스렸다. 무릇 우리의 마을 사람들은 각각 만족할 줄 알았고 검소하여, 자신의 힘으로 생활하며 게으르지 않고 사사로움이 없어서 이것이 천지를 감동시켜 풍작을 가져왔다." 라고 하였다.

議罰, 重則稟官究治. 凡我村人, 各宜安貧守儉, 自食其力, 無慢無私, 以期感召豐亨也.

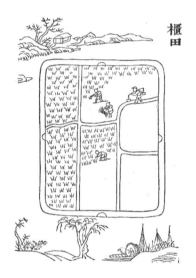

【그림 36】 궤전(櫃田)
『농정전서(農政全書)』「전제(田制)」 참조

【그림 37】 구전(區田)
『농정전서(農政全書)』「전제(田制)」 참조

제12장
사당제사[祠祀]

육청헌공陸清獻公[410]이 『영수지靈壽志』에서 논하여 이르기를 "용왕이 누구인가? 토지와 사직[地祇]신 중에서 용을 주관하는 자인가? 아니면 고대에 환용豢龍씨 혹은 어용御龍[411]씨와

陸清獻公靈壽志
論云, 龍王者何. 其
地祇之主龍者歟.
抑古豢龍御龍之類

---

410 '육청헌공(陸清獻公)': 육농기(陸隴其)를 가리키며, 처음에는 용기(龍其)라고 불렸다. 자는 가서(稼書)이고, 절강성 평호(平湖)인이다. 청(清) 강희(康熙) 9년(1670) 진사가 되었다. 강남 가정현(嘉定縣) 지현(知縣)과 직예(直隷) 영수현(靈壽縣) 지현을 역임했다. 영수현에서 7년간 관직을 맡았으며, 이후에 사천(四川) 도감찰어사(道監察禦使)를 두루 역임했다. 강희 31년(1692)에 죽었고, 건륭(乾隆) 원년(1736)에 '청헌(清獻)'으로 시호를 받았다. 저서로는『인면록(因勉錄)』, 『송양강의(松陽講義)』, 『삼어당문집(三魚堂文集)』 등이 있다.

411 '환용(豢龍), 어용(御龍)': 환용은 환용씨(豢龍氏)를 가리킨다. 『좌전(左傳)』「소공29년」의 기록에 의하면, 옛날에 요숙안(飂叔安)이 있었고, 후대에는 동부(董父)라 불리는 자가 있었는데, 용을 키우고 길들이는 데 능하였다. 그들로 하여금 순임금을 모시게 하였으니, 순임금은 그에게 동(董)이란 성을 하사하고, 씨는 환용이라고 하였다. 어용(御龍)은 어용씨(御龍氏)를 가리킨다. 요임금[陶唐氏]이 몰락한 후에 유루(劉累)라고 있었는데, 환용씨에게 용을 길들이는 것을 배우고, 이 일로 하공갑(夏孔甲)으로 추대되고, 하나라 이후 그를 기려서 씨[氏]를 하사하여 어용이라 불렸다.

같은 자인가? 옛사람들이 비를 기원할 때, 천신天神에는 풍백風伯과 우사雨師[412]가 있었고, 토지와 사직신의 경우에는 명산名山과 대천大川의 신이 있었다. 수·당시대에 비를 기원할 때 처음에는 큰 산과 바다 및 여러 산천에서 구름과 바람을 일으키는 자에게 기도했다. 7일이 지나면, 사직신[413]과 고래로 제후諸侯와 관원[414]으로서 백성에게 도움을 준 자에게 기원했다. 또 7일이 지나면, 종묘宗廟와 사당에 신위가 있는 고대제왕에게 기원했다. 다시 7일이 지나면, 기우제[415]를 지내서 천지[神州]에 기원했다. 송宋이 흥하면서, 처음으로 오룡묘五龍廟와 구룡당九龍堂에서 비를 기원했다. 대개 용신龍神의 제사는 옛날에는 들어 본 바가 없으며, 송대에서 비롯되었다. 사당의 양식과 면복冕服은 제왕을 모방하였으며, 특히 두 성씨(환용씨와 어용씨)의 전설에 따라 만든 것이다."라고 하였다.

우현盂縣의 왕석화王石和[416] 선생의 『매집梅

歟. 古者祈雨, 天神則有風伯雨師, 地祇則有名山大川. 隋唐間祈雨, 初祈嶽鎭海瀆及諸山川能興雲雨者. 七日, 乃祈社稷及古來百辟卿士有益於民者. 又七日, 乃祈宗廟及古帝王有神祠者. 又七日, 乃修雩祈神州. 宋興, 始有五龍廟及九龍堂之祈. 蓋龍神之祀, 於古無聞, 有之自宋始也. 至廟貌冕服擬於王者, 特世俗從二氏之說耳.

---

412 '풍백(風伯), 우사(雨師)': 고대 신화 중의 바람의 신[風神]과 비의 신[雨神]이다.

413 '사직(社稷)': 고대 제왕과 제후가 제사하는 토지와 곡물 신이다. 옛날에는 국가의 대칭(代稱)으로 쓰였다.

414 '백벽(百辟), 경사(卿士)': 백벽(百辟)은 제후를 가리키는데, 일반적으로 조정 중의 대관을 두루 가리킨다. 경사(卿士)는 일반적으로 관원(官員)을 두루 지칭한다.

415 '우(雩)': 고대에 비를 기원하면서 거행하는 제사이다.

416 '왕석화(王石和)': 즉 왕매(王玟)로, 자는 석승(石承), 온휘(溫輝)이고, 호는 석화

集』에서 이르기를, "개휴현介休縣의 선대仙臺[417]에는 자방묘蚜蚄廟[418]가 있었다."라고 한다. 나는 우연히 그 지역을 지나갔는데 어떤 신사紳士가 이르기를, "이것은 전자방田子方의 묘이다."라고 하였다. 두루 비석의 기록을 살펴보니, 자방에 관련된 내용은 없고, 오직 문의 편액[額]에 '삼현三賢'이라는 글자가 있었다. 그 글자의 흔적은 깨지고 떨어져서 겨우 볼 수 있었다. 『분승汾乘』의 기록에 의하면, '자방子方은 복자하卜子夏,[419] 단간목段干木과 더불어 삼현三賢이라 불렸다. 아마 옛날에 의리를 숭상하는 사람이 여기에 사당을 세웠을 것이다. 후세 사람들이 엄밀하게 검토하지 않고, 단지 자방子方은 자방蚜蚄과 음이 서로 같다고 하고, 또한 전田을 이름 앞에 붙였으며, 마침내 자하子夏와 간목干木은 알지 못하는 사람으로 치부하고,

盂縣王石和先生
瑃集云, 介之仙臺
有所謂蚜蚄廟. 餘
偶經其地, 有紳士
語曰, 此田子方廟
也. 遍索碑記, 無復
言子方事, 惟門額
有三賢字, 其字跡
斷落僅可尋. 汾乘
載, 子方與卜子夏
段干木, 號三賢. 想
昔之好義者, 建祠
於茲. 後人不覈, 徒
以子方與蚜蚄音相
合, 而又冠以田, 遂
置子夏干木不道,

(石和)이다. 청산(淸山) 서쪽 우현(右縣) 사람이다. 강희(康熙) 45년 진사가 되었고, 관직이 검토(檢討)에 이르렀다. 저술은 『왕석화문집(王石和文集)』9권이 있고, 옹정(雍正) 8년과 건륭(乾隆) 6년에 발행한 배풍제간본(培風齊刊本)이 있다.

417 '선대(仙臺)': 마을의 이름으로, 현재 개휴현(介休縣) 장난진(張蘭鎭)에 위치한다.

418 자방묘(蚜蚄廟): 우현(盂縣) 니하촌(泥河村)에 건축된 가장 큰 묘당으로 처음 명대에 건축되었으며, 촌의 동쪽 아래위 니하가 연결되는 곳에 남쪽을 향해 니하수 근처에 자리한다. 청대 강희, 옹정, 건륭 때 중수하였으며, 정전(正殿)과 동서측전(東西側殿), 후전(後殿)으로 구성되어 있다.

419 '복자하(卜子夏)': 공자의 학생으로, 후에 서하[西河: 산서성 분양현(汾陽縣)]에서 학생들을 지도했으며, 전자방(田子方), 단간목(段干木)이 그의 학생이었다.

유독 자방의 이름만이 와전되어 드러났다. 묘속의 조각상은 지금도 3개가 있으며, 그 머리에는 옥구슬을 꿴 술[旒]420이 달린 면류관[冕]을 쓰고 있는 것은 후세 사람이 억지로 해석해서 새로 고친 것이다.

조한장趙漢章 선생의 『양설대부묘고羊舌大夫廟考』에서 이르기를, "수양현에는 이전에 양설대부羊舌大夫의 묘가 있었다."라고 한다. 이전의 명대 『일통지一統志』421에서 이르기를, "그 묘는 현縣 치소의 동쪽에 위치하며, 진대부晉大夫 양설羊舌씨의 제사를 모셨다."라고 한다. 지금의 『일통지』422에는 이르기를, "묘는 현縣 치소 서남쪽 사십여 보에 위치하는데, 지금은 폐쇄되었다."라고 한다. 강희康熙 11년(1672), 술양沈陽 사람인 오공吳公423이 현지縣志를 편찬[乘]424할 때 명말 신종神宗425 때 편집한 『지志』

而子方之名, 獨以訛顯. 今廟象尚三, 其加冕而旒, 則後人附會而新之也.

趙漢章先生羊舌大夫廟考云, 壽邑舊有羊舌大夫廟. 前明一統志云, 在縣治東, 祀晉大夫羊舌氏. 今一統志云, 在縣治西南四十餘步, 今廢. 康熙十一年, 沈陽吳公修邑乘, 藍本於明季神宗時所輯志書,

---

420 '류(旒)': 고대에 면류관의 앞뒤에 늘어진 술로서 옥을 꿰어 만든다.
421 일통지(一統志)는 봉건왕조 관방의 지리총지로서 여기서는 『대명일통지(大明一統志)』를 말함이다.
422 이 일통지는 『대청일통지(大淸一統志)』이다.
423 '오공(吳公)': 오조창(吳祚昌)을 지칭한다. 강남 술양(沈陽)[현재 강소성(江蘇省)에 속해 있다.] 사람으로, 강희(康熙) 7년(1668), 공생에 발탁되어 수양 지현(知縣)에 임명되었다. 『수양현지(壽陽縣志)』를 개정하였으며, 명 신종부터 강희(康熙) 7년에 이르기까지 60여 년간의 사정을 기록하였다.
424 '승(乘)': 기록의 총칭이다. 승(乘)은 본래 춘추 시대의 진나라 사적의 이름인데, 이후에 역사로써 기록하는 책이기 때문에 일반적인 역사를 '사승(史乘)'이라고

를 저본으로 하였는데, 지금 『일통지』에도 여전히 그 견해를 따르고 있다. 명 『일통지』는 천순天順[426] 5년(1461)에 편찬된 것으로, 또한 신종神宗때보다 백년 앞섰다. 일설에는 (그 묘가) 현縣 치소의 서쪽에 위치한다고 하고, 일설에는 치소의 동쪽에 위치한다고 한다. 지금에서 보면 명의 『일통지』가 비교적 확실한 것 같다. 현縣 치소 동남쪽으로 15리 떨어진 곳에 용화산龍化山이 있는데, 현지에서는 수아령樹兒嶺이라고 부른다. 산의 꼭대기에 소묘의 기둥이 하나 있는데, 신상神像의 얼굴은 붉고 수염이 길며, 양 쪽 날개가 달린 검은 갓[烏帽]과 각대角帶를 착용하고 있다. 부인夫人의 조상도 배향하고 있지만, 비문에서는 그러한 내용을 살필 수 없다. 이에 대해 지역사람에게 물으니 그들이 이르기를 "양두羊頭의 신으로, 성은 이李고 이름은 과果라고 하였다. 어떤 이가 양을 도둑질하여 그 대가리만 남겼는데, 이과李果가 감히 받지 않을 수가 없어, 받고서 후에 매장하였다. 이후에 양을 도둑질한 사건이 드러나자 이씨를 연루하여 고발하였다. (이씨가) 양의 머리

而今一統志仍其說. 明一統志天順五年所撰, 又在神宗前百餘年. 而一以爲治西, 一以爲治東. 以今觀之, 似明志爲較優也. 邑治東南十五里有龍化山, 俗呼爲樹兒嶺. 山之巓有小廟一楹, 其神像赤面長鬚烏帽角帶. 以夫人配享, 而無碑誌可考. 詢之土人, 曰, 羊頭神也, 姓李名果. 有人盜羊而遺其頭, 不敢不受, 受而埋之. 後盜羊事發, 詞連李氏. 掘羊頭而示之, 以明己不食. 識其舌, 舌

불렀다.

425 '신종(神宗)': 명 황제 주익균(朱翊鈞: 1563-1620)의 묘호이다.
426 '천순(天順)': 명 영종(英宗) 주기진(朱祁鎭)의 연호(1457-1464년)이다.

를 파서 보여 줌으로써, 자기가 먹지 않았다는
것을 밝혔다. 그 양의 혀를 살피니, 혀가 여전
히 남아 있어서 이과李果의 죄가 면죄되었고,
그로 인해 양설羊舌이라고 불리게 되었다.”라
고 하였다. 『좌전左傳』 「공씨정의孔氏正義」에도
또한 이 전설을 인용하고 있다. 서진의 두예杜
預가 『좌전』에 주석[427]한 것은 이 견해를 따르
지 않고 있어서 나는 잠시 소문과는 다른 견해
를 기록하고자 한다. 아아! 산촌과 농촌의 늙
은이[甿][428]는 낫 놓고 기역자도 모르나[目不識丁],
입으로 전하고 귀로써 많이 들어서, 비록 2천
여 년이 흘렀을지라도 그 일을 흥미롭게 이야
기한다. 아마 예제가 상실되면서 모든 것을 야
인에게서 찾게 된 것일 것이다. 또 『신당서新唐
書』 「세계표世系表」를 살피면 진 무공의 아들인
백교伯僑가 문文을 낳고, 문文이 돌突을 낳으니
그가 곧 양설대부羊舌大夫이다. 또한 이르기를
그는 진晉의 공족公族으로서 양설羊舌에 식읍食
邑을 받았다고 한다. 돌突은 직職을 낳고, 직職
은 다섯 아들을 낳았는데, 그들이 곧 적赤, 힐

存得免, 號曰羊舌.
左傳孔氏正義亦引
此說. 以爲杜註不
從, 聊記異聞. 噫.
山甿村叟, 目不識
丁, 而口傳耳熟, 越
二千餘年, 而猶嘖
嘖道其事. 儻所謂
禮失而求諸野者
歟. 又考新唐書世
系表晉武公子伯僑
生文, 文生突, 羊舌
大夫也. 又云晉之
公族, 食邑於羊舌.
突生職, 職五子, 赤
胖鮒虎季, 夙爲羊
舌四族也. 正義之
說如彼, 唐書之說
如此. 羊舌之所以
得姓受氏者, 俱不

---

427 이 글자를 함풍 5년본과 민국 21년본의 원문에는 '두주(杜註)'로 적고 있으나, '까
오은꽝의 주석본'에서는 '두주(杜注)'로 바꿔 적고 있다. 12장 「사당제사[祠祀]」
에서는 대체로 이와 같은 현상을 볼 수 있다.

428 '맹(甿)': 옛날 농촌의 주민을 가리킨다.

胮,[429] 부鮒, 호虎, 계季로서 이전에는 양설 사족四族이라고 불렀다. 공씨정의孔氏正義의 설은 전자와 같고, 『신당서新唐書』의 견해는 후자와 같다. 양설이 성씨가 된 까닭은 구체적으로 조사할 수가 없다. 그러나 이 묘가 양설대부를 받들고 있다는 것은 확실히 믿을 만하다. 살피건대, 진晉 헌공獻公[430]이 태자 신생申生에게 동산의 고락皋落[431]씨를 징벌하게 하여 호돌狐突[432]은 전차를 몰고, 양설대부는 공거위公車尉[433]를 담당했다. 호돌이 떠나려 하자 양설대부가 이르기를 "가지 않고 명령을 어기는 것은 불효이며, 책임을 방기하는 것은 불충이니, 비록 이미 국군國君의 마음이 냉정하다고 느꼈을지라도, 불충과 불효를 저지를 수는 없다. 너 또한 그를 위해서 죽어라!"라고 하였다. 남의 부자지간에 처하여 충효로써 서로 근면하여[勗[434]],

可得而深考. 然斯廟之爲羊舌大夫, 則灼然可信矣. 按晉獻公使太子申生伐東山皋落氏, 狐突御戎, 羊舌大夫爲尉. 狐突欲行, 羊舌大夫曰, 不可. 違命不孝, 棄事不忠, 雖知其寒, 惡不可取. 子其死之. 處人父子之間, 而能以忠孝相勗, 卒使申生得成其爲共, 微大夫之力不及此. 況祁僕對平公之言

---

429 '힐(胮)': 힘들고 고생하는 모습이다

430 '진헌공(晉獻公)': 춘추시대 진(晉)나라의 제후로서, 이름은 궤제(詭諸)이다.

431 고락(皋落)은 춘추시대 북방의 소수민족으로 염제(炎帝) 후예 적적(赤狄)의 일파이다.

432 '호돌(狐突)': 자는 백행(伯行)이며, 춘추시대 진(晉)나라의 대부이다. 중이(重耳)의 외조부이고 산서성 태원(太原)사람이다.

433 공거위는 군위(軍尉)와 동일하다. 춘추시대 진국(晉國)에 설치했다. 군대 중의 가거(駕車)의 어관(御官)과 거승(車乘)의 사졸 훈련을 담당했다.

434 이 글자를 함풍 5년본과 민국 21년본의 원문에는 '욱(勗)'으로 적고 있으나, '까오은꽝의 주석본'에서는 '욱(勖)'자로 바꿔 적고 있다. '욱(勗)': 장려한다는 의미이다

마침내 신생은 '공태자共太子'라는 시호를 받았으니 만약 대부의 공이 없었다면 이에 이르지 못했을 것이다. 하물며 기혜祁傒가 진晉 평공平公[435]의 말에 대해서 이르기를 "양설대부는 어렸을 때도 공손하고 겸양하였으며, 부끄러움을 알고는 그 허물을 하룻밤을 묶여 두지 않았다. 그가 후侯의 대부大夫를 맡았을 때, 착하고 겸손하였으며 품행이 단정했다. 그가 공거위公車尉를 담당할 때에는 신의가 있고 곧아서 공을 세웠다. 그는 얼굴이 온화하고 따뜻하고 어질며, 예의가 바르고 견문이 넓다는 명성이 외부로까지 알려져 그가 지향하는 바는 매우 높았다. 양설대부의 행동이 이와 같으니 그 또한 세운 공과 언행이 영원하다고 일컬을[436] 것이다.

고락皋落[437]은 지금의 낙평樂平현의 동쪽 경계에 있고, 평정주平定州에는 신생묘申生廟와 호돌묘狐突廟가 있다. 수양성의 서쪽 경계에서 50리 떨어진 곳에도 또한 호돌묘狐突墓[438]가 있다.

曰, 羊舌大夫其幼也恭而遜, 恥而不使其過宿也. 其爲侯大夫悉善而謙, 其端也. 其爲公車尉信而好直, 其功也. 其爲和容溫良而好禮, 博聞而時出, 其志也. 羊舌大夫之行如此, 其亦可儕立功立言之不朽者矣.

皋落在今樂平之東境, 而平定州有申生廟狐突廟. 壽之西境五十里, 亦有狐突墓. 大約東山一役, 經過斯土,

---

435 '평공(平公)': 도공(悼公)의 아들이며 이름은 표(彪)이고 26년 동안 재위하였다.

436 이 의미를 함풍 5년본과 민국 21년본의 원문에는 '칭(儕)'으로 적고 있으나, '까오 은꽝의 주석본'에서는 '칭(稱)'자로 바꿔 적고 있다. 12장 「사당제사[祠祀]」에서도 함풍 5년본과 민국 21년본에는 '칭(儕)'으로 적고 있다.

437 '고락(皋落)': 산서성(山西省) 석양현(昔陽縣) 동남에 위치하며, 주지(州志), 현지(縣志)에서는 모두 춘추시대 동산 고락씨의 땅이라고 말한다.

438 '호돌묘(狐突廟)': 교성(交城)에 있다. 수양현 평두진(平頭鎭) 곡척장(曲尺莊)에

아마 동산을 정벌할 때 이 지역을 거쳤을 것이며, 후인들은 마침내 그 묘에서 축문을 읽고[尸祝],[439] 제기[俎豆][440]에 제물을 담아 제사 지냈다. 돌突의 아들 직職은 총명하고 예의가 발라 중군위中軍尉[441]에서 기혜祁傒를 보좌하였다. 도공悼公[442] 15년(기원전 558)에 죽자, 평공平公이 즉위하고, 기혜祁傒는 늙음을 이유로 하직하였다. 직職의 아들 적赤은 중군위 기오祁午를 보좌하고, 동제銅鞮에 식읍을 받았기 때문에, 동제백화銅鞮伯華로 불렸다. 동제는 고성古城으로, 현재 심주沁州성 동남면에 위치한다. 적의 동생 힐은 곧 숙향叔向이고, 『춘추春秋』에 정통하여 평공의 태부[傅][443]가 되었는데, 공자가 숙향이 곧고 고인의 유풍이 있다고 칭하자, 그를 양씨楊氏에 식읍하였다. 지금의 평양부平陽府,

後之人遂尸祝而俎豆之耳. 突子職以聰敏肅給輔中軍尉祁傒. 悼公十五年而卒, 平公立, 祁傒請老. 職子赤輔中軍尉祁午, 食邑於銅鞮, 故曰銅鞮伯華. 銅鞮故城, 在今沁州城東南. 赤弟肸, 即叔向, 習於春秋, 爲平公傅, 仲尼偁爲遺直, 食邑於楊氏. 今平陽洪洞縣南二里, 有古楊

도 호돌묘가 있다.

439 '시축(尸祝)': 고대에 제사를 지낼 때 시신과 축문을 주관하는 사람이다. 이후 의미가 숭배의 뜻으로 확장되었다.

440 '조두(俎豆)': 조와 두는 모두 고대에 제사 때 사용하던 제기로, 이후 의미가 제사와 숭배의 뜻으로 확장되었다.

441 '중군위(中軍尉)': 고대 관직 이름으로 중군(中軍)의 군위(軍尉)이다. 춘추시기에 진나라 군대는 상중하 세 군으로 나뉘었고, 모두 위관을 설치하였다. 청대에도 이 관명은 존재했다.

442 '도공(悼公)': 진(晉) 양공(襄公)의 증손자로, 이름은 주(周)이고, 15년간 재위했다.

443 '부(傅)': 태부(太傅)를 가리킨다. 춘추시기에 진나라가 만들었으며, 국군(國君)을 보필하는 관리이다.

홍동현洪洞縣 남쪽으로 2리 떨어진 곳에 있으며, 그곳에는 고양성古楊城이 있었는데, 숙향이 축성하였다. 진晉 경공頃公[444] 12년(기원전 514)은 즉, 노 소공 28년으로, 이때 진은 기영祁盈과 숙향의 아들 백석[楊食我][445]을 죽여서 마침내 기씨祁氏와 양설씨羊舌氏가 멸문되었다. 이전에 기혜祁傒가 숙향을 감옥에서 구했는데, (이때) 기씨祁氏의 영지를 나누어 7개의 현으로 하고, 양설씨羊舌氏의 영지는 3개의 현으로 삼았다. 두예杜預의 주석에 따르면, 동제銅鞮, 평양平陽, 양씨楊氏[446] 등의 세 개의 현은 바로 양설씨가 식읍한 곳이었다. 백화伯華와 숙향의 묘는, 현재 심주성沁州城 동남지역에 있다. 지금의 수양성은 바로 한고韓固[447]의 치소로서 그곳에 마수묘馬首廟가 있는데, 그 묘는 마수馬首 동쪽의 10여 리에 위치하며 수양은 비록 그의 채읍지는 아닐지라도 이곳 역시 교화를 받은 지역이다.

城, 叔向所築. 晉頃公十二年, 魯昭公之二十八年也, 晉殺祁盈及楊食我, 遂滅祁氏羊舌氏. 祁傒免叔向於獄, 而分祁氏之田以爲七縣, 分羊舌氏之田以爲三縣. 據杜註, 銅鞮平陽楊氏三縣, 爲羊舌所食之邑. 伯華叔向之墓, 在今沁州城東南. 而今之壽陽, 爲韓固所治之馬首廟, 即在馬首東十餘里, 則壽陽雖非其食采

---

444 '진경공(晉頃公)': 소공의 아들이고, 이름은 거질(去疾)이며, 14년간 재위했다.

445 '양식아(楊食我)': 양(楊)은 숙향(叔向)의 식읍이다. 식아(食我)는 숙향의 아들 백석(伯石)으로 양설식아(羊舌食我)이다.

446 '동제(銅鞮), 평양(平陽), 양씨(楊氏)': 즉 현재 산서의 심현(沁縣), 임분현(臨汾縣), 홍동현(洪洞縣)이다.

447 '한고(韓固)': 노(魯) 소공(昭公) 28년(기원전 514)에, 진(晉) 한선자(韓宣子)가 죽고 위(魏) 헌자(獻子)가 정치를 맡으면서, 기씨(祁氏)의 영지를 나누어 7읍으로 하였는데, 마수(馬首)는 7읍 중의 하나이다. 당시 한고는 마수의 대부(大夫)였다.

사당을 건설하여 천 년간 제사를 지내 왔으니, 그 역사를 잘 간직하고 있다.

칠의사七義祠 중의 신상은 조무趙武, 한궐韓厥, 정영程嬰, 공손저구公孫杵臼에 서예鉏麑, 제미명提彌明, 영첩靈輒을 더해서 모두 7인이다. 우현盂縣의 장산藏山은 정영이 조씨의 고아[趙孤]448를 숨긴 땅이라고 전해진다. 그 때문에, 우현과 수양현에서는 대부분 그에 제사를 많이 지낸다. 혹자는 팔의八義라고도 하는데, 정영이 남의 아이를 데리다가 조씨의 고아로 대신한 아이까지 포함한다.

노조신老趙神은 아이를 원하는 자는 모두 그곳에 제사를 지냈는데, 어떤 신인지는 알지 못하나, 아마 그가 곧 정영일 것이다. 정영은 조씨의 고아를 보호하고 있어서 그 공이 심히 크니,449 오로지 그를 받드는 사당이 있어 배향하는 것이 마땅하다. 후세사람들이 마침내 조씨의 고아의 사건에 근거하여, 널리 후사를 기원하였다. 현재의 신상神像은 전립氈笠을 쓰고

之地, 而亦其過化之區. 廟祀千秋, 有由然矣.

七義祠, 趙武韓厥程嬰公孫杵臼益以鉏麑提彌明靈輒, 凡七人. 盂縣藏山, 相傳爲程嬰藏孤之地, 故盂壽間多祀之. 或曰八義, 兼謂程嬰取他人嬰兒以代趙孤者也.

老趙神禱子者祀之, 不知何神, 疑即程嬰也. 嬰存趙孤, 其功獨鉅, 宜享專祠. 後遂沿存孤之事, 以祈廣嗣. 今神像氈笠短衣, 囊兒

---

448 '조고(趙孤)': 춘추시기 진(晉)국의 권신인 도안가(屠岸賈)가 조순의 온 가족을 잔인하게 죽임과 동시에, 그 고아인 조무(趙武)를 찾아서 잡아 오게 했다. 조씨 가문의 문객인 정영(程嬰)과 공손저구(公孫杵臼)는 계획을 세워서 조무를 구출했고, 정영이 성인으로 길러 내어 원한을 갚았다.

449 이 의미를 함풍 5년본과 민국 21년본의 원문에는 '거(鉅)'로 적고 있으나, '까오은 꽝의 주석본'에서는 '거(巨)'자로 바꿔 적고 있다.

짧은 옷을 입었으며, 아이를 포대에 싸서 어깨에 들쳐 메고, 이내 황급하게 난을 피하는 모양새이다. 그 포대에 싼 아이는 조무趙武이다. 정영은 조씨를 돌보는 노인이었기 때문에, 노조老趙라고 일컬었다. 민간에서 이르길 "옛날에 조로趙老라는 농민이 있었는데, 아이가 많아서 그가 죽은 후에 (아이를 바라는 자가 그에게) 제사지냈다고 하는데 이는 잘못된 것이다."

민간에는 다섯 개의 제사가 있는데, 천지신, 토신, 문신, 조왕신竈王神, 사목司牧[450]신이 그것이다. 그리고 가당家堂신은 집을 화합하게 하고 즐거움을 주는 신이라고 하는데, 그 도상에는 노옹, 노부, 아이, 손자 등의 화상畵像이 있으며, 민간에서는 '작은 할배'라고 한다. 모두 아이들의 제사이다.

수양현에는 풍신산[451]이 있어서, 고돌孤突[452]에게 제사를 지낸다고 하는데, 어떠한 근거인지는 알 수 없다.

負肩, 仍似倉皇避難狀. 其囊兒蓋即趙武也. 以嬰爲趙氏老, 故傴老趙. 俗云, 昔有農人趙老, 多子, 歿而祀之, 誣矣.

民間五祀, 曰天地, 曰土神, 曰門神, 曰竈神, 曰司牧. 又有家堂神, 謂之合家歡樂, 其圖具翁嫗兒孫諸像, 俗名小爺爺. 兒童皆祀之.

邑有風神山, 祀孤突, 不知何據.

---

450 '사목(司牧)': 가축을 관리하는 신이다.
451 '풍신산(風神山)': 수양현 태안 역향(驛鄕)의 남면에 있다.
452 이 단어를 함풍(咸豐) 5년(1855)본의 원문에는 '고돌(孤突)'로 쓰고 있는데, 민국 21년본과 '까오은꽝의 주석본'에서는 '호돌(狐突)'로 적고 있다.

제13장
베짜기[織事]

실을 잣고 베를 짜는 과정[織事]은 다음과 같다. 즉 면화 따기, 그 지방 사람들[土人]은 목화를 일러 꽃이라고 한다. 솜 타기[彈花], 고치 말기[搓花], 비벼서 가늘게 만다[細卷]. 실잣기[紡花], 실을 가락에 감기[纏線[453]], 물레 가락에 면실감기[拐線], 짠 실에 풀 먹이기[漿線],[454] 실을 도투마리에 감기[絡線], 도투마

織事. 曰擇花, 土人呼棉花爲花. 曰彈花, 曰搓花, 搓爲細卷. 曰紡花, 曰纏線, 曰拐線, 曰漿線, 曰絡線, 曰

---

453 이 글자를 함풍 5년본과 민국 21년본의 원문에는 '선(綫)'으로 적고 있으나, '까오 은꽝의 주석본'에서는 '선(綫)'자로 바꿔 적고 있다. 13장 「베짜기[織事]」에서는 모두 '선(綫)'을 '선(線)'으로 적고 있다.

454 남경농업대학교 후이푸핑[惠富平]의 견해에 의하면 베를 짜는 면실에 밀가루 풀을 먹이는 것으로서, 마모에 견디는 힘과 항장력(재료가 절단되도록 끌어당겼을 때 견디어 내는 최대 하중을 재료의 단면적으로 나눈 것이다.)을 높여 주는데, 이 공정을 '장선(漿綫)'이라고 한다. 방법으로는 먼저 적당량의 밀가루에서 글루텐을 물로 제거하고, 끓여서 묽은 풀인 '장면(漿麪)'을 만든다. 여기에 물 적당량을 바꾸어 넣은 후, 준비한 베짜기용 실감개를 밀가루 풀에 담가 골고루 문지르고, 다시 손으로 실감개를 비틀어 털어 내어 풀 먹인 실자루 위에 연결한다. 추석(鎚石: 보통 버려진 '롤러'를 이용하여 나무실감개 손잡이에 맞춰서 만든다.)에 걸고, 힘으로 비틀어서 남은 수분을 제거한다. 실감개를 자루 위에 고루 펼쳐, 붙어 있

리 실 당기기[鉤線], 도투마리 실 빗질하기[引布], 실을 빗질하는 것[梳線]이다. 베틀 설치[安機], 베 감기[卸布], 베 다듬이질[錘布], 베에 풀 먹이기[漿布], 재봉裁縫 등의 공정이 있다.

베[布] 1필은 옛날에는 그 길이가 3길[丈] 6자[尺]였고, 오늘날에는 그 길이가 3길[丈] 4자[尺]이다. 건강한 부녀자는 한 해에 베를 50필을 짤 수 있다. 베 한 필은 150전이니, 50필의 베를 짰다면 7천 5백여 전이 된다. 이 베의 길이는 52-53길[丈] 정도가 된다.[455]

『수양현지[縣志]』에서 이르길 "남상질藍尙質은 섬서陝西 부시현膚施縣 사람으로서, 공생에 선발되어서[456] 만력萬歷[457] 19년에 지知 수양현에 임명됐다. 정사를 함에 있어서 항상 근검하고 몸소 행함으로써 백성들에게 감화를 주었다. 수양현

鉤線, 曰引布, 梳線也. 曰安機, 曰卸布, 曰錘布, 曰漿布, 曰裁縫.

布一匹, 舊長三丈六尺, 今長三丈四尺. 健婦一歲得布五十匹. 一布餘錢可得百五十, 計五十匹得七千五百餘錢. 得五十二三丈餘布.

縣志云, 藍尙質, 陝西膚施縣人, 由選貢萬歷十

는 모든 실을 느슨하게 한다. 그늘이나 바람에 말린 후 바로 베틀 위에 올려 베를 짤 수 있다.

[455] 원문에는 52-53길[丈] 길이의 베를 얻을 수 있다고 하였으나, 계산의 결과가 다소 이상하다. 한 해 짠 50필을 옛날의 길이로 계산하면 약 180길[丈]이 되고, 오늘날의 길이로 계산하면 약 170길[丈]이 되기 때문이다.

[456] '선공(選貢)': 과거[科學]제도 중 공[貢生]은 국자감에 입학한 생원의 일종이다. 명나라는 세공을 정하는 이외에 학행이 두루 우수한 자를 고과하여 공생으로 충당하기 때문에, 이러한 이름이 붙여진 것이다. 청대에 발공(拔貢), 우공(優貢)을 뽑는 제도 또한 여기에서 연유되었다.

[457] '만력(萬歷)': 원문에서는 만력(萬歷)으로 쓰고 있는데 이는 만력(萬曆)의 잘못이다. 만력(萬曆)은 명 신종(주익균; 朱翊均)의 연호이다.

은 본래 방직을 알지 못했는데, 이때 처음으로 그것을 가르쳤다. 백성은 그로 인해 이득을 얻었다. 그를 받들어 이름 있는 관리의 사당에 안치하여 제사를 지냈다. 전하는 말에 의하면 처음 가르칠 때 현령이 방직기를 제작하여 베 짜는 부녀자를 고용해 4향鄕으로 나누어서 방직하는 것을 가르쳤으며, 달마다 방문하고 해마다 철저히 조사해서 상을 주고 독려하였다. 지금까지도 노인들은 그 일을 거론하고 있으나, 대부분이 남공藍公의 이름을 잘 알지 못하니, 실로 마땅히 표양하고 드러내서 위패를 모셔 우러러 보아야 할 것이다.

수양현은 이미 누에를 치지 않고 벼를 파종하지도 않는다. 토양의 기운이 오랫동안 한랭하여서, 아마 (양잠과 벼 재배에) 적당하지 못했을 것이다. 하지만 『시경[詩]』의) 「당풍唐風」과 「위풍魏風」에서는 무릇 세 차례나 뽕에 대해서 언급하였으며, 『시경[詩]』「위풍魏風·분저여汾沮洳」458의 시와 정현의 전[鄭箋]에서는 줄곧 뽕잎을

九年知壽陽縣. 政尚勤儉, 躬行化民. 邑素不諳紡織, 至是始敎之. 民賴其利. 祀名宦祠. 相傳初敎時, 縣令爲製紡織具, 雇織婦分四鄕敎之, 月察歲考, 獎勸備至. 至今父老能譚其事, 然多不知藍公名者, 固宜表而出之, 尸而祝之也.

邑不飼蠶, 不種稻. 地氣晩寒, 或非所宜. 然唐魏風凡三言桑, 汾沮洳詩鄭箋直以采桑

---

458 '「분저여(汾沮洳)」': 『시경(詩經)』「위풍(魏風)」의 편명이다. 『시서(詩序)』에서 이르길 "「분저여(汾沮洳)」는 검소함을 풍자한다. 그 군자는 검소하여 부지런하나, 예(禮)에 맞지 않음을 풍자하는 것이다."라고 하였다. 현대 연구자는 간혹 이 시를 분수(汾水)가에서 노동에 종사하는 인민을 찬양하고 노예주 귀족에 대한 불만을 반영한 것이라고 이해한다.

따서[459] 누에를 치는 일을 서술하고 있다. 『시경』「당풍唐風・보우鴇羽」[460] 제3장에서 이르길 "벼[稻]와 조[粱]는 재배할 수 없다."라고 하였으며, 재배할 수 있는 것은 실로 기장[黍]과 조[稷]뿐만이 아니다. 현재 태원太原 이남의 군현에서는 벼를 많이 파종하며 또한 누에도 치고 방직을 하는 사람도 있다. 수양현의 남쪽에는 근래에 논이 있어서 벼를 파종할 수도 있다. 『수양현지壽陽縣志』에는 산물 중에는 뽕나무가 있고 비단도 기재되어 있어서, 그 유래가 이미 오래되었다. 건륭 연간에 우리 집은 백부 수환樹桓의 처 장씨張氏를 따라서 일찍이 직접 누에를 치고 비단[461]을 짰다. 최근 수십 년 이래에 이러한 풍속은 사라졌다. (옛부터 뽕밭의 풍경이) "10무畝의 밖은 여유롭고 떠들썩하다."[462]고 했는데, 어찌 모두 토

爲視蠶事. 鴇羽之
三章曰, 不能蓻稻
粱, 其所蓻固不僅
黍稷也. 今太原迤
南郡縣多稻, 且有
蠶織者. 邑之南鄉,
近亦有水田, 可種
稻. 志載物產有
桑, 有絲絹, 由來
已久. 乾隆中, 余
家從伯父樹桓妻
張氏, 嘗飼蠶, 手
織繭紬. 數十年來,
此風寂然. 十畝之
外, 閑閑泄泄, 豈

---

459 이 의미를 함풍 5년본과 민국 21년본의 원문에는 '채(采)'로 적고 있으나, '까오은 꽝의 주석본'에서는 '채(採)'자로 적고 있다.

460 '보우(鴇羽)': 「보우(鴇羽)」는 『시경(詩經)』「당풍(唐風)」의 편명이다. 『시서(詩序)』에서 이르길 "「보우(鴇羽)」는 시대를 풍자한다. 진소공(晉昭公) 이후 큰 혼란이 5세대 동안 일어나, 군자가 전쟁에 참가함으로써 부모를 봉양할 수 없으니 이 시를 지은 것이다.

461 이 의미를 함풍 5년본과 민국 21년본의 원문에는 '주(紬)'로 적고 있으나, '까오은 꽝의 주석본'에서는 '주(綢)'자로 적고 있다.

462 '십무지외, 한한설설(十畝之外, 閑閑泄泄)': 이 구절은 『시경(詩經)』「위풍(魏風)・십무지간(十畝之間)」에서 나오는 내용으로서 뽕밭의 풍경이 앞뒤로 나뉘어져 있다. 앞부분은 "10무의 땅에서 뽕을 따는 사람이 한가롭도다. 장차 그대와

양의 기운에 관계되리오? 盡關地氣耶.

【그림 38】짠 실에 풀 먹이기[漿綫]

함께 전원으로 돌아가고 싶구나!"라고 하였다, 뒷부분에서는 "10무의 땅 밖에는 뽕을 따는 사람이 떠들썩하도다. 그대와 함께 전원으로 달려가자꾸나!"라고 하였다. 이 두 시는 논밭 사이에서 뽕을 채집하는 부녀자를 묘사하고 있다. 노동 이후 즐거운 마음으로 무리지어 장단을 맞추며 돌아가는 풍경이다.

제14장
잡설雜說

1) 상례喪禮

(1) 상례기간과 매장

　수양현의 중요한 풍속 중에 상례[463]만한 것이 없다. 민간에서 3년상은 모두 36개월에 끝나는 데, 그것을 일러 3년 복상이라 한다. 묘제도 1년에 무릇 5일 지내는데, 그것은 원단元旦, 청명일, 7월 15일, 10월 초하루, 동지이다. 갓 어버이 장례를 지낸 자는 3년 안에 청명일, 7월 15일, 10월 초하루 모두 하루 전에 무덤을 성묘하는데 그것을 일러 상신분上新墳이라고 한다.

　서건학徐乾學[464]의 『독례통고讀禮通考』에서 이

壽陽風俗之厚,
莫如喪禮. 民間三
年之喪, 皆以三十
六月爲斷, 謂之三
周年. 墓祭, 一歲
凡五日, 元旦淸明
七月十五十月初
一冬至.　新葬親
者, 三年內, 淸明

463　이 단어를 함풍 5년본의 원문에는 '상(喪)'으로 적고 있으나, 민국 21년본과 '까오은꽝의 주석본'에서는 '상(喪)'자로 바꿔 적고 있다. 14장 「잡설(雜說)·상례(喪禮)」부분에서는 모두 '상(喪)'을 '상(喪)'자로 쓰고 있다.

464　'서건학(徐乾學)': 청나라 강소성(江蘇) 곤산(崑山) 사람이다. 청대의 대신, 학자이면서 장서가이다. 자는 원일(原一)이고 호는 건암(健庵)이다. 청초 대유 고염

르길, "생각하건대 당나라 사람인 왕원감王元感[465]은 일찍이 수상 기간이 36개월의 이론을 만들어[466] 냈는데, (이후) 장간지張柬之[467]가 논박[468]하면서 이미 이해하기 힘든 부분은 전혀 없다." 라고 하였다. 이내 심요중沈堯中[469]이 다시 이 설

七月十五十月初一, 皆前一日埽墓, 謂之上新墳.

　徐氏乾學讀禮通考云, 案唐人王

무(顧炎武)의 외손이다. 일찍이 내각학사, 형부상서 등의 관직에 임명되었다. 서씨가 편찬한 『속례통고(讀禮通考)』는 중국 역대의 상장(喪葬)제도를 모아서 편집한 것으로, 상기(喪期), 상복(喪服), 상의절(喪儀節), 장고(葬考), 상구(喪具), 변례(變禮), 상제(喪制), 묘제(廟制) 등의 8종류로 나누었다.

465 '왕원감(王元感)': 당나라 복주(濮州) 견성(鄄城) 사람으로, 어릴 때 명경과(明經科)에 발탁되어서, 박성현승(博城縣丞)을 지냈다. 천수(天授) 연간(690-692)에 점차 좌위솔부록사(左衛率府錄事)로 옮겨, 홍문관(弘文館)을 겸직하였다. 중종이 즉위하고, 춘궁의 옛 동료로서 조산대부(朝散大夫)를 맡고, 숭현관학사(崇賢館學士)에 배수되었다. 저서로는 『상서규류(尙書糾謬)』와 『춘추진체(春秋振滯)』, 『예기승건(禮記繩愆)』 등 다수가 있다.

466 이 의미를 함풍 5년본의 원문에는 '창(刱)'으로 적고 있으나, 민국 21년본과 '까오 은꽝의 주석본'에서는 '창(創)'자로 바꿔 적고 있다.

467 '장간지(張柬之: 627-706년)': 당나라 양주(襄州) 양양(襄陽)[지금의 호북성(湖北省) 양번시(襄樊市)] 사람으로, 자는 맹장(孟將)이다. 무주 후기에 재상으로 임명되었다. 신룡 원년(705) 무측천이 병이 나자, 그는 환언범(桓彦範)과 경휘(敬暉) 등과 기회를 틈타 정변을 일으켰고, 중종을 복위시켰다. 머지않아 무삼사(武三思)에 의해 재상의 관직이 파면되고, 신주사마(新州司馬)로 좌천되었으며, 분노와 울분 속에 사망하였다.

468 이 의미를 함풍 5년본과 민국 21년본의 원문에는 '벽(闢)'으로 적고 있으나, '까오 은꽝의 주석본'에서는 '피(辟)'자로 바꿔 적고 있다.

469 '심요중(沈堯中)': 명나라 절강성 가흥(嘉興)사람이다. 자는 홍당(興唐)이다. 만력(萬曆)때 진사가 되었으며, 여러 관직으로 남북부랑(南北部郎)이 되었다. 학문을 좋아하고 고사에 해박했다. 저서로는 『심씨학고(沈氏學考)』, 『치통기략(治統記略)』, 『고문대학집주(古文大學集注)』, 『춘추집전대본(春秋集傳大本)』 등의 책이 있다.

위인봉(韋人鳳)이 취리(橋李)[470]의 심씨의 설을 인용하였다. 을 재기하였는데, 어찌 장공의 (비판적인) 문장을 보지 않았는가? 반드시 3년을 36개월로 인식하나, 『예기禮記』의 문장에서는 상례기간을 2년으로 한 구절이 있는데,[471] 그것은 또 어떻게 해석해할 것인가? 만사동萬斯同[472]이 이르기를 "나의 고향 사명四明[473]의 풍속에는 상복을 벗고 제사를 지낸 이후에 이내 소복을 입고서 36개월을 지냈는데, 이처럼 예법에 부합되지 않게[474] 제사를 지내온 것은 잘못이 아니다."라고 한다. 이것은 고대의 규정이 아니고, 또한 현재에도 부합되지 않는 예제이다. 이내 예를 모르는 사람

元感嘗刱三十六月之論, 爲張公柬之所闢, 已無餘蘊矣. 乃沈堯中復爲此說, 韋人鳳引橋李沈氏說. 豈未睹張公之文耶. 必以三年爲三十六月, 將禮文所云期之喪二年句, 又何以解之. 萬斯同曰, 予鄉四明之俗, 禫除

---

470 취리(橋李)의 의미는 자두[李子]라는 과일명과 절강성 가흥(嘉興) 서남의 고지명이 있다. 전후 문맥으로 미루어 후자로 해석하였다.

471 『예기(禮記)』「상복소기(喪服小記)」에 이 말이 나온다. 『예기』는 진·한 이전의 각종 예의논저(禮儀論著)의 선집이다. 지금 전하는 것은 전한의 대성(戴聖)이 편찬한 것으로 전해지며, 금본(今本)은 후한 정현(鄭玄)이 주석하였다.

472 '만사동(萬斯同)': 자는 계야(季野)이며, 절강 은현(鄞縣) 사람이다. 황종희(黃宗羲)의 학생이며, 청대 사학자이다. 강희 17년(1678) 박학홍유(博學鴻儒)로 뽑혔으나 사양하고 나아가지 않았다. 다음 해 북경으로 가서, 『명사(明史)』의 편집에 참가하여 전후 19년 동안 활동하였다. 그는 역사서를 기록하고 편찬하는 데는 반드시 "사건은 신뢰가 있어야 하고, 문장은 이해하기 쉬워야 한다."라고 하였다. 저서로는 『역대사표(歷代史表)』 등이 있다.

473 '사명(四明)': 절강 옛 영파부(寧波府)의 별칭으로, 관내에 사명산이 있었기 때문에 이름을 따왔다.

474 이 의미를 함풍 5년본의 원문에는 '마(應)'로 적고 있으나, 민국 21년본과 '까오은 꽝의 주석본'에서는 '역(歷)'자로 적고 있다.

들은 끝내 옛날의 예가 당연한 것으로 여기고, 감히 바꾸려 하지 않는다. 그 예를 아는 자는 또 부모의 상례를 아주 중요하게 여겨서, 감히 논의조차 하지 않았다. 이것은 실제로 예제에 부합되지 않는 예의로서, 군자는 옳다고 여기지 않을 것이다. 『예기禮記』에는 "상례 기간[倍期]이 2년이다."라고 하는데, 이것은 대개 순자荀子의 견해로서, 그 뜻은 심히 명백하고, 『공양전公羊傳』[475]에 기재된 삼년상의 의미와 더불어 서로 명확히 하고 있다. 이른바 삼년상은 실제 25개월이 지나서 끝난다. 후세에는 절충하여 상례를 확정하여, 27개월로 정했는데, 이로부터 불변의 제도가 되었다. 수양현 민간의 상례는 비록 절충한 정례와는 합당하지 않을지라도 「당풍」, 「위풍」에서 유전된 풍습이 지금까지도 여전히 바뀌지 않고 있다. 나는 일찍이 『삼년지상설三年之喪說』 두 편을 저술하여, 어진 마음을 지닌 효자가 비통함을 다하지 못하고, 사모의 정을

之後, 仍以素服終三十六月, 歷禩相沿, 莫以爲誤. 既非古典, 又違時制. 乃不知禮者, 竟以爲古禮當然, 而不敢變. 其知禮者, 又以爲親喪宜厚, 而不敢議. 此實非禮之禮, 君子不以爲可也. 禮言, 倍期, 蓋荀子之說, 其義甚精, 與公羊傳漸三年之義, 互相發明. 所謂三年之喪, 二十五月而畢也. 後世折衷定禮, 以二

---

475 '공양전(公羊傳)': 옛 제목은 전국시대 제(齊)나라 사람인 공양고(公羊高)가 찬술하였다. 초기에는 한갓 구전에 불과하였으나, 한(漢) 초기에 책으로 엮었다. 당(唐) 서언(徐彦)의 『공양전소(公羊傳疏)』에서 대홍(戴宏)의 서(序)를 인용한 것에서 근거하면, 전한 경제 때 공양수(公羊壽)와 호모생(胡母生)이 "죽간과 백서에 저술하였다."라고 한다. 『춘추(春秋)』의 '대의(大義)'를 거듭 상세하게 해석하였으나 사서에는 비교적 간략하게 기술되어 있으며, 전국·진·한 동안의 유가 사상을 연구하는 데 중요자료가 된다.

잊지 못하는 것을 중시하였지만, 내 마음속은 항상 편안하지 못한 구석이 있었다. 또한 이곳에서 우리 현의 상복풍습이 대대로 이어져 온 것에도 일정한 근원이 있다.

우리 현의 효렴孝廉이면서, 자字가 학원鶴園인 유휼劉鬻[476]의 『계엄상문戒淹喪文』에서 이르길, "예부터 죽은 사람은 골짜기에 두고 땔나무를 덮어 두었는데 이후에 시신을 조묘祖廟의 정실[庭]에 옮기는 규정이 있다."라고 하였다. 그리고 목주를 세워서 신령을 깃들게 하는데, 죽은 자를 보내는 것은 곧 가정의 대사大事에 해당된다. 죽은 자가 가면 돌아오지 않고 명운은 하늘에 주어지며, 죽은 자를 편안하게 모셔야 사자가 땅속으로 돌아가게 된다. (본가의 친척이 아닌) 이종[外姻][477]은 한 달이 지나면[478] 수상守喪기간이 끝난다. 만약 개장하여 영구靈柩를 이장할 경우에는 상복 대신 소복[緦][479]을 입고서 (3개월간) 복

十七月爲斷, 自是不易之制. 壽邑民間喪禮, 雖未合立中制節之宜, 而唐魏遺風, 至今弗改. 余嘗著三年之喪說二篇, 推闡仁人孝子哀痛未盡, 思慕未忘, 不容己之心. 亦以見吾鄕喪服風俗相沿, 亦必有本也.

吾邑劉鶴園孝廉鬻戒淹喪文云, 肇自委壑衣薪之後, 爰有遷庭祖廟之文. 立主所以棲

---

476 '유휼(劉鬻)': 자는 학원(鶴園)이며 산서성 수양 사람이고 거인(擧人) 유원일(劉元一)의 아들이다. 가경 21년(1816)에 거인이 되었으며, 전해지는 저서로는 『계엄상문(戒淹喪文)』 등이 있다.

477 '외인(外姻)': 이종사촌관계의 친척이다.

478 이 의미를 함풍 5년본과 민국 21년본의 원문에는 '유(踰)'로 적고 있으나, '까오은 꽝의 주석본'에서는 '유(逾)'자로 바꿔 적고 있다.

479 '시(緦)': 옛날 상복의 이름이다. 오복(五服) 중 가장 가벼운 상복이다. 옷은 가는 삼베로 만들어졌으며 장례기간인 석 달 동안 입는다.

상한다. 공자는 동산에 있는 부모의 묘가 비로 인해서 붕괴되었을 때 눈물을 흘렸으며,[480] 주 문왕인 서백西伯은 (그 부모인 계력의 묘가) 대수大水에 침식되자 상심하였다.[481] 상고시대의 분묘에는 (흙을 쌓아) 분봉도 만들지 않았으며, (그 위에) 나무를 심어 표기하지도 않았다. 중고[482] 시대의 분묘는 아래는 넓고 위는 좁은 형태[斧]를 띠거나, 사방으로 높게 쌓은 당堂의 양식을 띤다. 이것을 『예기』「월령」에서는 "뼈는 가리고 (썩지 않은)유골은 매장한다.[掩骼埋胔]"[483]라고

神, 送死乃當大事. 往而不返, 命稟於天, 遺之以安, 死必歸土. 外姻屆期於踰月, 改葬降服而成緦. 東山落淚於雨崩, 西伯傷心於水齧. 上世雖不封不樹, 中古則若斧若堂. 此

---

480 '동산낙누어우붕(東山落淚於雨崩)': 『예기(禮記)』「단궁(檀弓)」편에는 "공자는 기회를 얻어 부모를 방산(防山)에 합장하여 식별을 용이하게 하기 위해 흙을 쌓아 두었다. 이후에 큰비가 와 무덤이 훼손되었다. 공자는 이 사실을 들은 후 상심하여 눈물을 흘리며 말하길 '내가 듣건대 옛사람들은 무덤에 흙을 쌓아 봉분하지 않았다.'라고 하였다. 방산(防山)은 곧 '공자가 동산에 올라서 노나라가 작다고 했던 그 산이다.'"라고 하였다. 현재는 곡부(曲阜)시에서 동쪽으로 30여 리에 위치한다.

481 '서백상심어수설(西伯傷心於水齧)': 서백은 즉 주(周)나라 문왕이다. 『전국책(戰國策)』「위이(魏二)」에 기록된 바에 따르면, "문왕의 부친 계력(季歷)은 '초산 끝자락에 매장하였는데, 물이 들어 그 묘가 침식되었다.'"라고 하였다. 문왕은 한탄하며 말하기를, "부친이 신하와 백성을 한번 보고 싶어 하여 그 때문에 물이 들게 되어 무덤을 열게 되었다. 이에 군신과 백성들로 하여 모두 와서 보게 하였으며 3일 뒤에 다시 무덤을 덮었다."라고 하였다. '란(欒)'은 『설문』에서는 물이 새어 들었다는 것으로 해석하고 있다.

482 '중고(中古)': 고대에서 경서를 해석하는 사람이 역사시기를 구분하는 명사이다. 복희시대를 상고라고 칭하고, 주(周)문왕 시기를 중고(中古)라고 칭하며 공자시기를 하고(下古)라고 일컫는다.

483 '자(胔)': 살이 아직 다 썩지 않은 유골이다. 『예기(禮記)』「월령(月令)·맹춘지월

표현하고 있으며, 『예경』484에는 시월時月의 시령時令을 경계했다. 그러나 상례를 멈추고 영구[柩]를 방치한 채 장례를 치르지 않는 것은 국법에서 엄히 금지하고 있다. 몇몇 사람은 최근까지 이전의 규정을 지키지 않아 이미 골육은 흙으로 돌아가고 혼백은 사방으로 떠돌아다니는데, 여전히 집에 방치하고서, 임시로 당에 막을 쳐서[帷堂]485 제물을 차려 제사를 지내면서 어느 때 장례를 치러야 할지 기한을 정하지 못한다. 이것이 습관이 되어 일상이 되면 편안하여 이상하다는 것을 알지 못한다. 어찌 고금의 습관이 다르다고 하겠는가? 혹은 습관이 사람의 관념을 바꾸는 것인가?

나는 분수를 모르고 견문은 좁지만 스스로의 견해를 피력하고자 한다. 죽은 지 얼마 되지 않아서 황야에 매장한다는 것은 마음으로 차마 하지 못하는 바이다. 무릇 (산) 자녀와 죽은 부모는 이미 생사의 길이 다르다. 그렇더라도 부모의 장례 지내는 것과 부양하는 것은 모두 하나의 도리이다. 상례에서는 (안장 이후의) 우제虞

掩骼埋胔, 禮經謹時月之令. 而停喪掩柩, 國法嚴律例之條也. 乃有晚近不守前型, 既魄降而魂升, 仍家居而室處, 暫盡帷堂之奠, 杳無執紼之期. 習以爲常, 恬不知怪. 豈古今之異尚乎. 抑習俗之移人歟.

不揣固陋, 請畢其說. 謂屬纊未久, 遷於中野, 心所未忍. 夫子之於親, 已幽明之異路. 則葬之與養, 亦服事之同情. 禮重修

(孟春之月)」에는 '엄격매자(掩骼埋胔)'에 대해서 정현(鄭玄)은 "뼈가 마른 것을 '격(骼)'이라 하고, 살이 썩은 것을 '자(胔)'라고 한다."라고 주석하였다.

484 '예경(禮經)': 『예기』 「월령(月令)」을 가리킨다.

485 '유당(帷堂)': 고대의 상례로서 수의를 입히기[小殮] 전에 당상에 유막을 설치하였다.

祭[486]를 중시하는데, 그리해야 사자의 정기가 그곳에 의지하여서 흩어지지 않는다. 오랫동안 장사를 지내지 않아 뼈가 드러나게 되면 피나무[梽][487]로 관을 만들지라도 위태하며 영을 편안하게 모시지 못한다. 죽고 사는 사람의 (음양) 교차는 근심을 갖게 하며, 웃고 말하는 소리와 모습은 간 곳 없다. 차마 이별하지 못하는 자는 잠시 동안 인과 효의 명의에 가탁하나, (시간이 흘러) 그것이 익숙해지면 잊게 되어 누가 슬프고 가슴 아픈 뜻을 품겠는가? 자식이 20살 약관弱冠이 되어도 장가가지 못하는 것이 어찌 정리情理라고 하겠으며, 죽은 지 몇 년이 되어도 장례를 치르지 못하는 것은 마음속에 슬픔이 없다는 것이다.[488] 옛날에는 무릇 관을 부여잡고 애도[489]하는 사람은 반드시 진실되고 믿음이 있는 것으로 여겼는데, 지금은 사람이 죽어도 살아 있는 자가 이 같은 인식이 없고 어진 마음도 없다. 이것이 바로 내가 이해할 수 없는 첫 번째이다.

虞, 精氣將依而不渙. 事如暴骨, 梽椑亦殆而不安. 陰陽之錯處堪憂, 笑語之音容罔據. 其不忍別者, 姑託仁孝之名, 其習而忘也, 誰抱哀傷之意. 子弱冠而不娶, 何以爲情, 喪屢歲而未行, 乃若是恝. 古俙凡附於棺者必誠而必信, 今以之死而生者不知而不仁. 此其未解一也.

---

486 '우제(虞祭)': 장사를 지낸 뒤 망자의 혼백을 평안하게 하기 위하여 지내는 제사이다. 우제는 장사 당일 지내는 초우(初虞), 다음날 지내는 재우(再虞), 그 다음날 지내는 삼우(三虞)가 있다. 초우는 장사 지낸 날 꼭 지내도록 규정하고 있다.

487 피나무[梽]를 까오은꽝의 주석본, p.156에서는 단목(椴木)이라고 번역하고 있다.

488 '괄(恝)': 마음을 쓰지 않고 속마음에 동요가 없는 것을 일컫는다.

489 이 의미를 함풍 5년본의 원문에는 '칭(偁)'자로 쓰나, 민국 21년본과 '까오은꽝의 주석본'에서는 '칭(稱)'으로 표기하고 있다.

(2) 망자의 설움

(또 다른 견해가 있는데,) 망자亡者도 느끼는 바가 있어서, 집안의 부자지간은 당연히 연연하여 버리지 못하는 정이 있다. 그러나 어찌 (망자가) 편안하고 즐거울 때 모여서 기뻐하고, 괴롭고 외로울 때 낙심한 것을 알겠는가. 죽은 자와 아들과 손자 사이는 살갗과 털과 같이 가까운데, 죽게 되면 같은 천지간도 아득하게 보일 뿐이다. 죽은 자는 차마 보고 듣지도 못하는 것도 도리어 그들에게는 보고 듣도록 하고, (사자는) 이미 말할 수도 없는데 도리어 (아들, 손자의) 말을 듣게 된다. 고요하고 적막한 당堂은 비록 지척咫尺에 있으나 천 리처럼 멀리 떨어져 있어 손으로 가슴을 어루만져도 고통을 하소연하지 못하고 하늘에 부르짖은들 소용이 없다. 하물며 며느리와 시어머니가 발끈하여 욕하며 다투는 소리와 아이들이 희롱하고 버릇없는 악습으로 주고받는 말들은 사람들을 울 수도 웃을 수도 없게 만든다. 개 짖는 소리가 오히려 문상객이 죽은 자를 존중하는 마음을 갖지 못하게 하며, 흉을 볼 때는[490] 도리어 어버이와 가깝다는 것을 잊게 한다. 등불

謂亡者有知, 家人父子應有流連不舍者. 豈知安樂之時喜於聚首, 愁苦之會足以灰心. 隔膚發於兒孫, 渺瞻依於霄壤. 以所不忍見聞者而使之聞見, 以所無可言語者而聽其語言. 寂寞一堂, 咫尺千里, 撫膺莫訴, 籲天無從. 況婦姑豀勃之聲, 言言詬誶, 兒童謔浪之習, 句句詼諧. 叱狗尚避乎客之尊, 反屑乃忘乎親之近.

---

490 이 의미를 함풍 5년본과 민국 21년본의 원문에는 '반순(反脣)'으로 적고 있으나, '까오은꽝의 주석본'에서는 '반진(反唇)'자로 바꿔 적고 있다.

아래에서 지껄일 때 평상시와 다른 이 같은 상황을 어찌 벗어날 수 있겠는가. 죽은 자는 황천 아래에서 소리를 죽이면서 서로 감당할 수 없는 원한을 더욱 쌓아 가고 있는 이러한 사실이 바로 내가 이해할 수 없는 두 번째이다.

鐙前饒舌, 詎免無能斯倍之情. 泉下吞聲, 彌增相逼難堪之恨, 此其未解二也.

(3) 장례의 지연

사람은 본래 방에 거주하는데, 죽고 난 뒤에 바로 황야에 맡기더라도 정을 떼는 것은 어렵다고 한다. 생각건대 죽은 자의 신령은 원래 제사 지내는 대청[榱楹]⁴⁹¹ 속에 있으나 형체는 도리어 더 이상 사람들의 눈과 귀에 드러나기 어렵다. (『초사』에 이르기를) "영혼은 돌아온다."라고 하였으며, (『예기』에는) "장葬이라는 것은 죽은 자를 매장하는 것이다."라고 하였다. 죽은 자의 위패[夜臺]는⁴⁹² 북쪽 창가[牖]⁴⁹³ 그늘진 아래에 두고, 관은 남산같이 견고한 곳에 매장한다. 두 개를 동

謂宮室之居, 委於草莽, 未免有情. 顧神明原體貌於榱楹, 而形骸難昭著於耳目. 魂兮歸來, 葬者藏也. 夜臺枕北牖之陰, 壽域鞏南山之固. 固並行而不悖, 實

---

491 '최영(榱楹)': '최(榱)'는 집의 서까래의 총칭이다. '영(楹)'은 마루와 대청 앞 부분의 기둥이다.

492 '야대(夜臺)': '야대'의 사전적 의미는 '분묘'라고 하는데, 문장의 전후 의미로 미루어볼 때 뒤의 '수역(壽域)'이 분묘이기 때문에, 이 야대는 '영구'이거나 '위패'일 가능성이 있다. 그런데 다음 문장에서 두 행위를 동시에 진행한다는 말로 미루어 '야대'는 위패로 해석하는 것이 보다 합리적이다.

493 '유(牖)': 창문[窓]이다.

시에 행한다 하더라도 위배되지 않으며, 실로 도리와 형식에 모두 부합된다. 그렇지 않고 (영구[柩]를 집에 두면) 견고하지 않은 틈새로 바람이 들어가는 것을 막을 수 없다. 더위와 추위가 계속되면서 사기邪氣로 인한 훈증을 금할 수가 없다. 조문객이 어지럽게 찾아오면서 개미 떼가 관을 따라 기어오르고, 영구를 모신 조용한 휘장 속에는 파리똥이 멍석에 가득하다. 닭과 개가 먼지를 일으키고, 새와 참새들은 흰색 흙[堊][494]을 칠한 벽을 더럽힌다. 나무와 갈대가 한꺼번에 뒤죽박죽으로 쌓여 있고, 그릇과 제기들은 뒤섞여서 포개진[495] 채 늘어져 있으며, 서로 이웃하는 부뚜막[爨][496]과 아궁이에서는 연기로 훈제하고, 측간은 (가야 하나) 가기가 어렵고 온갖 악취가 진동한다. 무릇 (사자를 매장하는 것은) 마치 귀한 옥을 바위 아래의 소나무 밑에 매장하는 것과 같으며, (그곳은) 토맥이 촉촉한 것이 무궁하다. 그러나 문 앞 조그만 방에 시신을 묶어 두고 그 시신을 말리는 상황은 말하기조차 어렵다. 자손들은 (시신이 부패되면서) 오염된 공기에 고통을 받으며, 어르신

理勢之兼通矣. 否則, 罅隙不堅, 難免賊風之竊入. 燠寒相繼, 莫禁沴氣之頻烝. 紛紛弔客之臨, 蟻隊緣棺而上, 寂寂靈帷之奉, 蠅沙就席而鋪. 雞犬扇拂其塵灰, 鳥雀塗汙其粉堊. 材葦蒙戎而並積, 器皿雜沓以偕陳, 爨灶相鄰, 煙氛薰炙, 溷圊難去, 臭味差池. 夫埋玉於岩下寒松, 土脈之涵濡無盡, 羈身於門前矮屋, 物理之枯槁難言.

---

494 '악(堊)': 가루를 칠한 것으로, 하얀색 흙이다.

495 이 의미를 함풍 5년본과 까오은꽝의 주석본의 원문에서는 '답(沓)'으로 적고 있으나, 민국 21년본에서는 '묘(杳)'로 적고 있다.

496 '찬(爨)': '부뚜막[竈]'이다.

들은 고당의 영구가 자기 자신의 후사에게 근심이 될 것이라고 보고 있다. 별세한 부모가 오랫동안 햇볕에 노출되어 뻣뻣한데, 식구들은 냉담하여 자신과는 무관하게 행동한다. 이것이 바로 내가 이해할 수 없는 세 번째이다.

子息受困於風霾,
高堂竭蹶而恐後.
父母久僵於天日,
同室淡漠而無關.
此其未解三也.

(4) 귀신에 대한 홀대

혹자는 이르기를 아침, 저녁을 먹을 때 제물을 올리는 것이 편하기 때문에 두고 보고 매장을 서두르지 않는다고 한다. 아마 부드러운 음식물[497]이 노인을 봉양하기에 용이함을 알았던 것인데, 중요한 것은 어버이를 봉양하는 얼굴빛이다. 때맞추어 무릎을 꿇고 제물을 올릴 때에 신선한 제물보다 중요한 것은 없다. 생선과 해파리도 천 리 간을 떠다니는데, 말을 달리면 어찌 하루아침에 도달하기 어렵겠는가? 실로 노인에 대한 효성이 줄지 않았다면, 천둥소리에도 묘를 찾아서 슬피 우는 것을 멈출 수 없다. 단지 두려운 것은 때때로 나타나서 성을 내고, 음식을 먹을 때 [한漢 유방의] 형수와 같이 국그릇을 긁으며[498]

謂朝饗夕飧,
便於供奉. 故姑
徐徐爾. 抑知瀡
灂是養, 所貴色
笑之親. 跪奠有
時, 莫重新鮮之薦.
魚鮓尚千裏之可
通, 馬鬣豈一朝
而難至. 果其孝
誠不減, 聞雷莫
阻泣墓之悲. 祇
恐洸潰時形, 當
食而有戛羹之慮.

---

497 '수수(瀡灂)': 음식을 조화시키는 방법으로서, 쌀뜨물에 담가서 부드럽고 연하게 하는 것이다.

498 '알갱(戛羹)': 형수(兄嫂)를 가리킨다. 『서신고사(書信故事)』 「형제류(兄弟類)」·

야박하게 굴까 걱정이다.

그 일을 며느리에게 맡기면, 매번 처지가 바뀌면서 정서도 변한다. 먹는 것을 탐하는 데[499]에 관심을 두고, 먼저 자기를 살핀 연후에 이후에 죽은 부모를 살핀다. 춘추의 제사에서 예禮는 너무 소홀해서도 안 되고, 지나쳐서도 안 된다. 야채, 국과 밥은 누구라도 매번 제사 때마다 갖추어야 한다. 매 끼니의 밥을 마지못해 준비하고 머뭇거려 삼 일간이나 철수하지 않으면, 단지 쥐에게만 먹이감을 주고 또 고양이는 살찌게 되어 기뻐한다. 귀신에게 남은 음식을 던져 주고, 거의 '어이'라고 소리쳐 먹게 하거나[500] 발로 차서 준다.[501] 이것이 이해가 가지 않는 네 번째이다.

委其事於子婦,
每境過而情遷.
役其志於貪饕,
且後親而先己.
春禴秋嘗, 禮祇
宜不疏不數. 菜羹
疏食, 誰復能必祭
必齊. 勉彊於一
飯之投, 遲延於三
日之出, 不愁鼠瘦,
且喜貓肥. 褻棄
鬼神之餘, 幾等嘑
蹴之與. 此其未解
四也.

알갱(戞羹)」에는 "속된 말로 형수를 일러 알갱(戞羹)이라고 한다."라고 하였다.

499 '도(饕)': 먹는 것을 탐하는 것이다.

500 이 의미를 함풍 5년본과 민국 21년본의 원문에는 '호(嘑)'로 적고 있으나, '까오은 꽝의 주석본'에서는 '호(呼)'자로 바꿔 적고 있다.

501 '호축지여(嘑蹴之與)': 축(蹴)은 발로 차거나 밟는다는 의미이다. 『맹자(孟子)』 「고자장구상(告子章句上)」에서 이르길 "한 바리에 담은 밥[箪食]과 콩잎으로 끓인 국을 구하면 살고, 구하지 못하면 죽는다. 불러서 주고, 길가는 사람에게는 주지 않는다. 차서[蹴] 주고, 거지에게는 부스러기도 주지 않는다."라고 하였다. 이 것은 사람에게 음식을 줄 때의 예의를 강구해야 함을 가리킨다.

(5) 안장형식과 불효

미리 흉사凶事를 준비하는 것은 예의에 부합하지 않고, 급히 매장하고 날을 기다리지 않는 것은 더욱 사려 깊지 않은 생각이라고 한다. 상사에는 단지 앞으로 나아갈 방향만 있고 후퇴는 없으며, 미리 화를 걱정하고 염려하는 것은 인지상정이다. 산릉과 계곡의 변천은 규칙적이지 않으며, 화와 환난이 다가오는 것도 예측하기 어렵다. (이전에 어떤 이의 모친이 죽자 때맞춰 매장하지 못했는데) 이웃사람의 실수로 불이 나자, 효자는 영구를 보호하고자 엎드려 대성통곡을 하며 보호하려다 타 죽었으며, 산사태가 일어나서 파랑이 일자 태수太守는 상여를 부여잡고 아래로 떨어져 죽었다. 이것은 실로 죽음에는 각종 방법이 있는 것으로서, 백 가지 일 중의 한 가지에 불과하다. 무릇 인생은 하루살이와 같으며, 무궁화도 아침에 피었다가 저녁까지 가지 못한다. 진나라의 신하인 조맹趙孟이 "자신을 밥이나 축내는[吾儕偷食]" 보잘것없는 사람이라고 한 말은 그 역시 삶의 도리를 이해하지 못한 것이다. 생명 역시 유한하여, 장자莊子라 하더라도 죽음에서 벗어날 수 없다. (『속황량(續黃粱)』에 쓰인 것과 같이) 누런 기장[粱]이 익지 않았는데도, 바야흐로 이익과 명분을 쫓고 다툰다.[502] 원래 검은색이었던 머리가 색이

謂豫凶非禮，
渴葬未安以待異
日，此尤不思之甚
矣。喪事有進無退，
人情慮患於先。
陵谷之變遷無常，
禍患之紛來難料。
鄰人失火，孝子覆
靈柩以長號，山水
揚波，太守扶柳
車而幾墜。此固
萬死於終天，猶
是百有之一事。
若夫蜉蝣之寄，
菌槿之華，朝不
及夕。晉臣莫解
其言偷。生也有
涯，莊叟難禁其
怛化。黃粱未熟，
方爭逐乎利鎖名
韁。元髮易緇，俄
驚逝於電光石火。
空負瀧阡之卜，

바뀌면서 비로소 생명이 전광석화와 같이 빠르게 사라지는 것을 갑자기 깨닫는다. 좋은 언덕[503]을 묘지로 점지해 두면, 영혼이 먼저 묘지[蒿里][504]를 노닌다. 젊을 때는 허리가 곧고 단정했음에도, 힘을 다해 (자신을 위해) 큰 묘혈을 파는 것을 꺼린다. 간혹 기러기가 날다가 길을 잃어 무리에서 벗어나게 되면, 다음 세상에서 같은 무리[505]를 만나게 된다. 저 언덕 무덤가의 송백松柏은 가슴 아프게도 묘지[塋]를 만든 사람이 손수 심지 않았다. 이는 곧, 부모를 위해서 상복을 입는 형식적인 행위[衰麻][506]는 세상에 나오게 해 준 것에 대한 감사에 털끝만큼도 미치지 못한다. 부득이해서 자식이 부모의 일을 대신하고, 동생이 형의 일을 맡고, 아울러 조카[507]들에게 이르기까지 모두 종

先遊蒿里之魂. 當年玉立成叢, 憚一勞於大隧. 邇日雁行失次, 隔再世於同羣. 彼松柏之古墟, 痛未植於成塋之手. 即衰麻之虛事, 毫不及於謝世之身. 不得已而子代父勞, 弟任兄事, 兼經姪輩, 並累宗枋. 苦次其空, 幾疑無兒而

---

502 이 내용은 『요재지이(聊齋誌異)』 「속황량(續黃粱)」 편에 등장한 것이며, '이쇄명강(利鎖名韁)'은 명예와 이익에 얽매이고 속박되어 자유가 없음을 뜻한다.

503 이 의미를 함풍 5년본과 민국 21년본의 원문에는 '롱천(瀧阡)'으로 적고 있으나, '까오은꽝의 주석본'에서는 '롱천(隴阡)'으로 바꿔 적고 있다.

504 '호리(蒿里)': 최종적인 귀착지로서 혼백이 모이는 곳이다. 옛사람들은 넋이 사는 곳이나 죽음을 애도하는 만가(挽歌)라고 인식했다.

505 이 의미를 함풍 5년본과 민국 21년본의 원문에는 '군(羣)'으로 적고 있으나, '까오은꽝의 주석본'에서는 '군(群)'자로 바꿔 적고 있다. 14장 「잡설(雜說)・상례(喪禮)」 부분에서도 '군(群)'을 '군(羣)'자로 쓰고 있다.

506 '최마(衰麻)': 거친 베로 만든 상복이다.

507 이 의미를 함풍 5년본과 민국 21년본의 원문에는 '질(姪)'로 적고 있으나, '까오은꽝의 주석본'에서는 '질(侄)'자로 바꿔 적고 있다.

가에 연루된다. 거적[苫次] 위에서 장례 치를 사람
이 없으면, 아이가 없고 대가 끊어진 것이 의심
된다. 고애자孤哀子[508]가 없으면 또 다른 사람이
이어서 사당의 제사를 잇기를 기다린다. 부모를
안장할 수 없다면, 내가 태어나서 무엇을 할 수
있단 말인가? 생각이 이에 미치면 마음이 아프지
않겠는가! 즉 길일을 택하여 좋은 묘지에 안장[509]
을 하는 것은 실로 이치가 있는 것이니 그 형식
에 구애되어서는 안 된다. 오직 평정심을 갖고
본성을 함양해야 이에 복락을 얻을 수 있다. 육
기六氣[510]가 천지간에 순환하니, 어찌 한 해 중에
모두 좋은 시기가 없을 수 있겠는가? 오행五行은
서로 상생하고 제약하니, 어찌 수년을 거치면 모
두 묘지의 방향에 안 좋은 것만 있겠는가. 한갓
아름답고 좋은 묘지를 희망한다 하더라도, 등공
(滕公: 하후영)[511]과 같은 묘지를 찾기는 어려울 것

絕嗣. 孤哀何在,
且等別繼而承祧.
親不能葬, 生我何
爲. 念及於是, 有
不痛心者乎. 即日
卜兆以居, 擇吉
而窆, 固有其理,
勿泥其文. 惟養
心田, 乃成福地.
循環六氣, 何一
歲皆不利於時辰.
制化五行, 豈屢
年盡有妨於山向.
徒希鬱鬱佳城,
苦難覓滕公之室.
遍閱茫茫大地,

---

508 '고자(孤子)'는 아버지를 여의고 어머니만 모시고 있는 사람이 상중(喪中)에 있을
때 자기(自己)를 일컫는 말이고, '애자(哀子)'는 어머니가 돌아갔을 때에 상제(喪
制) 되는 사람이 '자기(自己)'를 일컫는 것이다. 고애자(孤哀子)는 부모(父母)를
다 여의고 상제(喪制) 된 사람이 자기(自己)를 일컬을 때 쓰는 말이다.

509 '폄(窆)': 안장하는 것이다.

510 '육기(六氣)': 음, 양, 풍, 우, 회(晦), 명(明)을 가리킨다.

511 '등공(滕公)': 이는 곧 하후영(夏侯嬰)이다. 전한 패현[沛縣: 지금의 강소(江蘇)성
에 속한다.] 사람이다. 어렸을 때 한고조(漢高祖)와 친했고, 태복(太僕)을 맡았
다. 후에 여음후(汝陰侯)로 봉해진다. 혜제(惠帝), 문제(文帝) 때는 이어서 태복
(太僕)이 되었다. 일찍이 등령(滕令)을 맡고, 초나라 사람들이 '령(令)'을 일컬어

이다. 아득히 넓은 땅을 두루 조사하면, 과연 그 곳에 누군들 곽박郭璞의 『장경葬經』512의 표준에 부합되는 곳이 있을 것이다. 선인의 유체를 이용 해서, 무릇 좋은 묘지[牛眠513]에 기대어 자신의 부 귀를 도모하고, 이후에 나아가 부귀를 잡겠다는 헛된 망상은 망아지 지나가듯 순식간에 사라진 다. 시작할 때 신중하게 고려하지 않으면, 비록 후회한들 어찌 돌이킬 수 있겠는가. 이것이 바로 내가 이해할 수 없는 다섯 번째이다.

果孰符郭氏之經. 借先人之遺體, 妄圖富貴於牛眠, 執後進之癡情, 坐失光陰於駒過. 弗愼厥始, 雖悔 可追. 此其未解 五也.

(6) 장례기한과 비용

어떤 사람은 이르기를 너무 가난해서 장례를 치를 방법이 없는 경우에는 다소 부유해지기를 기다려서 다시 행하기를 바란다고 한다. 무릇 아 침저녁으로 추모를 다하고 모두 진정으로 눈물 을 흘리고, 그냥 관에 시신의 수족을 입관514하면 될 뿐 성현 역시 후한 장례를 가혹하게 요구하지

謂傷哉貧也, 無以爲禮, 徐俟豐 裕, 庶其可焉. 夫 盡朝夕慕, 哭泣皆 是眞情, 歛手足 形, 聖賢不苟厚

공(公)이라고 불러 당시에 등공(滕公)이라 불렀다.

512 『장경(葬經)』은 진(晉) 곽박(郭璞)의 저서로 장지(葬地)에 관한 기록으로 조상의 유골 안장이 자손의 명운에 영향을 주는 원인이라고 말하고 있으나 그 유래는 알 수 없다.

513 풍수에서 우면(牛眠)은 승관발재(升官發財)의 지점이다.

514 함풍 5년본과 민국 21년본에는 '렴(歛)'으로 적고 있으나, '까오은꽝의 주석본'에 서는 '렴(斂)'자로 바꿔 적고 있다.

않았다. 오동나무 관은 3치 두께면 충분한데, 어찌 부유한 사람의 사치를 부러워하는가? 맥반麥飯[515] 한 바리면 족한데 누가 거지같이 가난하다고 비웃겠는가? 도리어 부유한 생활을 탐하고, 호화로운 것을 선망하면서 세속에 영합한다. 장례를 치르는 것에는 기한이 있는데, 사치추구는 한도가 없다. 이는 곧 말라죽게 된 물고기가 물을 찾는데,[516] 어느 때에 서강의 물을 가져와 생기를 찾겠는가? 또 힘이 없어 사람에게 의지하고 있는 새가 어느 넓은 지역[東閣]에서 그대를 환대하겠는가? 매일 호구[517]지책을 도모하고 어디에서 돈을 벌 것인가를 생각한다.[518] 빈소에서 나온

禮. 桐棺三寸, 奚羨乎富室奢風. 麥飯一盂, 孰笑其貧兒乞相. 而乃貪厚實以營生, 慕豪華而媚俗. 節哀有日, 侈望無期. 究之枯魚銜索, 幾時分潤西江. 窮鳥依人, 何處宏開東閣. 日作餬口之謀, 無從

---

515 ‘맥반(麥飯)’을 우리나라에서는 흔히 ‘보리밥을 일컫는데, 남경농대(南京農大), 후이푸핑[惠富平] 교수의 지적에 의하면, 산서와 섬서 지역에서의 맥반은 채소와 야채를 썰어서 밀가루를 넣고 섞어서 찐 이후에 소금과 기름 및 기타 조미료를 가미하여 식용하는 것이라고 한다.

516 고어함삭(枯魚銜索): 마른 고기를 매달아 놓은 노끈이 썩는다는 뜻으로, 사람의 목숨도 썩은 노끈처럼 허술하게 끊어짐을 비유한 것이다. 이 말은 『장자』「외물(外物)」편의 “삭아어고어지사(索我於枯魚之肆)”에서 유래한 것으로, 그 내용은 당장 말라죽게 된 물고기가 물을 달라고 하자 “남쪽의 여러 왕을 만나러 가는 길인데, 그곳에는 물이 많으니 돌아올 때 물을 가져와 너를 구해 주겠다.”라고 하자 물고기는 화를 내며 “당신이 서강(西江)의 물을 가져오면 난 이미 어물전에나 가야 찾을 수 있을 것입니다.[不如早索我於枯魚之肆.]”라는 데서 유래되었다고 한다. 이는 지금 당장 먹을 것이 없는 사람에게는 훗날의 금붙이보다는 밥 한 그릇이 필요한 것을 말함이다.

517 이 단어를 함풍 5년본과 민국 21년본의 원문에는 ‘호구(餬口)’로 적고 있으나, ‘까오은꽝의 주석본’에서는 ‘호구(糊口)’로 고쳐 적고 있다.

관519 을 꾸밀 방법이 없는데, 또 어떻게 묘비를 새길 것인가? (죽은 자의 영구는) 몇 개의 서까래에 의해 보호되지만, 차가운 한기가 헤진 지붕사이로 스며들고, 그의 동반자는 단지 차가운 네 벽뿐이고, 지키는 허수아비조차 없다. 더욱 심한 것은 타향에 머물고 외지에서 장사를 하여, (집에 영구를 두고) 이웃에게 관을 돌보도록 부탁하지만, 이는 필경 서로 인척관계가 아니라서 주변에 거미줄이 촘촘하고 도깨비불[磷]이 날아다닌 것이다. 서리와 이슬이 내려 한랭할 때는 상여꾼이 길게 탄식하여 영구를 매장하지 못한다. 쑥을 베고 풀을 말리면서 또 일 년을 보내다가 마침내 승방僧房에 장기간 맡긴다. 이렇게 되면 실제 죄를 벗어나기520 어려우며, 원래 후장의 헛된 바람을 실현할 수도 없다. 이것이 바로 내가 이해할 수 없는 여섯 번째이다.

置. 翣時短周身之策, 何事懸碑. 偕庇護於數椽, 寒涼侵於屋漏, 伴蕭條於四壁, 侍衛渺於芻靈. 甚而作客他鄉, 服賈異地, 託比鄰之照拂, 究隔膜而迂疏. 密網蛛羅, 飛磷火起. 霜寒露冷, 長嗟旅櫬無歸. 蓬斷草枯, 竟屬僧房永寄. 實罪莫逭, 虛願難酬. 此其未解六也.

(7) 부모합장 문제

또 어떤 사람이 이르기를 부모의 수명은 일

謂親壽不齊,

---

518 함풍 5년본에서는 이 부분을 "日作餬口之謀, 無從置."라고 표기한 데 반해, '까오은꽝의 주석본'에서는 "日作糊口之謀, 謀無從置."라고 하여 뒤 구절에 '謀' 한자를 더 추가하고 있다.
519 '삽(翣)': 고대 빈소에 시체를 낼 때의 관의 장식이다.
520 '환(逭)': 도망가고 피한다는 의미이다.

정하지 않지만, (이후 모두 사망하면) 함께 합장하기를 기대한다. 비록 합장의 견해는 고대와 더불어 통할지라도, 영구를 두고 장례하지 않는 제도는 고대의 경전을 살펴도 근거는 드물다. 지아비가 사망한 후에는 미망인이 부뚜막에서 제사를 지내면서 비통해 한다. 아내가 사망했을 때는 '면가찬勉加餐'[521]이라는 남편의 애도 구절이 있다. 지금은 영구를 눈앞에 두고서 더욱 고독한 상심을 느끼게 한다. 어떤 이를 위로할 때[522] 비록 억지로 미소 짓지만, 근심의 단서를 건드려[523] 번뇌가 촉발될 때 누가 그들의 괴로움을 알겠는가? 영구의 장소를 바꾸는 것도 모두 마찬가지이다. 근심하고 탄식하는 것은 결코 장수의 방법이 아니며, 자리를 비우고 (다른 것을) 기다리는 모양새는 일찍 죽기를 바라는 의심을 피할 수 없다. 간혹 부모를 생각하면 즉시 (장례를 잘 치루지 못한) 번뇌가 생기는데, 그때 각각 편안한 길을 찾게 된다. (모름지기 부모 된 자는) 설령 백 명의 아이가 있다 해도 그들에 대해서 자애로움이 적지

將以待其同穴. 雖合葬之說, 質之古而可通, 而露處之文, 考之經而鮮據. 椿林拔後, 未亡人興祭竈之悲. 萱草萎時, 勉加餐有悼亡之句. 置之於目見耳聞之近, 愈感其形單影隻之傷. 排遣有人, 強顏歡笑, 觸緒添恨, 嗚咽誰知. 易地皆然. 愁嘆既非長年之術, 虛位以待, 形跡難免祝死之疑. 抑思二人而卽厭其煩, 各尋方便之路. 百子而

---

521 '면가찬(勉加餐)': 『명재유고(明齋遺稿)』권4에 나오는 구절로, 이것은 삼시 세 끼 밥을 챙겨 먹는 것을 뜻한다.

522 '배견(排遣)': '기분 전환을 하다' 혹은 '스스로 위로하다.'는 의미이다.

523 이 의미를 함풍 5년본과 민국 21년본의 원문에는 '촉(觸)'으로 적고 있으나, '까오은꽝의 주석본'에서는 '융(融)'자로 고쳐 적고 있다.

않은데, 누가 젖 먹여 키운 부모의 심정을 알겠는가? 세월이 달리는 말과 같이 지나감에도 자식의 가슴과 눈에는 티끌만큼도 애처로움이 없다. 천지에 뜻하지 않게 한쪽 부모를 잃게 되었지만, 다행히 부모가 함께 죽지는 않았다. (다만) 장례비를 꼼꼼히 따져 계산하여,[524] 이에 두 차례 매장하여 합장하는 것을 모두 원하지 않는다. 이것이 바로 내가 이해할 수 없는 일곱 번째이다.

不窮於愛, 孰如鞠育之心. 任日月之如馳, 毫心目之不慘. 職偶偏於覆載, 幸不至於偕亡. 費必較其錙銖, 乃共艱於再擧. 此其未解七也.

(8) 귀신에 대한 편견

(어떤 사람은) 이르기를 옛 습관을 버리고[525] 새로운 방법을 도모한다는 것은 반드시 많은 사람들의 비난을 야기할 수 있다고 하는데, 그 같은 견해가 어찌 어긋난단 말인가? 시세의 정황에 마땅히 자신의 생각을 더하여 자신이 올바르고 합리적인 뜻을 품고 있다면, 왜 옆 사람에게 위탁하겠는가? 우리들은 (모두 성현의 탄생지인) 공상[526]에서 태어난 것도 아닌데, 어째서 남이 말하

謂舍舊圖新, 非之者多, 何其悖哉. 時勢所在, 宜審於一心, 聖善有懷, 豈委於旁貸. 生非空桑是出, 何至人云亦云. 事異築室

---

524 '치수(錙銖)': '치'와 '수'는 모두 고대의 아주 작은 중량단위이며, 극히 적은 수량을 비유할 때 사용한다.

525 이 의미를 함풍 5년본과 민국 21년본의 원문에는 '사(舍)'로 적고 있으나, '까오은쾅의 주석본'에서는 '사(捨)'자로 바꾸어 적고 있다.

526 '공상(空桑)': 고대 전설상의 지명이며, 『산해경(山海經)』에 나온다. 춘추 후기부터 비롯되며, 주로 옛 구주의 연주(兗州)지역으로 지금의 산동 서부, 안휘 북부와

는 대로 따라 하는가? 이러한 사정은 집을 지을 때 함께 모의하는 것과 다르다는 것을 네가 인식하면 해결된다. 각각 도리를 다하고, (다른 사람이) 너의 아프고 가려운 것과 서로 관련이 있다고 원망하지 마라. 단지 마음에 부끄러움[527]이 없으면 (행동하고) 오직 부모의 은덕과 고생에 보답할 것만 생각하라. 만약 옛 제도를 파괴하고 일을 처리하려고 한다면, 모두[528]들은 떠들썩하게 비난을 제기할 것이다. 눈물 흘릴 때를 상상해 보면, 누가 너와 같은 쓰라린 정을 느끼겠는가? 가령 한 번 밀려간 물이 큰 파도를 밀고 오면 뒤따르는 수레가 연이어 전복된다. 그리하여 옛 귀신과 새로운 귀신, 나이 많은 귀신과 어린 귀신이 이빨과 같이 층층이[529] 배열되어 문전에는 전복된 시체가 항구를 채운다.[530] 묵은 시체가 빗살

與謀, 乃言君可則可. 各盡其道, 莫望痛癢之相關. 無媿於心, 惟思恩勤之自補. 如曰破格以行, 衆口必起囂囂之謗. 試思垂涕而道, 何人與共蓼蓼之哀. 致使逝水增波, 覆車接軫. 故鬼新鬼, 大年小年, 纍纍排牙, 門塡覆屍之港. 陳陳櫛比, 庭成亂

하남 동부지역이다. '까오은꽝의 주석본'에서는 지금은 하남성(河南) 개봉(開封)시 진류진(陳留鎭) 남쪽에 위치한다고 한다. 은대 시조 탕왕의 재상을 지냈던 이윤(伊尹)이 여기서 태어났다고 전해진다.

527 이 의미를 함풍 5년본과 민국 21년본의 원문에는 '괴(媿)'로 적고 있으나, '까오은꽝의 주석본'에서는 '괴(愧)'자로 고쳐 적고 있다.

528 이 단어를 함풍 5년본의 원문에서는 '중(眾)'으로 표기하고 있으나, 민국 21년본과 '까오은꽝의 주석본'에서는 '중(衆)'자로 고쳐 적고 있다.

529 이 의미를 함풍 5년본과 민국 21년본의 원문에는 '류류(纍纍)'로 적고 있으나, '까오은꽝의 주석본'에서는 '루루(壘壘)'로 표기하고 있다.

530 이 의미를 함풍 5년본과 민국 21년본의 원문에는 '전(塡)'자로 표기하고 있으나, '까오은꽝의 주석본'에서는 '전(塡)'자로 쓰고 있다.

처럼 빽빽하여 정원은 어지럽게 매장된[531] 분묘처럼 된다. 간혹 남녀가 갓 결혼을 했을 경우, (영구를 넣어 둔) 빈방은 분명 담이 작은 사람에겐 두려움의 대상이 될 것이며, 어쩌면 축하하러 온 빈객도 적을 것이다. 이처럼 (영구를 넣어 둔) 유택이 (결혼식) 연회를 베푸는 대자리보다 가까운데, 귀신을 경이원지敬而遠之하는 것은 무엇이며, 또 길상의 일은 또 어디에 있는가? 결국은 다수에 따르면서 변하지 않고 여전히 하나만 고집하며, 편견에 갇혀 있는 것이다. 이것이 바로 내가 이해할 수 없는 여덟 번째이다.

瘞之墳. 有時女嫁兒婚, 空房應怯於小膽, 豈乏賓迎客賀. 幽宅且迫於長筵. 將鬼神之遠謂何, 抑吉祥之事安在. 竟從同而不變, 乃執一而偏牢. 此其未解八也.

(9) 예제와 구습

게다가 예악을 익힌 문사[彦], 문장과 필묵에 밝은 유자[儒]는 이미 학교[庠序]에서 선발된 우수한 인재로서, 마땅히 풍속을 바꿀 막중한 책임을 지고 있는데, 어찌하여 여전히 대세에 따르고 자기의 주장을 버리는가? 의리에 합당한 바는 고려하지 않고 단지 세속과 접촉하지 않으면 그만이라고 한다. 부녀자와 어린아이들의 말은 도리어 철안鐵案[532]과 같이 준수하며, 옛 전제典制와

更有絃歌之彦, 翰墨之儒, 既選庠序之英, 宜重轉移之任, 何乃隨風而靡, 舍己以從. 不協義之所安, 唯求物之無忤. 婦孺口實,

---

531 '예(瘞)': 매장의 의미이다.

532 '철안(鐵案)': 오랜 세월이 지나도 변하지 않는 결정, 혹은 바꾸지 못하는 안건을

법칙은 마음으로 민간에 전해졌지만 상을 당한 사람[533]은 알지 못하게 한다. (그 결과) 저속한 풍속은 고상한 풍속으로 돌아갈 수 없게 되고, 도리어 문사의 지도자로 하여금 서민처럼 변하게 한다. (주대 성왕이 죽은 후와 같이) 영구 앞에 삼베 휘장을 높이 걸어 두고, 강왕康王이 면류관을 벗어야 하는지 그러지 말아야 하는지 (신하를 대할 때는 상복을 입어야 하는지의 여부를)는 말하기는 어렵다. (진나라 평왕이 죽었을 때) 검은색의 묘등墓燈을 환하게 밝혀 (제후 및 대부들이 진의 새로운 군주를 알현하려 하자) 누군들 숙향처럼 상복을 입고 조문[534]하는 것이 중요하다고 인식하였겠는가? 부모상을 당하고 2주년 제사를 지낸 후[大祥][535]에 음악을 감상하고 오랫동안 깔아 두었던 거적을 들어낸다. 곡哭이 끝나는 날을 알지 못하고서 어찌 일상적으로 시서詩書의 업무에 종사하겠는가.[536] 풍속에 따라 장례를 치러 잘 마치지 아니

反爲鐵案之遵, 典則心傳, 莫望棘人之見. 不能俗歸於雅, 適使士變爲民. 繐帳高懸, 難議康王之釋冕而反. 漆鐙空焰, 誰知叔向之受弔爲重. 大祥既與之琴, 久離苫塊. 卒哭不知其日, 安事詩書. 無以歸厚而善其終. 豈其失禮而求諸野. 何氓庶之癡迷難醒, 而衣冠之惑

뜻한다.

533 '극인(棘人)'은 부모가 상을 당했을 때 스스로 일컫는 말이다.

534 이 글자를 함풍 5년본과 민국 21년본의 원문에는 '조(弔)'로 적고 있으나, '까오은 꽝의 주석본'에서는 '조(吊)'자로 고쳐 적고 있다.

535 '대상(大祥)': 상 제도의 이름이다. 부모님이 돌아가시고 13개월 이후에 지내는 제사를 소상(小祥)이라고 하고, 25개월 이후에 지내는 제사를 대상(大祥)이라고 한다.

536 이때의 '시서(詩書)'는 『시경』과 『서경』으로 해석하여 책을 읽는 일을 일삼는다

했는가. 설마 예제를 잃어 촌부에게 그 예를 구했겠는가! 어찌해서 백성은 어리석게도 (선친에 대한 예우를) 깨우치지 못하고, 의관을 쓰고 있는 사대부는 미혹에 더욱 깊게 빠져드는가? 이것이 바로 내가 이해할 수 없는 아홉 번째이다.

원컨대 지필묵을 빌려 사림士林에 널리 전파하고 이에 근거하여 경계와 규정을 만들어 사람들로 하여금 모두 개혁을 알게 하고자 하였다. 이 말이 농촌에까지 미치자 들리는 말이 저속하고 성가시었던 것은 실로 많이 고려하지 않았던 것이다.

溺轉深. 此其未解九也.

願假楮筆, 廣播士林, 庶藉箴規, 咸知改革. 至於出言之俚鄙, 聒耳之絮煩, 固所不計也.

2) 수양현壽陽縣의 경제와 풍습

『시경』「당풍唐風」에 "비단끈으로 땔나무를 묶는다.[綢繆束薪.]"[537]라는 말이 있다. 이에 대해서 『모전毛傳』[538]에서는 "남녀가 혼례를 치를 때, 행사가 끝나기를 기다려 땔나무와 꼴 같은 것을

唐風, 綢繆束薪. 傳云, 男女待禮而成, 若薪芻待人事而後束也. 今

고 해석하거나, 『시경』과 『서경』의 법도에 따른다는 의미로 해석할 수 있을 듯하다.

537 남녀가 결혼한다는 의미로 쓰인다.

538 '전(傳)': 온전한 이름은 『모시고훈전(毛詩故訓傳)』이며, 줄여서 『모전(毛傳)』이라 한다. 전한시대 모형(毛亨)의 작품이라고 전해지고 있다.

끈으로 묶는 것이다."라고 하였다. (이는 애정이 깊이 얽히기를 소원한 것이다.) 오늘날 마을의 풍속에도 신부를 맞이하는 밤에는 풀을 묶어서 문 앞에서 태우는데, 이것은 거의 고풍古風과 흡사하다. 이에 『시경[詩]』이 비록 감정을 드러내고 있을지라도 그 사건은 또한 진실된 사실이라는 것을 알아야 한다. 땔나무를 묶는 풍속은 여전히 존재하는데, 신랑이 신부의 집에 가서 친영하는 '사저(俟著)'[539]의 풍속은 바뀌어야 한다. 옛것

里中娶婦之夕, 束草燎於門首, 殆猶古風. 乃知詩雖託興, 事亦紀實. 束薪之風既存, 俟著之俗宜革. 有志復古者, 純帛無過五兩, 御輪必期三周. 儉而中禮, 亦

---

539 '사저(俟著)': 『시경[詩經]』・「제풍(齊風)・저(著)」에서 이르길 "나를 저(著)에서 기다린다."라는 문장에서 '저(著)'는 '영(寧)'과 통하며 문과 담 사이를 뜻한다. 고대의 혼례에는 신랑이 신부 집에 가서 친영을 하여서, 신랑이 기러기를 초례상 위에 올려놓고 절을 하는 전안례(奠鴈禮)를 올린 후에 먼저 본가로 돌아와서, 문 앞에서 신부를 기다렸다가 신부가 도착하면 집안으로 맞이했다. 제나라의 혼례에서는 친영(親迎)이 없고, 신랑이 단지 대문과 담 사이에서 신부를 기다렸다. 친영(親迎)은 육례(六禮)의 하나이다. 한국의 경우, 이 절차에는 고례(古禮)와 속례(俗禮)의 두 가지 절차가 있는데 청대와 큰 차이가 없다. 즉, 고례는 신랑이 저녁 때 신부집으로 가서 전안례(奠雁禮)만을 올리고 신부를 자기집으로 데리고 와서 교배례(交拜禮)와 합근례(合巹禮)를 올리고 이미 마련한 신방에서 첫날을 보낸다. 그 다음날 아침에 현구고례(見舅姑禮)라 하여 시부모에게 폐백을 드리고, 친척들에게도 상하의 순서로 상호례를 나누고, 사흘 동안 시댁에서 머무르고 난 다음 일단 친정으로 돌아간다. 그 뒤 우귀(于歸) 또는 신행이라 하여 정식으로 날을 받아 신랑 집으로 돌아온다. 속례일 경우는 양가의 거리나 기타 사정으로 신부집에서 전안례만 올리고, 신부를 곧바로 신랑집으로 데리고 와서 교배례와 합근례를 올릴 수 있는 시간적인 여유가 없기 때문에 신부집에서 모든 예식을 치른다. [출처: 한국민족문화대백과]

을 회복하고자 하는 뜻이 있는 사람은 비단 끈이 5냥兩을 초과해서는 안 되며, 땔나무와 꼴은 반드시 세 번 두르면 된다. 이처럼 절약하여 예에 합당하면 또한 하기가 쉽다.

『시죽편蒔竹編』[540]에서 이르길 "농업을 통해 부를 축적하는 것[本富]을 최상으로 여기고, 말업末業을 통한 부를 그 다음으로 본다."라고 하였다. 이것이 옛사람의 변함없는 정론定論이다. 본부本富는 농업에 힘써서 부를 축적한 것으로서, 이 같은 치부致富는 가장 오랫동안 지속된 것이다. 말부末富는 상업으로 집안을 일으킨 것으로서, 비록 농업에 힘써 부를 획득한 것과 같이 재물을 오랫동안 유지할 수는 없지만, 본분을 다해 재물을 취했기에 모두 도리를 어기고, 양심을 저버린 일이 없다면 이 또한 오랫동안 지속될 수 있을 것이다. 의롭지 않게 취득한 부는 도리에 합당하지 않은 재물로서 눈 깜빡할 시간에 연기와 구름같이 사라져서 완전히 없어져 버리며, (이런 사람들은) 법적으로 일정한 규제가 있다는 사실을 알지 못한다. 이자는 삼푼[三分]을 표준으로 하며, 만약 법을 위배해서 이자를 거두면 법이 허용하지 않았다. 또한 부호들은 원한

易行也.

蒔竹編云, 本富爲上, 末富次之. 此古人不易之論也. 本富謂以務農致富, 最能久長. 末富謂商賈興家, 雖不能如務農之久遠, 然本分求財, 並無傷天理壞良心之事, 亦尙可永. 至於不義之富, 非道之財, 轉瞬煙雲, 化爲烏有, 不知律有一定. 利息以三分爲準, 若違禁而取, 法所不宥. 且豪富適所以致怨,

---

540 수양현 조한장(趙漢章) 선생의 종문(宗門)이다.

을 사기 쉬우며, 각박하면 반드시 오랫동안 부귀를 누리지 못하게 되니 또한 부를 위해 인仁을 베풀지 못하면 어떤 이익이 있겠는가? 우리 현 종애진(宗艾鎭541)의 조부는 대대로 농사를 생업으로 삼아 왔는데, 명대부터 지금까지 변함이 없었으며, 이것이 바로 농업을 통해서 부를 축적한 것이다. 농언에서 이르길, "농민이 돈은 사용하여 갚지 못한 경우, 사고파는 과정에서 빌린 돈은 30년간 갚으며, 관청의 돈은 당일에 갚아야 한다."라고 하였다.

또 이르길 "도박이 범법 행위라는 것은 모두가 안다. 그러나 오늘날의 사람들 중에 도박에 익숙하지 않은 자가 없다. 가령 가업이 성하여 재산이 많을지라도, (도박을 하면) 눈 깜빡할 사이에 완전히 사라지게 된다. 본래 교육받은 자제라도 오래지 않아 거지로 전락하여 집안이 기울고 재산을 탕진하여 조상을 욕되게 하는데, 이는 모두 도박에서 연루된 것이다. 군자君子가 형벌을 두려워하고 법을 준수한다면, 어찌 법망에 걸려들어 스스로 후회하게 된다는 것을 알지 못하겠는가? 아버지는 아들을 경계하고 형은 아우를 근면케 하여 각각 올바른 생업에 힘쓰게 되면, 이는 곧542 문중을 빛나게 할 수는 없을지

而刻薄必不能久享, 亦何益哉. 吾邑宗艾鎭趙氏世以農爲業, 自明迄今弗替, 此本富也. 諺云, 莊家錢用不完, 買賣錢三十年, 衙門錢當日還.

又云, 賭博犯法, 人所皆知. 然今之人, 無不習於賭者. 以甚盛之家業, 而轉瞬化爲烏有. 以可教之子弟, 而不久流爲乞丐, 傾家蕩産, 辱祖玷宗, 皆由於賭. 君子懷刑, 豈可自罹法網, 而不知自悔也. 父戒其子, 兄勉其弟, 各務正業, 卽不能光

---

541 이 글자를 함풍 5년본과 민국 21년본의 원문에는 '진(鎭)'으로 적고 있으나, '까오은꽝의 주석본'에서는 '진(鎭)'자로 표기하고 있다.

542 이 글자를 함풍 5년본과 민국 21년본의 원문에는 '즉(卽)'으로 적고 있으나, '까오

라도 소인배에 휩쓸려 들어가지는 않을 것이다.

『훈속편訓俗編』에서 이르길 "옛날에 배운 자가 토지를 경작하고 가축 사육을 삼년간 행하면 한 가지 기술을 익히게 된다. 단지 밥[543]을 먹기 위해서 꾀하는 것이 아니라고 하더라도 또한 농사짓는 어려움을 알게 할 수 있다. 자제들은 단지 책만 읽고 농사짓지 않으며, 오히려 "나는 내 일이 있다."라고 말한다. 그러나 이미 책을 읽지 않고 다른 업業도 하지 않으면서, 또한 밭 갈고 김매지도 않으며, 단지[544] 깨끗한 옷과 좋은 음식만 바라고, 편안하게 영화와 부귀를 누리고자 한다. 수년이 지나지 않아 가세는 기울게 된다. 먼저 교육을 받지 아니하여 자신을 삼가지 못하면 비록 후회한들 무슨 소용이 있겠는가. 마땅히 그에게 힘써 밭을 갈게 하여, 수고하고 애쓰는 것을 익히게 하면, 한 톨의 쌀이라도 귀하다는 것을 알게 되어 스스로 감히 지나치게 사치하지는 못할 것이다. 몸을 다스리고 집안을 일으키는 데에 이(근검)보다 긴요한 것은 없다. 『시죽(蒔竹)』, 『훈속(訓俗)』두 편은 모두 수양현의 조한장 선생이 찬술한 것이다.

顯門戶, 亦勿流於
小人之歸.

　訓俗編云, 古之
學者耕且養, 三年
而通一藝. 非特爲
饔飧之謀, 亦使以
知稼穡之艱難也.
子弟讀者不耕, 猶
曰吾有所事也. 乃
有既不讀書, 又無
他業, 而又不從事
於耕耨, 第令鮮衣
美食, 安享榮華.
不數年間, 家道零
落. 教不先而率不
謹, 雖悔何及. 宜
使之服力田間, 習
爲勞苦, 知粒米之
可貴, 自不敢用度
之過奢. 守身克
家, 莫急於此. 蒔

은꽝의 주석본'에서는 '즉(即)'자로 고쳐 적고 있다.
543 '옹손(饔飧)': 옹(饔)은 아침밥이고, 손(飧)은 저녁밥이다.
544 '제(第)': 단지, 다만 [但, 祇]의 의미이다.

향촌에서 물건을 모아서 교역하는 구역을 일러 '집集'이라고 한다. 수일에 한 번씩 모인다. (촌락 속의) 허虛를 좇는 자를[545] 일러 '간집趁集'이라고 한다. 홍洪씨의 『융흥직방승隆興職方乘』에 의거하면, 이르기를 "영남嶺南[546]의 촌락에는 시市가 있는데, 그것을 일러 '허虛'라고 하는 것은 항상 시장에 사람이 모이는 것이 아니고 사람이 없는 공일[虛日]이 많기 때문이다. 서촉西蜀 사람들은 시市를 일러 '해痎'라고 하였는데, 이는 학질과 같이 일정한 간격을 두고 열린다는 의미이다. 강남江南에서는 질병 이름으로 시장을 칭하는 것을 싫어하기 때문에, 단지 '해亥'라고 부른다."라고 하였다. 서균徐筠의 『수지水志』[547]에는 이르기를 "호북 형주荊州와 강소 소주蘇州의 풍속에서는 인寅, 신申, 사巳, 해亥일에 시장에 모인다."라고 한다.

竹訓俗二編, 皆吾邑趙漢章先生著.

鄉間市易之區曰集. 間數日一集. 趁虛者謂之趁集. 按洪氏隆興職方乘云, 嶺南村落, 有市謂之虛, 以其不常會多虛日也. 西蜀曰痎, 言如痎疾, 間而後作. 江南惡以疾稱, 因止曰亥. 徐筠水志云, 荊吳俗以寅申巳亥日集於市.

---

545 '까오은꽝의 주석본'에서는 "집(集)의 구역에 와서 물건을 매매하는 것"이라고 해석하고 있다.

546 '영남(嶺南)': 일반적으로 오령[五嶺: 강서성·호남성·광동성·광서성 사이에 위치한 대유령(大庾嶺)·월성령(越城嶺)·기전령(騎田嶺)·맹저령(萌渚嶺)·도방령(都龐嶺)을 말한다.]의 남쪽을 가리키는데 즉 광동, 광서 등의 지구이다.

547 '서균수지(徐筠水志)': 이는 서균의 『수수지(修水志)』의 잘못이며 『송사(宋史)』「예문지(藝文志)」에는 이 책이 있다. 수수(修水)는 현의 이름으로 오늘날의 강서성 수수현이다. 서균(徐筠)은 송나라 강서성 청강(淸江) 사람으로, 자는 맹견(孟堅)이다. 순희(淳熙) 연간에 진사(進士)가 되어 금주지주(金州知州)를 지냈다.

당시 헌서[憲書; 曆書]⁵⁴⁸에는 몇 마리의 용으로 치수했다[龍治水]⁵⁴⁹고 하며, 풍속에 이르기를 "용이 적으면 비가 많고, 용이 많으면 비가 적게 내린다."라고 하였으나 반드시 그렇지는 않다. 도광道光 14년(1834)에 2용으로 치수할 때에는 비가 고루 내렸으며, 도광 15년(1835)에는 8용으로 치수했는데도 여름은 가물고 가을은 장마가 졌다. 북송대 어양산인漁洋山人⁵⁵⁰의 『거역록居易錄』에서는 왕정국王定國⁵⁵¹의 『갑신잡기甲申雜記』를 인용하여 이르기를, "(북송의) 숭녕崇寗⁵⁵² 4년(1105)

時憲書幾龍治水, 俗云, 龍少雨多, 龍多雨少, 殊不盡然. 道光十四年二龍治水時, 雨調勻, 十五年八龍治水, 夏旱秋潦. 漁洋山人居易錄引王定國甲申雜記云, 崇寗四年乙

---

548 '헌서(憲書)'는 '역서(曆書)'를 일컫는다.

549 '용치수(龍治水)': 음력 정월에 처음 드는 용날[辰日]을 이르는 말이다. 초하루가 용날이면 '일용치수(一龍治水)', 초엿새가 용날이면 '육용치수(六龍治水)'라고 하여, 용의 수로 그 해의 강수량(降水量)을 점친다.[출처: 네이버 국어사전]

550 '어양산인(漁洋山人)': 이는 왕사진(王士禛)으로 청대 산동 신성(新城) 사람인데, 청대 세종 옹정[雍正; 윤진(胤禛)]의 이름을 피휘하여 이름을 사정(士禎), 사정(士正)으로 고쳤다. 자는 자진(子眞)이며, 또 다른 자는 이상(眙上)이다. 호는 원정(阮亭) 혹은 어양산인이었다. 명 숭정 7년(1634)에 태어나서 청 강희 50년(1711)에 사망했다. 청초의 걸출한 시인이며 문장가였다. 청대 순치(順治) 15년에 진사(進士)가 되었고, 관직은 형부상서(刑部尙書)에 이르렀다. 시사(詩詞)를 잘하였으며, 저작으로 『대경당집(帶經堂集)』, 『어양산인정화표(漁洋山人精華表)』, 『거역록(居易錄)』, 『지북우담(池北偶談)』 등이 있다.

551 '왕정국(王定國)': 송대 복안(福安) 사람으로 북송의 시인이며 화가였다. 이름은 공(鞏)이고, 자는 안경(安卿)이다. 남송 소흥(紹興) 말년 일찍이 고종에게 『변의십책(邊宜十策)』을 올렸으며, 고종이 금릉(金陵)에 행차하였을 때, 다시 15가지 일을 진언하였다. 융흥(隆興) 연간에 고우판관(高郵判官)이 되었다. 저작인 『갑신잡기(甲申雜記)』는 융흥 2년의 사실을 기록한 것이다.

552 이 글자를 함풍 5년본과 민국 21년본의 원문에는 '녕(寗)'으로 적고 있으나, '까오

을유乙酉일에 무릇 11용이 치수했는데, 봄, 여름부터 가을에 이르기까지 모두 큰비가 내려 물이 넘쳤다."라고 한다.

酉, 凡十一龍治水, 自春夏迄秋, 皆大雨水溢.

3) 농가류農家類와 수양현의 저술

『사고전서목록四庫全書目錄』[553] 농가류10부農家類十部는 곧, 후위後魏 가사협賈思勰의 『제민요술齊民要術』 10권, 송宋대 『진부농서陳旉農書』[554] 3권, 『잠서蠶書』[555] 1권, 원元 지원

四庫全書目錄農家類十部, 後魏賈思勰齊民要術十卷, 宋陳旉農書三卷, 附蠶書

은꽝의 주석본'에서는 '녕(寧)'자로 고쳐 적고 있다. '숭녕(崇寧)'은 송 휘종[徽宗; 조길(趙佶)]의 연호이다.

553 '『사고전서목록(四庫全書目錄)』': 청대 영용(永瑢), 기윤(紀昀)이 주관하여 편집했다. 『사고전서(四庫全書)』를 편찬할 때, 일찍이 입고서(入庫書)를 초록(抄錄)하고 권의 목차에 남아 있는 도서를 초록(抄錄)하여 전부 제요(提要)로 편찬해 건륭(乾隆) 46년(1781)에 『사고전서총목제요(四庫全書總目提要)』를 편찬했다. 정식으로 창고에 넣은 책[入庫書] 3,470종, 목록에 남아 있는 책[存目書] 6,819종을 수록하였다. 이듬해 또 별도로 『사고전서간명목록(四庫全書簡明目錄)』을 편찬하였는데, 이것은 전자의 간편본이다.

554 '진부(陳旉)『농서(農書)』': 진부(陳旉)는 스스로 서산 은거 전진자라고 불렸으며 남북송대의 은사(隱士)였다. 『농서(農書)』는 소흥(紹興) 19년(1149)에 편찬되었으며, 저자는 당시 나이가 74세였다. 『농서(農書)』 상권은 14편으로, 토지 경작에 대해서 이야기한 것이며, 중권은 3편으로 소를 기르고 소의 질병에 관해서 말한 것이고, 하권은 5편으로 양잠에 대한 내용이 담겨 있다.

555 '잠서(蠶書)': 송대 진관(秦觀)이 찬술하였다. 모든 내용은 1천 자가 되지 않는데, 기록한 것은 당시 연주(兗州) 지역의 양잠 방식이다.

至元[556] 10년(1274) 관찬서인 『농상집요農桑輯要』[557] 7권, 원대 증명선曾明善[558]의 『농상의식촬요農桑衣食撮要』 2권, 원대 『왕정농서王禎農書』[559] 22권, 명明대 주정왕周定王 주숙朱櫹의 『구황본초救荒本草』 2권, 명대 서광계徐光啓의 『농정전서農政全書』[560] 60권, 명대 이탈리아

一卷, 元至元十年官撰農桑輯要七卷, 元曾明善農桑衣食撮要二卷, 元王禎農書二十二卷, 明周定王朱櫹救荒本草二卷, 明

---

556 '지원(至元)': 원세조(쿠빌라이) 연호(1264-1294)이다.

557 '『농상집요(農桑輯要)』': 원(元)의 대사농사(大司農司)에서 저작했다. 편찬과 수정, 보완 작업에는 맹기(孟祺), 창사문(暢師文), 묘호겸(苗好謙) 등이 참가했다. 책 속에는 각종 작물의 재배, 가축, 가금, 물고기, 양잠, 꿀벌의 사육 등이 논술되어 있다.

558 이 이름을 함풍 5년본과 민국 21년본의 원문에서는 '증명선(曾明善)'이라 적고 있으나, '까오은꽝의 주석본'에서는 '노명선(魯明善)'으로 고쳐 적고 있다. 오늘날 '농상의식촬요(農桑衣食撮要)'는 대개 원대 노명선(魯明善)이 찬술한 것으로 알려져 있지만, 어떤 자료도 남아있지 않다. 노명선은 위구르족 계통의 사람으로, 연우(延祐) 원년(1314)에 수주[壽州: 지금의 안휘성 수현(安徽壽縣)]의 군감(郡監)을 역임했을 때 이 책을 찬술하였다고 한다. 월령에 따라서 짓기에 적합한 농사를 열거하였으며 작물, 채소와 과일, 대나무와 나무 등의 재배, 가축, 가금, 양잠, 꿀벌의 사육 및 농산품의 가공, 저장, 양조 등의 내용을 포함하고 있다.

559 '왕정(王禎)『농서(農書)』': 원대 왕정(王禎)이 황경(皇慶) 2년(1313)에 찬술하였다. 내용은 첫째가 「농상통결(農桑通訣)」로서, 농업 각 방면을 총괄적으로 논했다. 둘째로 「농기도보(農器圖譜)」에는 각종 농업과 관련 있는 공구를 열거하고, 나누어 별도로 도판을 삽입하여 설명하였다. 셋째는 「곡보(穀譜)」로서, 농작물, 과일, 채소, 대나무, 나무 등의 재배를 포함하고 있다.

560 '『농정전서(農政全書)』': 명대 서광계(徐光啓: 1562-1633년)가 찬술하였다. 서광계가 서거한 지 6년 후에 진자룡(陳子龍) 등에 의해 정리되어 편집되었으며, 숭정(崇禎) 12년(1639)에 간행되었다. 책의 내용은 농본(農本), 전제(田制), 농사(農事), 수리(水利), 농기(農器), 수예(樹藝), 잠상(蠶桑), 잠상광류(蠶桑廣類), 종식(種植), 목양(牧養), 제조(製造), 황정(荒政) 등의 12개 부문으로 나눠져 있으며, 명말의 중요한 농업과학의 대작이다.

사람인 데 우르시스(Sabbathino de Ursis; 熊三拔)의 『태서수법泰西水法』561 6권, 명대 포산鮑山의 『야채박록野菜博錄』 4권 등이 그것이다. 청淸대 건륭乾隆 8년(1743), 황제가 직접 명한 흠정欽定 『수시통고授時通考』 78권을 천하에 반포했다. 이것은 모두 팔문八門으로 천시天時, 토의土宜, 곡종穀種, 공작功作, 권과勸課, 축취蓄聚, 농여農餘, 잠상蠶桑 등으로서, 이 책은 모두 자연의 법칙에 의거하여 사람의 힘을 쏟아 지력을 다하도록 하였다. 『시경詩經』「빈풍豳風」, 『상서尚書』「무일無逸」은 농업을 돈독하게 하고 중시했다는 중요한 의미가 『수시통고授時通考』562 속에 모두 기술되어 있다.

수양현 사람의 저술로 『평정주지平定州

徐光啟農政全書六十卷， 明西洋熊三拔泰西水法六卷， 明鮑山野菜博錄四卷． 我朝乾隆八年， 欽定授時通考七十八卷， 頒行天下． 凡八門， 曰天時， 曰土宜， 曰穀種， 曰功作，曰勸課，曰蓄聚， 曰農餘， 曰蠶桑， 皆本諸天道， 修人事以盡地力． 豳風無逸，敦本重農之至意， 其備於是焉．

---

561 '『태서수법(泰西水法)』': 이탈리아 사람인 '데 우르시스[de Ursis: 熊三拔]'의 저서이다. 그는 명대 만력(萬曆) 34년(1606) 중국의 천주교 예수회[耶蘇會] 선교사로 왔고, 마테오 리치(Matteo Ricci: 利瑪竇)에게 중국어를 배워서, 그의 조수가 되었다. 후에 서광계(徐光啓), 이지조(李之藻)와 협조해서 행성설(行星說)을 번역하고, 아울러 북경의 경도를 측량하였다. 만력 44년(1616) 예부시랑(禮部侍郎) 심관(沈灌)이 천주교의 포교를 금할 것을 주청하자, 데 우르시스는 마카오로 쫓겨났다. 태서(泰西)는 극서(極西)와 같은 말이고, 일반적으로 구미(歐美) 각국을 가리킨다.

562 '『수시통고(授時通考)』': 청대 오르타이[鄂爾泰] 등이 건륭제(乾隆帝)의 명을 받아, 고문헌 중에서 농업과 관련 있는 자료를 집록하고, 분류하고 편집하여 완성하였다. 건륭 7년(1742)에 책을 만들고, 천시(天時), 토의(土宜), 곡종(穀種), 공작(功作), 권과(勸課), 축취(蓄聚), 농여(農餘), 잠상(蠶桑) 등 8부분으로 나누었다.

志』에 기재되어 있는 것은 원만리袁萬里[563]의 『율려해증주律呂解增注』, 『황종적산도黃鍾積算圖』와 장번張璠의 『영추경주靈樞經注』, 『일월오성지日月五星志』, 염지閻芝의 『자사요략子史要略』, 오옥吳玉[564]의 『주소초奏疏草』, 고가구高可久[565]의 『수경록修綆錄』과 시, 문집들이 있으며, 모두 명나라 사람들의 것인데, 책 대부분이 유실되어 전하지 않는다. 내가 본 것은 오직 오시어吳侍御[566]의 『주소초奏疏草』 10편으로, 일찍이 교감하여 출판하였다. 청나라 [國朝] 조한장 선생의 종문宗文은 호남湖南성 영酃[567]현과 수녕綏寗현[568]령에 부임했을 때,

邑人著述, 載於平定州志者, 有袁萬里律呂解增注, 黃鍾積算圖, 張璠靈樞經注日月五星志, 閻芝子史要略, 吳玉奏疏草, 高可久修綆錄詩文集, 皆明人, 書多散佚. 余所見者, 惟吳侍御奏疏草十篇, 曾爲校刊行世. 國朝趙漢章先生宗文任湖南酃

---

563 '원만리(袁萬里)': 산서성 수양 사람이며 명나라 가정(嘉靖) 원년(1522)에 거인(擧人)이 되었다. 저서로는 『율려해증주(律呂解增注)』, 『황종적산도(黃鍾積算圖)』 등이 있는데 모두 집에 보관하고 간행하지는 않았다.

564 '오옥(吳玉)': 산서성 수양 사람이며 명나라 천계(天啓) 2년(1622)에 진사가 되었고, 일찍이 하남성 포정사(布政使) 참의(參議)를 역임했다. 저서로는 『오시어주소(吳侍御奏疏)』 1권이 있고, 이는 『사고전서(四庫全書)』에 기재되어 있다.

565 '고가구(高可久)': 자는 중덕(仲德)이며 명대 산서성 수양 사람이다. 세공생(歲貢生)으로서 고성훈도(考城訓導), 능천교유(陵川敎諭)를 역임했다. 저서로는 『수경록(修綆錄)』 몇 권과 시문 약간과 손수 간행한 전서 등이 있으며, 모두 집에 보관하고 간행하지는 않았다.

566 '오시어(吳侍御)': 앞에 언급된 '오옥(吳玉)'을 가리키며, 시어는 옛날 관직 이름이다. 그 직위는 어사대부(御史大夫)의 아래에 위치한다.

567 '영(酃)': 현의 이름이며, 현재 호남(湖南)성 주주(株主)시 동남부에 위치한다.

568 이 명칭을 함풍 5년본과 민국 21년본의 원문에는 '수녕현(綏寗縣)'으로 적고 있으나, '까오은꽝의 주석본'에서는 '수녕현(綏寧縣)'으로 고쳐 적고 있다.

『훈속편訓俗編』, 『시죽편蒔竹編』 2권을 저술하였으며, 모두 간본이 남아 있다. 나는 조한장 선생의 아들인 생원 오운五雲이 초서鈔書한 것을 읽었는데, 모두 민생 일용에 아주 필요한 논술이었다.

나의 선친 광록공光祿公[569]은 가경嘉慶 연간에 일찍이 이리伊犁[570]장군 송문청松文淸[571]을 위해서 『서수총통사략西陲總統事略』 12권을 편집했으며, 휘군徽君 정야원부랑程也園部郎[572] 선생은 이를 간각하였다. 다시 그 중요한 것을 선택해서 『서수요략西陲要略』 4권, 『서역석지西域釋地』 2권[573]을 만들었다. 또한

縣綏審縣令, 著訓俗編蒔竹編二卷, 皆有刊本. 余從其嗣君生員五雲鈔讀之, 皆民生日用切要之論也.

先府君光祿公, 嘉慶年間, 曾爲伊犁將軍松文淸公纂輯西陲總統事略十二卷, 徽郡程也園部郎刊刻. 復撮其要爲西陲要略四卷西域釋地二卷.

---

569 '광록공(光祿公)': 이는 기운사(祁韻士)를 가리킨다. 기운사는 『마수농언』의 저자 기준조의 아버지로 청대의 학자였다. 산서성 수양현(壽陽縣) 사람이다. 1778년 진사에 급제하였으며, 벼슬은 호부 시랑에 이르렀다.

570 이 글자를 함풍 5년본과 민국 21년본의 원문에는 '이리(伊犁)'로 적고 있으나, '까오은꽝의 주석본'에서는 '이리(伊犂)'로 고쳐 적고 있다.

571 '송문청(松文淸)': 이름은 송균(松筠: 1754-1835년)이며, 청나라 몽고 정람기인(正藍旗人) 출신이다. 성은 마랍특(瑪拉特)씨이며 자는 상포(湘浦)이다. 가경(嘉慶) 7년에 이리 장군에 임명되었으며, 가경(嘉慶) 10년에서 14년에 기운사가 변방 이리(伊犁)에 억류되어 있을 때 책을 편찬하였다.

572 '정야원부랑(程也園部郎)': 즉 정진갑(程振甲)이다. 자는 야원(也園)이고, 관직은 이부문선사원외랑(吏部文選司員外郎)에 이른다. 가경(嘉慶) 14년(1809), 기운사(祁韻士)의 『서수총통사략(西陲總統事略)』 12권, 『서수죽지사(西陲竹枝詞)』 1권, 송균(松筠)의 『수복기략도시(綏服紀略圖詩)』 1권을 교감하여 간행했으며, 이 책들의 서문을 썼다.

573 이 2책은 도광(道光) 17년(1837) 균록산방(筠錄山房)에 각본이 있다. 후에 『총서

『황조번부요략皇朝藩部要略』[574]을 편찬했는데, 내찰살극內札薩克,[575] 외찰살극外札薩克,[576] 액로특額魯特,[577] 회부回[578]部, 서장西藏 등 모두 18권으로 되어 있다. 또한 『기경편己庚編』 2권을 이미 편집하여 모두 간행하였다. 부친은 수양현의 방산方山 송천松泉의 풍경을 좋아하여, 만년에는 스스로를 방산訪山이라 불렀으며, 『방산시문집訪山詩文集』, 『서사집요수필書史輯要隨筆』 등의 저서가 있다.

又撰皇朝藩部要略, 曰內札薩克, 曰外札薩克, 曰額魯特, 曰回部, 凡十八卷. 又己庚編二卷, 均已刊行. 府君愛方山松泉之勝, 晚年自號訪山, 有訪山詩文集書史輯要隨筆諸書.

집성초편(叢書集成初編)』, 『산우총서초편(山右叢書初編)』 중에 모두 번역하여서 간행하였다.

574 이 책은 도광(道光) 26년(1846) 균록산방(筠錄山房) 간본으로서, 광서(光緒) 10년(1884)에 광서 서국(書局) 중간본이 있으며, 청대 장목(張穆: 1808-1849년)의 개정본을 초서(抄書)한 것이다.

575 '내찰살극(內札薩克)': 내몽고 지역을 가리킨다. 건륭(乾隆) 연간에 24부(部), 49기(旗)를 관할하였다. 동쪽을 경계로 길림(吉林)과 흑룡강(黑龍江), 서쪽의 경계는 액로특(厄魯特)이고, 남쪽 경계는 성경[盛京: 지금의 요녕성(遼寧省)]과 직례[直隸: 지금의 하북성(河北省)], 산서(山西), 섬서(陝西), 감숙(甘肅)이며, 북쪽 경계는 외몽고(外蒙古)이다.

576 '외찰살극(外札薩克)': 외몽고 토사도한(土謝圖汗), 찰살극도한(札薩克圖汗), 차신한(車臣汗), 새음납안(賽音納顔) 등 4부(部)를 가리키며, 모두 86기(旗)이다. 동쪽으로는 흑룡강(黑龍江) 호륜패이성(呼倫貝爾城)에 이르고, 남쪽으로는 한해(瀚海)에 이르며, 서쪽으로는 아미태산(阿爾泰山), 북쪽으로는 러시아에 이른다.

577 '액로특(額魯特)': 청대 서부 몽골 각 부의 총칭이다.

578 이 글자를 함풍 5년본과 민국 21년본의 원문에는 '회(囘)'로 적고 있으나, '까오은 꽝의 주석본'에서는 '회(回)'자로 고쳐 적고 있다. '회부(回部)'는 청대 신강 천산(新疆天山) 남로(南路)의 통칭이다. 위구르족의 집단 거주 지구이다.

4) 수양현의 내력과 인물

나의 고향은 평서촌平舒村으로, 태안촌太安村에서 남쪽 2리里에 위치한다. 『현지縣志』에는 서북향鄉이 모두 17개가 있는데, 그중의 하나인 평안향에서 관할하는 한 개의 촌이 태평太平이다. 현성에서의 거리가 30리里 떨어져 있으며, 태안太安, 평서平舒는 본래 한 개의 촌락이었다. 지금의 평서平舒촌의 북쪽에는 당대에 건축된 숭복사崇福寺가 있으며, 절에는 신공神功 원년[579]의 경당經幢[580]이 있는데, 규모가 웅장하다. 추측하자면 당시 그 지역에 사람들이 밀집된 것이 수 리에 이어졌다. 이후에는 두 개의 촌으로 나뉘었는데, 『현지縣志』에서는 여전히 옛것을 따르고 있다. 수양현은 본래 산이 많은 지역이었는데 여기만 유독 평탄하여 그 때문에 태평太平이라 일컬었다.

평서平舒는 2번이나 『한서漢書』「지리지地理志」에 보이는데, 대군[581]의 평서平舒, 발해군勃海

余家平舒村, 在太安村南二里許. 縣志西北鄉十七所, 其一平安所轄一村曰太平. 距城三十里, 是太安平舒本一村也. 今平舒北有唐崇福寺, 寺有神功元年經幢, 規模宏壯. 意當時人煙稠密, 連延數里. 後乃析爲二村, 而縣志仍因其舊. 邑故山國, 此獨平坦, 故曰太平.

平舒, 兩見漢書地理志, 代郡平舒,

---

579 '신공원년(神功元年)': 신공(神功)은 당 무측천(武則天)의 연호이며, 신공원년은 곧 697년이다.

580 '경당(經幢)': 고대 종교 석각(石刻)의 일종이다. 당나라 때 창시되었다. 기둥과 같은 모양을 띤다. 기둥 위에는 반개(盤蓋)가 있으며, 그곳에는 수만(垂幔), 표대(飄帶) 등의 도안이 새겨져 있다. 기둥의 몸체에는 다라니[陀羅尼] 혹은 기타 경문과 불상 등이 많이 새겨져 있다.

郡[582]의 동평서가 그것으로, 모두 현의 명칭이다. 평정주[吾州]의 장손포張蓀圃[583] 선생인 패방佩芳이 이르길, "지명은 고래로부터 같은 것이 많았는데, 평정平定은 송 태조 때 하동河東을 정벌하면서, 맨 먼저 평정했기 때문에 이름 붙인 것이다."라고 하였다. 그런데 『한서漢書』「공신표功臣表」에는 '평정후국의 평정후[敬侯]인 제수齊受'[584]에 관한 기록이 있으며, 『한서』「지리지地

勃海郡東平舒, 皆
縣名也. 吾州張蓀
圃先生佩芳曰, 地
名古今多同, 平定
以宋太祖征河東
首下之, 故名. 然
功臣表有平定敬
侯齊受, 地志西河

---

581 '대군(代郡)': 전국시대 조나라의 무령왕(武靈王)이 설치했다. 진나라와 전한 때의 그 군의 치소는 대현(代縣)에 있었다.(지금의 하북성 울현(蔚縣) 서남쪽이다.) 전한 때는 지금의 하북 회안(懷安), 울현(蔚縣)의 서쪽에 해당되는 지역을 관할했는데, 산서성 양고현(陽高縣), 혼원현(渾源縣)의 동쪽 안팎 장성 사이와 장성 밖의 동양하(東洋河) 유역이다. 후한 때는 치소를 고류(高柳)로 옮겼다.[지금의 양고(陽高)현 서남쪽이다.]

582 '발해군(勃海郡)': '까오은꽝의 주석본'에 의하면 이 군은 한 고조 5년(기원전 202)에 거록(巨鹿), 제북군(濟北郡)으로 나누어 설치하였다고 한다. 치소는 부양(浮陽)에 위치했다.[지금의 하북성 창현(滄縣) 동남동관(東南東關)이다.] 관할지역은 지금의 천진시(天津市), 하북성 안차(安次) 이남이며, 문안(文安), 교하(交河), 부성(阜城), 영진(寧津) 동쪽, 산동성 낙릉(樂陵), 무체(無棣) 북쪽 지구에 상당한다. 후한 때에는 치소를 남피(南皮)로 옮겨서 다스렸다.[지금의 하북성 남피현(南皮縣) 동북쪽이다.]

583 '장손포(張蓀圃)': 이름은 패방(佩芳)이고, 호는 간산(干山)이며, 청평(淸平) 정주(定洲) 사람이다. 그는 『평정주지(平定州志)』10권, 그림 한 권(건륭 55년 간본), 『흡현지(歙縣志)』20권(건륭 36년 간본)을 편찬하였으며, 이들 저술은 『희음당집(希音堂集)』6권에 있다.

584 '경후제수(敬侯齊受)': 그는 사병으로서 한 고조를 따라 유에서 봉기하고, 가솔과 하급관리들을 데리고 한중으로 들어가서, 요기도위(饒騎都尉)로서 항적(項籍)을 치고, 누번(樓煩)을 정복한 등의 공이 있어서, (여후 원년인 기원전 187년 4월에 제(齊) 승상 직위와 동급인 평정후로 봉해져서 평정후국(平定侯國)을 두었다.)

理志」에는 서하군西河郡⁵⁸⁵ 아래에도 평정이 있다. 진무제晉武帝⁵⁸⁶ 때에 처음으로 낙평군樂平郡을 설치하였다. 그러나 전한 선제宣帝⁵⁸⁷ 때에 이미 낙평후樂平侯에 곽산霍山⁵⁸⁸이란 명칭이 등장한다. (후한) 장제章帝⁵⁸⁹ 때에 동군東郡⁵⁹⁰의 청읍淸邑을 낙평樂平이라고 이름 지었다. 당대에는

郡下有平定. 晉武帝始置樂平郡. 然漢宣帝時, 有樂平侯霍山. 章帝名東郡之淸爲樂平. 唐又於饒州之長樂

사후에 경(敬)이라는 시호를 받았다.

585 '서하군(西河郡)': 한 무제 원삭(元朔) 4년(기원전 125)에 설치되었다. 치소는 평정(平定)에 위치하였다.[현재 내몽고 동승현(東勝縣) 지역이다.] 관할지역은 현재 내몽고 이극소맹(伊克昭盟) 동부, 산서성 여량(呂梁)산, 노아(蘆芽)산 서쪽, 석루(石樓) 북쪽, 섬서성 의천(宜川) 북쪽 황하 연안 지대에 해당한다.

586 '진무제(晉武帝)': 이는 곧 사마염(司馬炎)이다.

587 '한선제(漢宣帝)': 무제(武帝)의 증손이다. 처음 이름은 병기(病己)이며, 후에 순(詢)으로 개명하였고, 자는 차경(次卿)이다. 소제(昭帝)가 죽자, 대장군 곽광(霍光)이 그를 영립하여 황제로 추대했고, 25년 동안 제위에 있었다.(기원전 74-49년)

588 '곽산(霍山)': 곽거병[霍去病: 곽광(霍光)의 형이다.]의 손자이고, 한(漢) 선제(宣帝) 지절(地節) 2년(기원전 68년), 곽광이 병으로 죽자 한 선제는 곽광의 공훈을 탁월하게 여겨, 곽광의 아들 곽우(霍禹)를 우장군, 박륙후(博陸侯)에 제수하고, 곽산을 낙평후(樂平侯)로 봉했다. 한 선제 지절 4년에는 곽우가 모반의 죄를 지음으로써 그의 가솔들이 모두 피살당했다.

589 '장제(章帝)': 후한 황제 유달(劉炟)을 가리키며, 현제(顯帝)의 다섯 번째 아들이다. 한(漢) 명제(明帝) 영평(永平) 18년(서기 75) 황제로 즉위했으며, 당시 19살이었고 14년 동안 제위에 있었다. 88년 사망했는데, 당시 나이 33세였다.

590 '동군(東郡)': 진왕 정(政)의 제위 5년(기원전 242)에 설치되었다. 치소는 복양(濮陽)에 위치하였다.(지금의 하남성 복양(濮陽) 서남쪽이다.) 전한 때 관할 지역은 지금의 산동성 동아(東阿), 양산(梁山) 서쪽이며, 산동성 운성(鄆城), 동명(東明)과 하남성 범현(范縣), 장원(長垣) 북부의 북쪽이며, 하남성 연진(延津) 동쪽, 산동성 치평(茌平), 관현(冠縣)이고, 하남성 청풍(淸豊), 복양(濮陽), 활현(滑縣) 남쪽 지역에 해당한다.

또 요주饒州591의 장락長樂에 낙평군樂平郡을 설치하였다. 수양壽陽은 진晉나라 때 처음 현의 이름을 붙였으며, 동진 때 또 회남淮南592의 수춘壽春을 수양壽陽으로 칭하였는데, 만약 상세하게 대조, 검토하지 않는다면, 종종 다른 지역의 일을 이 지역의 일로 만들 수 있다. 오직 우현盂縣은 (사발 모양의) 산의 형태에서 얻은 이름이다. 처음 한대 이래로 줄곧 우현과 같은 이름이 없었다. 이러한 사실은『평정주지平定州志』에서 보인다.

가경嘉慶 연간(1796-1820)에 고성촌의 농민이 절벽[斷崖] 아래에서 (왕망시기의 동전인) 화천고전貨泉古錢593이 담긴 10개의 항아리를 발견했으며, 또한 한대 동경銅鏡 한 점도 얻었다. 마경려馬景廬는 고맙게도 일찍이 고전古錢 수백 개를 구해서 나에게 보내 주었다. 마경려는 의술에 밝은

置樂平. 壽陽晉始名縣, 而東晉又以淮南之壽春爲壽陽, 非詳加考核, 往往有以彼地之事, 引入此地. 唯盂以山形得名. 始自漢以來, 而亦未有同者. 見平定州志.

嘉慶年間, 古城村農於斷崖下得貨泉古錢十餘甕, 又漢鏡一枚. 馬景廬俊修曾以所得古錢數百見贈. 景

---

591 '요주(饒州)': 수 개황(開皇) 9년(589)에 주(州)를 설치했다. 치소(治所)는 파양(鄱陽)에 위치하였다.(지금의 강서성 파양(波陽)이다.) 당대에는 지금의 강서성 파강(鄱江), 신강(信江) 두 유역에 상당하는 지역을 관할했다.[무원(婺源), 옥산(玉山)은 제외한다.]

592 '회남(淮南)': 군국의 이름이다. 한(漢) 고제(高帝) 4년(기원전 203)에 구강군(九江郡)을 고쳐 회남국으로 하였다. 삼국 위(魏)나라 초기에 또한 회남국을 고쳐서 군(郡)으로 삼았다. 치소는 수춘(壽春)에 위치하였으며[지금의 수현(壽縣)이다.], 관할지역은 지금의 안휘성 회하 남쪽, 소호(巢湖), 비서(肥西) 북쪽, 당하(塘河) 동쪽, 봉양(鳳陽), 저현(滁縣) 서쪽 지역에 해당한다. 동진(東晉)때 남량군(南梁郡)으로 이름을 바꿨다.

593 '화천고전(貨泉古錢)': 왕망시기 때 사용된 일종의 원형화폐이다.

바로[594] 고성촌古城村 사람이었다. 도광道光 12년 3월엔 수양현의 양치기가 땅을 파다가 당대 안정安定 사람인 양모梁某의 묘지명과 서序를 발견하였는데, 석각이 아주 완벽하였다. 내가 마을에 거주할 때 이 석각이 이미 여러 사람의 손을 거쳤다는 것을 들었지만 애석하게도 나는 아직 그 문장을 보지 못하였다. 후에 강소江蘇 제독提督의 학정學政[595]에 부임했을 때, 수양의 지현[邑侯]인 종원보鍾元甫가 그 비문을 초사하여 나에게 보내 주어서 보니 문장이 유화하고 글체가 간결하였으며, 그 속의 지명으로는 이로향飴露鄕과 단정촌段亭村이 있었고, 산명으로는 거산巨山이 있어, 모두 『수양현지壽陽縣志』의 부족한 부분이나 잘못된 부분을 보정할 수 있게 되었다. (그리하여) 시를 지어서 (종원보에게) 고마움을 답하였는데 여기에 그 내용을 부기한다.

임진년(도광 12년: 元黓執徐)[596] 진辰월에 당시

廬善醫, 卽古城人也. 道光十二年三月, 壽陽牧者, 掘土得唐安定梁君墓志銘幷序, 石刻完好. 余里居時, 聞此石已展轉數手, 惜未見其文. 後視學江左, 邑侯鍾元甫錄文寄示, 詞雅體潔, 其地名有飴露鄕段亭村, 山名有巨山, 皆可補正縣志之闕誤. 作詩報之, 附記於此.

元黓執徐月在

---

594 이 단어를 함풍 5년본과 민국 21년본의 원문에는 '즉(卽)'으로 적고 있으나, '까오은꽝의 주석본'에서는 '즉(即)'자로 표기하고 있다.

595 청대의 '제독학정(提督學政)'관은 존칭은 '학태(學台)'라고 한다. '학정(學政)'이라 간칭하며, '학신(學臣)'이라 부르기도 한다. 이것은 한 성(省)의 풍습을 교화하고 교육과 과거를 담당하는 고결한 관리였다.

596 '원익집서(元黓執徐)': 원익(元黓)에서 원(元)은 현(玄)과 통한다. 십간 중의 임(壬)의 별칭이다. 집서(執徐)는 12간지 중의 진(辰)의 별칭이다. 모두 기년에 사용한다. 『이아(爾雅)』 「석천(釋天)」에서는 그해의 간지[太歲]에서 임일현익(壬

돌 조각을 양치기로부터 구했는데, 이것은 곧 당나라 양모梁某의 묘지명이며, 태화 7년(833)[597] 여기에 묻혔다. 보국輔國의 후손인 계회자季淮子는 나이가 11살로 사랑스럽고 아름다웠으며, 공자의 문장과 안진경의 글자체를 암송[598]할 정도로 총명하였다. 그러나 어리기는 하지만 동오童烏와 같이 빼어나지는 않다.[599] 단정촌 서쪽의 거산 남쪽에 있는 이로향飴露鄕은 수수壽水에 가깝다. 그 이름은 춘春이며, 자도 춘春인데 봄의 꽃은 아직 피기도 전에 서리와 눈에 의해서 시든다. 양을 타고 말을 부리는 사람은 보이지 않으니, 총명한 소년[謝玉瓊珠][600]에 대해서는 누가 복을 빌겠는가. 찬술한 사람의 성씨는 기록하지

辰, 片石獲自牧羊子, 乃唐梁君之墓銘, 太和七年殯於此. 輔國之孫季淮子, 年十有一惠而美, 能諷孔文顔氏字. 苗而不秀童烏似. 段亭村西巨山南, 飴露之鄕近壽水. 厥名曰春字曰春, 春華未勇霜雪委. 乘羊戲馬人不見, 謝玉瓊珠誰所

日玄黓)에, 진일집서(辰日執徐)라고 하였다. 임진년은 도광(道光) 12년(1832)을 가리킨다.

597 '태화칠년(太和七年)': 태화는 당나라 문종(文宗) 이앙(李昂)의 연호이다. 태화 7년은 833년에 해당한다.

598 '풍(諷)': 암송한다는 의미이다.

599 '묘이불수동오사(苗而不秀童烏似)': 동오(童烏)는 양웅(揚雄)의 아들로서 9살 때 양웅이 저술한 『태현(太玄)』을 읽고 이해했으나 불행히도 일찍 죽었다. 이후에 총명하여 일찍 죽은 아이를 일컫는다. 소식(蘇軾)의 『도조운(悼朝云)』이라는 시에서 이르길 "어려서 빼어나지 않고 어찌 요절했다고 하겠는가. 동오로 하여금 나와 함께 가게 하지 마라."라고 하였다. 조운(朝云)은 소식(蘇軾)의 첩으로서 아들 건아(乾兒)를 낳았으며 100일이 지나지 않아 죽었다고 하였다.

600 '사옥경주(謝玉瓊珠)': 『진서(晉書)』 「사현전(謝玄傳)」에서 사현(謝玄)은 사안(謝安)의 말에 대해서 옥수(玉樹)를 영준자제에 비견하였다. 여기의 4글자는 또한 총명하고 뛰어난 소년을 비유한 것이다.

않았다. (거인 유원일의 차자인) 유생劉生[601]은 옛것을 좋아하여 우리 지현에게 그것을 바쳤으며, 유설암(劉雪巖)이 사는 비읍(霏[602]邑)의 모든 유생들은 금석에 대해 주목하고 있다. 지현[侯]은 장문의 글[尺書]을 써서 천 리에 알렸다. 금나라 종鐘이 이미 땅의 신령한 기운을 받아서 드러났다. 수양현의 농언에 이르길 "고성촌의 남쪽, 고성촌의 북쪽에는 금나라의 종이 국토가 상실되면서 발굴되지 않았다. 지난해에 지현이 현(縣)을 다스리기에 앞서 마침내 얻게 되니, 그것은 곧 금나라 대정(大定) 연간의 종이었다."라고 하였다. 천지天池가 다시금 소통되고 인문人文이 다시 일어났다. 방산(方山) 꼭대기의 천지가 막혀서 지현이 이를 소통하여 다스리며 돌에 그 사실을 새겼다. 양마陽摩의 명문 대력(大麻[603]) 2년 정미(丁未: 767) 양마산공덕명문(陽摩山功德銘文)이다. 영숭기靈嵩記, 보응(寶應) 원년 고영숭사(古靈嵩寺)에서 새로이 공덕당(功德堂)을 조성했다고 기록한 것이 실려 있다. 대악

誄. 不著撰人名氏. 劉生好古獻我侯, 劉雪巖霏邑諸生留意金石. 侯以尺書遺千里. 金鐘既得地靈發. 壽諺云, 古城南古城北, 没耳金鐘露半壁. 去年侯於縣治前竟得之, 乃金大定鐘也. 天池復濬人文起. 方山頂天池將湮, 侯濬治之, 刻石紀事. 陽摩山銘, 大麻二年丁未, 陽摩山功德銘文. 靈嵩記, 寶應元載古靈嵩寺新造功德堂記.

---

601 '유생(劉生)': 유비(劉霏)를 가리킨다. 자는 설암(雪巖)이고, 산서 수양사람이며 거인(擧人) 유원일(劉元一)의 둘째 아들이고, 유휼(劉霱)의 동생이다. 세공생(歲貢生)으로서 일찍이 부산(傅山)의 『상홍감집(霜紅龕集)』을 보각하였으며, 부산(傅山)의 세상에 알려지지 않은 일사(軼事)를 편집한 『선유외기(仙儒外記)』를 저술하였으며, 또한 『상중집보유(商中集補遺)』를 간행하였다.

602 이 글자를 함풍 5년본과 민국 21년본의 원문에는 '비(霏)'로 적고 있으나, '까오은꽝의 주석본'에서는 '비(霏)'자로 고쳐 적고 있다.

603 이 단어를 함풍 5년본과 민국 21년본의 원문에는 '대력(大麻)'으로 적고 있는 데 반해, 까오은광의 주석본에서는 '대력(大歷)'으로 표기하고 있다.

大樂, 원화(元和) 6년 신묘년(辛卯年: 811) 대악산에 고능가사(古楞伽寺)를 중수(重修)한 비기이다. 신복神福, 천우(天祐) 4년 정묘(丁卯: 907) 신복산사(神福山寺)에 영적기(靈跡記)를 기록했다. 등의 비석이 모두 관심을 받게 되었다. 이것은 모두 당나라의 글로서 오랫동안 묻혀 있었고, 나는 처음[604] 조판공 이李씨에게서 이것을 구했는데, 그는 글자를 아주 잘 새겨서, 유설암과 더불어서 함께 좋아했다. 우리 촌의 북쪽에 있는 타라당 우리집 평서촌 북쪽의 숭복사(崇福寺)에는 당 신공 원년(697) 석당이 있다. 높이는 1길[丈] 정도이고 팔각에 3층 구조인데, 상층연화문의 끝부분은 이미 파손되었다. 중층에는 다라니경이 새겨져 있고, 중층의 현판 주위에는 16개의 큰 글자가 새겨져 있는데, 그 내용은 "위로는 황제 폐하를 위해 불정존승다리니당을 조성했다."라고 한다. 그때는 측천무후가 정권을 잡은 시기로서 이른바 황제 폐하는 대개 측천무후를 일컬으며 상(上)은 곧 중종(中宗)을 가리킨다. 그러나 신공 연호(697)는 당대의 것으로 쓰고 있고 주(周)의 것으로 쓰지 않았으니, 당시 인심의 소재를 엿볼 수 있다. 과 더불어 매번 손으로 어루만지며[605] 진심으로 홀로 기뻐했다. 수양현에서 빠진 것[闕][606]이 대략 금석문에

大樂, 元和六年辛卯, 大樂山重修古楞伽寺碑記. 神福, 天祐四年丁卯神福山寺靈跡記. 碑並峙. 是皆唐筆久湮鬱, 我刱得之手民李, 其芳善鐫字, 與雪巖同好. 與我村北陀羅幢   余家平舒村北崇福寺有唐神功元年石幢.   高丈餘, 八角三層, 上層蓮花頂已圮. 中層鐫陀羅尼經, 額周圍鐫十六大字曰, 上爲皇帝陛下敬造佛頂尊勝陀羅尼幢. 其時武后臨朝, 所云皇帝陛下蓋謂武后, 上則謂中宗也. 然神功年號猶係大唐,   不書周代,

---

604 이 의미를 함풍 5년본과 민국 21년본의 원문에는 '창(刱)'으로 적고 있으나, '까오은쾅의 주석본'에서는 '창(創)'자로 고쳐 적고 있다.

605 이 의미를 함풍 5년본과 민국 21년본의 원문에는 '사(抄)'로 적고 있으나, '까오은쾅의 주석본'에서는 '사(挲)'자로 고쳐 적고 있다.

남겨져 있어서 60년 이후에 편찬을 기대한다. 『수양현지(壽陽縣志)』는 건륭 34년(1769)에 지현이었던 인화(仁和) 공도강(龔導江)이 중수하였다. 우리의 지현은 만사 이치에 박식하고 통달하여, 전사前史의 증거를 찾고자607 하였다. 신은 벽부용碧夫容을 하릴없이 바라보며, 우두커니608 재실에 앉아 있다. 이해에 우리 현의 비석 탁본609을 구해서 별도로 방에 걸어 두고, 현판에 '벽부용재(碧夫容齋)'라고 하였다. 오연양(吳蓮洋)의 방산(方山)에 대한 시에 "가파른 바위610 위에 벽부용(碧夫容)을 높이 받든다."라는 구절을 취해서 마음으로 고향을 그리워했다. 탁본[氈蠟]을 멀리 있는 사람에게 부쳐 주는 것을 아까워하지 않는다면 강가에 봄이 오면 서신[雙鯉]611이 있을 것이다.

마수馬首는 즉 춘추시기의 옛 성터이다. 종애宗艾는 상애上艾612의 옛 명칭인 것으로 추측된

當日人心可知已. 手
每摩抄心獨喜. 邑
乘闕略遺金石, 六
十年來待編紀. 壽
陽縣志, 乾隆三十四年
知縣仁和龔導江重修.
我侯通博百事理,
意在搜抉證前史.
宦游悵望碧夫容,
兀坐一齋如夢耳.
比年得吾邑碑搨所至
別懸一室, 顏曰, 碧夫
容齋.　取吳蓮洋方山
詩,　巉巖高捧碧夫容
句, 意以寄鄕思. 不惜

---

606 '궐(闕)': 결(缺)의 의미와 서로 통한다.

607 '수결(搜抉)': 찾아낸다는 의미이다.

608 '올(兀)': 전혀 알지 못하는 모양새이다.

609 이 글자를 함풍 5년본과 민국 21년본의 원문에는 '비탑(碑搨)'으로 적고 있으나, '까오은꽝의 주석본'에서는 '비척(碑拓)'으로 고쳐 적고 있다.

610 이 글자를 함풍 5년본과 민국 21년본에는 '암(巖)'으로 적고 있으나, '까오은꽝의 주석본'에서는 '암(岩)'자로 표기하고 있다.

611 '쌍리(雙鯉)': 서신의 대칭이다. 옛사람들은 대나무, 나무 혹은 비단 등을 써서 잉어 모양으로 만들어서, 서신의 끼우는 물건으로 사용하였다.

612 '상애(上艾)': 평정현(平定縣) 남쪽에 있으며, 오늘날에는 신성촌(新城村)으로 부른다. 한나라 때는 상애현에서 다스렸으며, 북위시기에는 석애(石艾)현에서 다

다. 진주晉州의 성채는[613] 여전히 남아 있으며, (조간자가 축성한) 하노賀魯의 성[614]이 아직도 남아 있다. (이곳에는) 옛 역驛이 있었음이 한유韓愈의 시구詩句에 전해지며, 동과洞過는 『수경水經』[615]에 실려 있다. 연암鷰巖[616]은 『수서隋書』에서 보이며, 아곡鴉穀은 당대唐代에 유명했었다. (이곳) 간자簡子[617]의 묘는 진경晉卿 조씨趙氏의 묘지[九原]이며, 정자와程子窊는 곧 조광윤이 묵은 곳이다.

氈蠟遠相投, 江上春來有雙鯉.

馬首, 即春秋之舊址. 宗艾, 疑上艾之故稱. 晉州之寨猶存, 賀魯之城尚在. 古驛傳於韓句洞過載在水經.

스렀는데, 빈터가 여전히 남아 있다.

613 '진주지채(晉州之寨)': 금(金)나라 흥정(興定) 4년(1220)에는 수양현 서쪽의 장채(張寨)에 진주(晉州)를 세웠는데 원대에 해체되었다. 옛 치소는 수양현 서북쪽 50리(里)에 있다.

614 '하노지성(賀魯之城)': 또한 호려성(胡廬城)이라고도 한다. '까오은꽝의 주석본'에 의하면, 수양현(壽陽縣) 서쪽 35리에 있으며, 조간자(趙簡子)가 성을 쌓았다고 전해지고, 오늘날에는 고성촌(古城村)으로 불린다고 한다.

615 '『수경(水經)』': 중국에서 처음으로 강줄기와 수계(水系)를 기록한 저작물이다. 청대 전조망(全祖望: 1705-1755년)은 후한 초에 완성되었다고 보고 있으며, 대진(戴震: 1724-1777년)은 대략 삼국시기에 저작되었다고 보고 있다. 실려 있는 수도(水道)가 『당육전(唐六典)』「주(注)」에 근거하면 "137줄기[百三十七條]"라고 하였으며, 모든 강은 각 1편으로 구성되어 있으며, 아울러『우공산수택지소재(禹貢山水澤地所在)』라는 책에서 부가한 것이 60여 조가 있다. 당 이후부터 이 책은 오로지 역도원(酈道元: 466년(472년)-527년)의 『수경주(水經注)』에 붙어 전해지고 있다.

616 이 단어를 함풍 5년본과 민국 21년본의 원문에는 '연암(鷰巖)'으로 적고 있으나, '까오은꽝의 주석본'에서는 '연암(燕巖)'으로 표기하고 있다.

617 '간자(簡子)': 이는 조앙(趙鞅)을 가리키는데 춘추말년 진(晉)국 6경(卿) 중의 한 명이다. 진경은 내홍 중에 범(范)씨와 중행(中行)씨를 제거하고 봉지(封地)를 확대하여서, 이후에 조(趙)나라를 건립하는 데 기초를 세웠다. 무덤은 하노(賀魯)의 고성에 있다.

하河에는 동자童子의 명칭이 있을 뿐 아니라,[618] 또한 방산은 당대唐代 장자長子 이통원李通元이 건립했다는 것에서 이름을 얻었다.[619] 그 외에 용문龍門, 용담龍潭, 근천芹泉, 유천柳泉, 감초甘草, 황양黃楊, 연화蓮花, 백자柏子, 운연雲煙과 같은 촌[社]의 명칭이 있으며, 수마탄水磨灘이란 촌의 이름도 있다.[620] 상곡上曲, 하곡下曲, 중곡中曲[621]의 촌락은 강이 그 마을을 두르고 있다.[622] 동가東

鷰巖見諸隋書, 鴉
穀著於唐代. 簡子
墓亦趙氏之九原,
程子窊乃宋賢之
逆旅. 不獨河有童
子之號, 山以長者
得名也. 他若龍門
龍潭芹泉柳泉甘

---

618 '하유동자지호(河有童子之號)': 마을의 이름으로 동자하(童子河)를 가리킨다. 오늘날의 성관진(城關鎭)이다.

619 '산이장자득명(山以長者得名)': '까오은꽝의 주석본'에 의하면, '산(山)'은 방산(方山)을 가리키는데 수양현에서 오래된 명승고적 중의 하나라고 한다. 산중에는 상사(上寺), 하사(下寺)라는 절 두 곳이 있는데 하사는 당대 장자(長者)인 이통원(李通元)이 건립하였다. 송 원우(元祐) 3년에는 장자를 위해 당(堂) 3칸을 세웠으며, 숭녕(崇寧) 원년 종승(宗勝) 화상(和尙)이 "장자행적비(長者行跡碑)"라고 기록하였다. 정화(政和) 연간에는 종오(宗悟) 화상(和尙)이 돌을 쌓아서 장자의 감실을 만들었는데, 절의 북쪽에는 장자가 호랑이를 제압하는 그림이 있으며, 서북벽(西北壁)에는 송 원우 3년 장상영(張商英)이 쓴 "방산이장자고거비(方山李長者故居碑)"라는 비가 있다.

620 모두 마을의 명칭이다. 용문(龍門)은 용문하(龍門河), 용문뇌(龍門堖)를 가리키며 오늘날의 남연죽진(南燕竹鎭)에 있다. 용담(龍潭), 근천(芹泉)은 오늘날의 근천진(芹泉鎭)에 있다. 유천(柳泉)은 오늘날의 찬목향(竄木鄕)에 있다. 감초(甘草)는 감초인(甘草堙)을 가리키며 오늘날의 근천진에 있다. 황양(黃楊)은 민간에서는 왕강(王强)이라고 불렸는데 오늘날의 남연죽진(南燕竹鎭)에 있다. 연화(蓮花)는 연화지(蓮花池)를 가리키며 오늘날의 상호향(上湖鄕)에 있다. 백자(柏子)는 백자욕(柏子峪)을 가리키며 오늘날의 근천진에 있다. 운연(雲煙)은 오늘날의 찬목향에 있다. 수마탄(水磨灘)은 오늘날의 평두진(平頭鎭)에 있다.

621 '상곡(上曲), 하곡(下曲), 중곡(中曲)': 촌락 이름으로 오늘날의 성관진(城關鎭)이다.

可, 서가西可, 중가中可는[623] 계곡과 비탈이 그윽하고 깊다. 남연죽南燕竹, 북연죽北燕竹은[624] 바로[625] 고대에 유명한 지방[州]이다. 상해수上解愁, 하해수下解愁는[626] 모두 오늘날 부유한 땅이다. 힐흘촌頡紇村, 감탑촌碱塌村이라는 마을은 글자가 기이하여 고증할 가치가 있다. 극략령郤略嶺, 옥과촌屋科村은 방언을 통해 입증할 수 있다. 또한 만구정鏝釚亭뿐만 아니라 면만수縣[627]蔓水라는 명칭은 옛 고훈에 의거하여서 새로이 표기함으로써 전에 알던 것과 다르게 표기한 것이다. 또한 양마산陽摩山의 영숭사靈嵩寺, 신복산神福山의 화엄동華嚴洞, 숭복산崇福山의 타라당陀羅幢, 대악산大樂山의 능가갈楞伽碣에는 모두 당대唐代의 문체로 쓰여 있으며 여전히 고풍이 남아 있다. 소

草黃楊蓮花柏子雲煙作社, 水磨成灘. 上曲下曲中曲, 墟里迴環. 東可西可中可, 澗阿幽邃. 南燕竹北燕竹, 卽古之名州. 上解愁下解愁, 皆今之樂土. 頡紇村碱塌村, 奇字堪徵. 郤略嶺屋科村, 方言可證. 又不僅鏝釚之亭, 縣蔓之水, 標新故訓, 領異前聞也.

---

622 이 의미를 함풍 5년본의 원문에는 '허리회환(墟里迴環)'으로 적고 있으며, 민국 21년본에서는 '허리회환(墟里迴環)'으로 표기하고 있는데, '까오은꽝의 주석본'에서는 '허리회환(墟裏迴環)'으로 적고 있다.

623 '동가(東可), 서가(西可), 중가(中可)': 촌락의 이름이며, 오늘날의 평서향(平舒鄉)에 해당한다.

624 '남연죽(南燕竹), 북연죽(北燕竹)': 촌락의 이름으로 오늘날의 남연죽진(南燕竹鎮)에 해당한다.

625 이 글자를 함풍 5년본과 민국 21년본의 원문에는 '즉(卽)'으로 적고 있으나, '까오은꽝의 주석본'에서는 '즉(即)'으로 고쳐 적고 있다.

626 '상해수(上解愁), 하해수(下解愁)': 촌락의 이름이며 오늘날의 해수향(解愁鄉)이다.

627 이 글자를 함풍 5년본과 민국 21년본의 원문에는 '면(縣)'으로 적고 있으나, '까오은꽝의 주석본'에서는 '면(綿)'으로 고쳐 적고 있다.

화원昭化院의 석상과 문장은 송대부터 전래된 것이다. 연주리燕周里의 경탑經塔은 문체가 금대에 쓰여진 것이다. 그것을 역사서에 근거하여 조사해 보면 누락된 것이 특히 많다. 이러한 유적은 잡초가 무성한 궁벽한 지역에 있어 탁본한 사람이 극히 적다. 나는 글 읽기와 농사를 병행하면서 때때로 생기는 의문을 직접 써 보면서 글자를 물으니 우연히 새롭게[628] 얻는 것이 있어서 마치 좋은 인연을 맺는 것과 같다. 한대 항아리 속의 동전을 발굴하여 산림을 구매하니 은거하기에 부족함이 없었다. 조간자 능묘 위의 기와파편 조관자의 무덤 주변의 기와파편은 입자가 고와서 벼루로 만들 수 있다. 을 주워 벼루를 만들어 글을 쓸 수 있었다. 따라서 고향집의 향수에 연연하니 어찌 고향의 생각이 없을 수 있겠는가.

且陽摩靈嵩之寺, 神福華嚴之洞, 崇福陀羅之幢, 大樂楞伽之碣, 並有唐筆, 猶餘古風. 昭化院之像石, 文留趙宋. 燕周里之經塔, 字溯金源. 稽之志乘, 挂漏殊多. 僻在榛芿, 摹搨絶少. 余既帶經負鋤, 時復懷鉛問字, 偶爾糿獲, 如結奇緣. 發漢甕之錢, 買山許隱. 拾趙陵之瓦, 趙簡子墓瓦細者可爲硯. 穿硯堪書. 所以流連桑梓, 不能無餘慕焉.

족질族姪 기원보祁元輔가 문장을 교감했다.

族姪元輔校字.

부록

附錄

부록1

왕녹우『마수농언』교감기

[王菉友校勘馬首農言記¹]

　'동과수洞過水': 왕균이 생각건대[筠案],² 동洞 은 가체자이다. 『설문說文』에서 동洄에 대해 이르기를 "동洄은 질迭이다."라고 하였는데, 이것이 정자正字이다. 동질洄迭은 통달한다는 의미이다. 『사기史記』「창공전倉公傳」에서 이르길 "그 맥을 진단하여 동풍洄風이라 일컫는다."라고 하였다. 주석에서 이르길 "풍風이 오장에 영향을 미친다고 말한다."라고 하였다. 그러나

洞過水. 筠案, 洞 是借字. 說文洄下 云, 洄, 迭也, 是正 字. 洄迭, 即是通 達. 史記倉公傳, 診 其脈洄風. 注云, 言 風洄徹五藏也. 然 說文亦借洞爲洄.

1　『마수농언(馬首農言)』은 청대 기준조(祁寯藻: 1793-1866년)가 저술한 것이나 이 교감기는 왕녹우(王菉友)가 함풍 5년(1855)본이 간행될 때 덧붙인 듯하다. 교감(校勘)을 민국 21년본에는 '교감(校勘)'이라 표기하고 있다.

2　'균안(筠案)': '균(筠)'은 왕균(1784-1854년)이다. 자는 관산(貫山)으로서 호는 녹우(菉友)이며, 산동 안구현(安邱縣) 송관탄(宋官瞳) 사람으로, 청대 언어학자이면서 문자학자이다. 도광(道光) 원년(1821) 거인(舉人)이 되었으며, 산서 향녕지현(鄕寧知縣)을 지냈다. '균안'은 그의 주석이다.

235

『설문說文』에서는 또한 동洞을 가차하여 동週이라 하였다. 면부탕宀部宕에서 이르길 "과過에 대해 혹자는 동옥洞屋[3]이라고 일컫는다."라고 하였는데, 옳은 말이다.

'곡穀': 생각건대[案], 곡穀은 곡물의 총칭이며, 화禾는 한 작물의 고유한 이름이고, 이것을 정론으로 삼았다. 그러나『설원說苑』「장중종곡張中種穀」에서는 화禾를 곡穀이라고 불렀다.『설문說文』에서 이르길 "기杞는 모종이 흰 가곡嘉穀이며, 문䅌은 모종이 붉은 가곡이고, 속粟은 가곡의 열매이며, 화禾는 가곡이다."라고 하였다.『이아爾雅』「석초釋艸[4]」에서 이르길 "기杞는 흰 모종이며, 문䅌은 붉은 모종이다."라고 하였다. 곽주郭注에서는 '모두 좋은 곡穀이다.'라고 하였다. 한漢과 진晉의 사람들은 모두 화禾를 곡穀이라 불렀으나, 단지 경전에서는 볼 수 없다. 화禾가 곡물의 총칭이라는 것에 대해서, 곡穀이라는 글자는 화禾가 부수이고, 서黍·직稷·갱

穀. 案, 穀爲總名, 禾爲專名, 自是定論. 然說苑張中種穀, 即呼禾爲穀. 說文, 芑, 白苗, 嘉穀, 䅌, 赤苗, 嘉穀, 粟, 嘉穀實也, 禾, 嘉穀也. 爾雅釋艸, 芑, 白苗, 䅌, 赤苗. 郭注, 皆好穀. 是漢晉人皆呼禾爲穀也, 特不見於經耳. 至於禾之爲總名也, 則穀字從禾, 黍

---

3 '동옥(洞屋)': 분온차(轒輼車)이다. 송나라 때 동옥(洞屋)이나 동자(洞子)라고도 불렸으며, 공성전용 장갑차이다. 윗부분은 공격에 잘 견딜 수 있도록 경사져 있고 불이 잘 붙지 않도록 전체가 소 가죽으로 둘러싸여 있으며, 바퀴가 달려 있어 이동이 가능하다.

4 함풍 5년본과 민국 21년본에는 '초(艸)'로 적고 있으나, '까오은꽝의 주석본'에서는 '초(草)'자로 고쳐 적고 있다.

秫·도稻 종류의 곡식 이름에서도 대부분 화禾가 부수이다. 때문에 『시경詩經』「칠월七月」시에 등장하는 "화禾·마麻·숙菽·맥麥"은 모두 개별 작물의 고유한 이름이다. "10월에는 곡물[禾稼]을 납입한다."라는 말에서의 화禾는 곡물의 총칭이라는 의미이다. 생각건대 오직 글자를 만드는 성인은 북쪽에서만 태어나니 화禾의 일용은 적을 수가 없었기 때문에 그것으로 모든 곡식을 총괄하였다.

'개稭': 『설문說文』에서는 "개稭는 볏짚[禾槀]이다."라고 하였다. 그 껍질을 벗겨 내고, 하늘에 제사를 지낼 때 돗자리로 쓴다. 그리하여 개稭는 본래 차조 볏짚[秫稾]의 고유 명칭이다.

'직稷': 생각건대, 『모시毛詩』에서는 제품祭品이라 말하며, 대개 서직黍稷을 우선하였다. 후직后稷은 또한 그것을 관명으로 칭한 것으로 보아, 상고上古시대에는 소중한 것이 직稷이라는 것을 알 수 있다. 『예기禮記』「왕제王制」편에서 말하길, "직稷으로 밥을 짓고 채소로 국을 끓였다."는 것은 즉 기장을 대중화된 음식[降食][5]으

稷秫稻之類穀名多從禾. 故七月之詩, 禾麻菽麥, 此專名也. 十月納禾稼, 則總名也. 竊惟製字之聖生於北方, 禾爲日用所不可少, 故以之統率諸穀也.

稭. 說文, 稭, 禾槀. 去其皮, 祭天以爲席. 然則稭本秫稾之專名.

稷. 案, 毛詩言祭品, 率先黍稷. 后稷又以之名官, 知上古所重者稷也. 而王制言稷食菜羹, 則以之爲降食, 知後人嗜欲日開, 飮

---

5 여기서 '강식(降食)'은 이전보다 단계가 낮은 음식으로 변모했다는 의미로서, 보다 대중화된 음식으로 자리 잡았음을 뜻한다.

로 만들었다는 것으로, 후인들이 좋아하는 것
이 나날이 확대되고, 또 음식이 나날이 부드러
워졌다는 것을 알 수 있다.

食日精也.

'지파곡중종(只⁶怕穀重種: 단지 조를 연이어 거듭 파
종하는 것을 두려워한다)': (왕균의 출신지인) 안구安邱
의 농언에서 이르기를 "곡을 파종하고 (싹이 나
지 않아서) 그루터기⁷에 다시 파종하는 것을 두
려워하는 것이 아니라, 다만⁸ 단일작물을 거듭
파종하여 싹을 틔우는 것이 두려울 뿐이다."라
고 하였는데, 곧 이런 뜻이다. 두豆도 역시 그
러하다. 때문에 그를 일러 조묘調苗라고 하는
데, 모종을 조절하면[調苗] 쉽게 무성해진다. 또
한 곡종은 모종이 붉으며, 흰색·청색·누런
색 모는 모두 강아지풀[莠]이어서, 김매기에 용
이하다.

只怕穀重種. 安
邱諺云, 不怕重查,
只怕重芽, 即此意.
惟豆亦然. 故謂之
調苗調苗則易茂.
且穀種赤苗, 則白
青黃苗皆莠也, 易
於施鋤.

'이수발기판(以手撥其瓣: 손으로 작은 이삭을 비벼)':
생각건대, '판瓣'은 마땅히 '기穖'로 써야 한다.

以手撥其瓣. 案,
瓣, 當作穖. 見呂覽

---

6 함풍 5년본과 민국 21년본에는 '지(只)'로 적고 있으나, '까오은꽝의 주석본'에서
  는 '지(祇)'자로 고쳐 적고 있다.
7 함풍 5년본과 민국 21년본에는 '사(查)'로 적고 있으나, '까오은꽝의 주석본'에서
  는 '치(苴)'자로 바꾸어 적고 있다.
8 '지(只)'를 까오은꽝의 주석본'에서는 함풍 5년본과 민국 21년본과는 달리 '지
  (祇)'자로 고쳐 적고 있다.

『여씨춘추呂氏春秋』,『설문說文』에 보인다.

'괴맥拐麥':『옥편玉篇』「목부木部」에는 과괴梟拐가 있는데,「수부手部」에는 괴拐가 없다.

'겸鎌':『설문說文』에서는 '겸鎌'이라고 쓰고 있다.

'불여부점(不如不點: 점파하지 않은 것만 못하다)': 점點이라는 것은 파종하는 것이다. 안구安邱의 풍속에는 누거[樓]로써 파종을 하는 것을 일컬어 '강耩'이라고 했으며, 쟁기로 갈이하고, 손으로 파종하는 것을 일러 '점點'이라 하였다.

'내풍耐風': 내耐는 마땅히 '능能'으로 써야 할 듯하다.『한서漢書』에서 이르길 "바람과 가뭄을 견딜 수 있다."라고 하였다.

'후복돈지(後復砘之: 그런 연후에 돈거(砘車)로써 다시 흙을 눌러 준다)': 안구安邱에서도 또한 돈砘이라고 불렀다. 다리가 하나인 누거는 바퀴가 하나인 석돈石砘과 같으며, 다리가 2개인 누거는 바퀴가 2개인 수레와 같다.『제민요술齊民要術』에서 이른바 "삼각루三脚樓[9]는 기주沂州 남쪽부터 서주徐州에 이르기까지 여전히 사용하고 있다."라고 하였다.[10] '돈砘'으로 작업하는 것을 옛

說文.

拐麥. 玉篇木部有梟拐, 手部無拐.

鎌. 說文作鎌.

不如不點. 點者, 種也. 安邱俗以樓種之者謂之耩, 以犁耕之, 以手下子謂之點.

耐風. 耐, 似當作能. 漢書云, 能風與旱.

後復砘之. 安邱亦呼爲砘. 獨脚樓則石砘一, 雙脚樓則如輪矣. 齊民要術所云三脚樓, 沂州南至徐州乃有之. 砘之事古謂之案, 說文案, 轢禾也.

날에는 그것을 '안案'이라고 했으며, 『설문說文』
에서 "'안案'은 (파종 이후) 곡물을 다져서 누르는
것이다."라고 하였다.

'눈[嫩]': 『설문說文』에서 '어리다[㜩]'라고 하
였다.

嫩. 說文作㜩.

'파[杷]': 『설문說文』에서는 '파钁'라고 쓰고 있
다. 안구安邱에서는 쇠 이빨[鐵齒]의 농구를 일러
'파钁'라고 하였고, 나뭇가지[條]를 나무틀[11] 위
에서 고르게 짠 것을 일러 '노㮙'라고 하였다.
직예直隸지역[12]의 길가에서도 볼 수 있으며, '파
钁' 역시 '노㮙'라는 명칭으로 통용된다.

杷. 說文作钁. 安
邱則鐵齒謂之钁,
以條平編木匡上謂
之㮙. 直隸道中所
見, 則钁亦通名㮙.

---

9 발이 세 개 달린 자동파종기인 누거로서 축력 또는 인력으로 끈다.

10 본문에서 인용한 내용은 『제민요술(齊民要術)』 권1 「경전(耕田)」이다. 그러나
『제민요술』 원문에서는 "若今三脚耬矣, 今自濟州以西, 猶用長轅犁兩脚耬"라고
하여 본문의 내용과 차이가 나는데, 특히 본문에서는 "沂州南至徐州"라고 하였으
나, 『제민요술』에서는 "今自濟州以西"로 적고 있다.

11 함풍 5년본과 민국 21년본의 원문에는 '목광(木匡)'으로 적고 있으나, '까오은꽝
의 주석본'에서는 '목광(木筐)'으로 고쳐 적고 있다.

12 '직예(直隸)': 경사(京師) 즉, 수도에 속하는 지역을 의미하는 성(省)급 행정구이
다. 명대에 수도인 경사(京師)의 직접 관할 지역을 직예라고 칭하였으며, 명 홍무
(洪武) 초기에 난징에 도읍하며 응천부(應天府) 등의 지역을 직예로 하였고, 영
락(永樂) 초기 베이징으로 천도 후 이 지역을 북직예라고 하며, 간칭하여 북직
(北直)이라고 하였다. 관할지역은 지금의 베이징과 천진, 하북성(河北省) 대부분
과 하남성(河南省) 산둥의 일부를 포함하였다. (『중국행정구획총람』, 황매희,
2010.)

'안과安瓜': 안구安邱에서도 이 말과 동일하며, 그 음은 상성上聲이다. 혹 수양壽陽의 말도 역시 상성上聲이라 한다면, 마땅히 '암揞'으로 써야 할 것이다. 『광운』에서는 "오烏와 감敢의 반절음으로, 암은 손으로 덮는다는 의미이다."라고 하였다. 안과安瓜의 일과 서로 가깝다.

'이수절거(以手切去: 손으로 딴다.)': 꺾는다[切]는 것은 대개 딴다는 의미이다. 『설문』에서는 새로이 글자를 덧붙여 '겹揞'은 손톱[爪[13]]으로 찌르는 것이라고 하였다.

'절기정정(切其正頂: 그 중심 끝부분의 가지를 자른다.)': 안구安邱에서는 이를 '중심 가지를 자른다[打頭]'고 한다. 박과 식물[瓜]이 설익었으나 떫지 않는 것을 안구安邱에서는 '초과稍瓜'[14]라고 일컬

安瓜. 安邱同此語, 而其音則上聲. 如或壽陽語亦是上聲, 則似當作揞. 廣韻, 揞, 烏敢切, 手覆也. 與安瓜之事相近.

以手切去. 切者, 蓋即揞也. 說文新附字, 揞, 瓜剌也.

切其正頂. 安邱謂之打頭. 瓜之生而不苦者安邱謂之稍瓜, 生苦熟甘者

---

13 함풍 5년 각본에는 '조(爪)'를 '과(瓜)'로 쓰고 있는데, 문장의 의미로 미루어 '조(爪)'가 합리적일 듯하며, 민국 21년본과 '까오은꽝의 주석본'에서도 '조(爪)'자로 쓰고 있다.

14 '초과(稍瓜)': 초과는 월과(越瓜)의 별명이다. 또한 채과(菜瓜)라고도 부른다. 명대 이시진의 『본초강목(本草綱目)』 「채삼(菜三) · 월과(越瓜)」에서는 "월과는 지역명에서 따온 것으로 민간에서는 '초과(稍瓜)'라고 부른다. 남쪽사람들은 채과(菜瓜)라고 불렀다."라고 하였다. 청대 반영폐(潘榮陛) 『제경세시기승(帝京歲時紀勝)』 「시품(時品)」에서는 "엄초과(醃稍瓜), 가동과(架冬瓜), 녹사과(綠絲瓜), 백교과(白茭瓜) 또한 국과 탕을 끓이는 데 사용한다."라고 하였다.

으며, 설익었을 때는 쓰지만 익으면 단 것을 일러 '첨과甜瓜'라고 한다. 중심 가지를 꺾을 때는 먼저 초과稍瓜를 꺾고 뒤에 첨과甜瓜를 꺾어야 좋은데, 반대[15]로 한다면 초과稍瓜도 떫어진다. 또 채소밭에는 이 같은 한 종류의 채소만 종자로 쓸 수 있다. 만약 한 밭에 각종 야채가 있을 경우 꽃이 필 때에 벌들이 수분하여[16] 종자에 열매가 맺히게 되면 형태와 맛이 모두 평상시와 달라진다. 이것은 모두 사물의 이치가 심히 이해할 수 없이 오묘한 것이다.

'마늘[蒜]': 각 편 중에 마늘[蒜]이 자주 보이나 파, 부추[韭]에는 미치지 못한다. 생각건대, 『설문說文』에서 "훈葷은 냄새가 나는 채소이다."라고 하였다. 『석전釋典』에서는 파[葱], 마늘[蒜], 부추[韭], 염교[薤17], 홍거興渠를 다섯 가지 훈채[五葷]라고 하였다. 도가道家에서는 홍거 대신 유채[芸18薹]를 넣고 있으며, 모두 자극적인 냄새[臭]

謂之甜瓜. 打頭時, 先稍瓜後甜瓜, 則可, 顚倒之則稍瓜亦苦矣. 又菜園惟此一種菜, 乃可以爲種. 若一園諸菜皆有, 當其花時, 蜜蜂采之, 若留爲種, 則形味皆失其常. 此皆物理之不甚可解者.

蒜. 各篇中蒜屢見而不及葱韭. 案, 說文葷, 臭菜也. 釋典以葱蒜韭薤興渠爲五葷. 道家易興渠以芸薹, 皆謂其有氣

---

15 함풍 5년본과 민국 21년본에는 '전도(顚倒)'로 적고 있으나, '까오은꽝의 주석본'에서는 '전도(顛倒)'로 글자 표기를 달리하고 있다.

16 함풍 5년본과 민국 21년본의 원문에는 '채(采)'로 적고 있으나, '까오은꽝의 주석본'에서는 '채(採)'자로 고쳐 적고 있다.

17 함풍 5년본과 민국 21년본에는 '해(薤)'로 적고 있으나, '까오은꽝의 주석본'에서는 '해(薤)'자로 고쳐 적고 있다.

18 함풍 5년본과 민국 21년본의 원문에는 '운(芸)'으로 적고 있으나, '까오은꽝의 주

가 난다. 오직 생강[薑], 갓[芥]과 같이 매운 것만 훈채가 아니다. 왕균은 일찍이 감숙성에서 염교를 보았는데 형상이 수선화와 같았다고 한다. 우리[19] 현에 심었더니 종자는 점차 작아져서 3년이 되자 파와 같이 되고 꽃과 잎도 모두 마찬가지였다. 그러나 오직 잎은 매우 미끈하여 이슬도 달라붙지 못하였기 때문에 해로薤露라고 하였다. 파와 부추는 비록 다르다고 말할 수 없으며, 파의 종자가 장차 자라면 그 줄기의 그루터기가 연약해져서 본체를 지탱할 수 없어 그 씨가 땅에 떨어져 이듬해에는 반드시 한 씨에서 여러 줄기가 자라는데 먹기에는 적당하지 못하다. 지지대는 모두 한 줄기마다 설치한다. 이 또한 채소 농사꾼이 해야 할 일이다.

'추수만석량(秋收萬石糧: 가을에 만 섬의 곡식을 수확하다)': 당나라 이신李紳의 시에는 "봄에 한 알의 조를 심으면 가을에 만 알을 수확한다."라고 하였다. 만대 일은 거영수擧盈數[20]이다. 그

臭也. 惟薑芥辛而不葷. 筠嘗見甘肅之薤, 本如水仙花. 種於敝邑, 以漸而小, 三年後直與葱同, 花葉皆同. 惟葉極滑, 露所不能黏著, 故曰薤露. 葱韭雖無異可言, 而葱子之將成也. 其莖荏弱, 不以物楮柱之, 致其子至地, 來年必一子生數莖, 不中食. 架者皆一莖. 此亦老圃之所有事也.

秋收萬石糧. 唐李紳詩, 春種一粒粟, 秋收萬顆子. 萬

석본'에서는 '운(蔞)'자로 바꾸어 적고 있다.

19 이 말의 의미를 함풍 5년본과 민국 21년본의 원문에는 '폐(敝)'로 적고 있으며, '까오은쾅의 주석본'에서는 '폐(蔽)'자로 적고 있다. '폐(蔽)'의 의미는 자신을 낮추어 부를 때 주로 사용한다.

20 '거영수(擧盈數)': 『노자도덕경(老子道德經)』 상편 「체도제일(體道第一)」에서는 "書經湯誥曰, 涯告萬方. 疏, 萬者, 擧盈數."라고 하여 '만(萬)'을 거영수라고 하고

열매 한 알로 수확하는 것은 만 알에 그치지 않는다. 조[榖]가 처음 자라날 때는 한 알에 한 줄기인데, 조가 자라면서 3-4줄기 혹은 5-6줄기가 떨기로 자란다. 피稗와 같은 무리는 더욱 왕성하여 민간에서는 삼穇이라고 이름하였다. 농언에 이르기를 "쌀가루를 넣은 죽[穇子]은 100명을 먹일 수 있다."[21]라는 말이 있다.

'금년경상(今年耕墒: 금년에 땅을 갈이하다)': '상墒'은 '장場'으로 쓰는 것이 합당하다. 『옥편玉篇』의 '장' 아래에는 '경장耕場'이라고 쓰고 있다. 『광운廣韻』에서도 이와 동일하며, 또한 이체자로 '상暢'이 있다. 농작물을 타작하는 공간으로 (농경지로 쓸 경우에는) 금년에는 땅 가운데서부터 기경하고, 이듬해에는 땅의 가장자리에서부터 기경한다. 밭갈이는 땅을 숙토하여 부드럽게 할 뿐만 아니라, 또한 햇볕을 쬐게[22] 한다. 따뜻한 기운[23]이 땅에 들어가면 비옥도가

與一對舉盈數耳. 其實一粒所收, 不止萬顆也. 榖之初生, 一粒一莖, 比其長也, 族生三四莖或五六莖矣. 稗之族尤盛, 俗名曰穇. 諺曰, 穇子有百口家眷.

今年耕墒. 墒, 似當作場. 玉篇場下云, 耕場. 廣韻同, 又有重文暢. 農之打場也, 今年自地中起, 明年自地邊起. 耕不但欲地之熟, 亦資日之暴. 煖

있다.

21 곡식으로 밥을 짓는 것보다 그것으로 국이나 죽을 끓이면 보다 많은 사람이 먹을 수 있다는 말일 것이다.

22 이 말의 의미를 함풍 5년본과 민국 21년본의 원문에는 '폭(暴)'으로 적고 있으나, '까오은꽝의 주석본'에서는 '폭(暴)'자로 적고 있다.

23 이 말을 함풍 5년본과 민국 21년본에는 '난기(煖氣)'로 적고 있으나, '까오은꽝의 주석본'에서는 '난기(暖氣)'로 고쳐 적고 있다.

배로 증가하기 때문에 갈이 할 때는 구름 끼고
바람 부는 날에는 하지 않는다.

'대소삼통(大小三筩: 속이 빈 크고 작은 3개의 발)':
'통筩'은 마땅히 '각脚'으로 써야 한다. 삼각루三
脚耬는 『제민요술』에 보이며, 기주부沂州府에서
는 지금도 사용한다.[24] 안구安邱에서는 독각루
獨脚耬, 쌍각루雙脚耬를 사용했다. '누耬'자에 관
해서 『설문』에서는 '루耬'라고 쓰고 있는데, '역
棳'자 다음에 보이며 또한 '루廔'라고도 쓴다.

'추椎': 안구에서는 2-3차례 매질[椎]한 이후
에 비로소 돌아서 다른 곳[田]으로 간다.

'전무초맹(田無草萌: 밭에는 풀의 흔적조차 없다)':
호미로 김을 매면 풀을 제거할 뿐만 아니라, 열
매도 견실하고 좋아지는데 모두 김을 매는 효
능이다. 안구에서 조[禾]는 5-6차례 김을 매는
것이 보통인데 한 말[斗]의 조[粟]는 6되[升] 5홉[合]
의 좁쌀을 얻을 수 있다. 들건대 9차례 김매기
를 한 경우에는 (한 말에) 좁쌀 9되[升]를 얻을 수
있으며, 쭉정이도 없고 겨 또한 아주 얇다. 콩

氣入地, 其肥加倍,
故耕不欲陰而風.

大小三筩. 筩, 當
作脚. 三脚耬見齊
民要術, 沂州府用
之. 安邱用獨脚耬
雙脚耬. 至於耬字,
說文作耬, 見棳字
下, 又作廔.

椎. 安邱則椎之兩
三次, 始運而之田.

田無草萌. 鋤之
力不但去草, 實堅
實好, 皆鋤力也. 安
邱鋤禾五六次以爲
常, 斗粟可得六升五
合米. 聞鋤九次者
得米九升矣, 以無
秕而糠又薄也. 豆

---

24 앞의 '후복돈지(後複砘之)'의 각주를 참조하라.

밭에 4차례 김을 매고 이듬해 파종하면 비록 땅은 단단하고 큰비가 와서 이랑이 모두 평평해질지라도 콩의 발아력은 땅을 업고 나오게 된다. 녹두는 김매는 횟수가 지나치게 많으면 밥을 지을 수 없으나, 가루를 만들면 김을 적게 매는 것보다 생산량이 태반이 많다. 하습下隰의 구결에는 "한 차례 갈이하고[一耕], 두 번 김매며[二鋤], 3차례 거름을 준다[三糞]."라고 하였다.

鋤四次者, 來年種之, 雖堅地大雨, 隴背皆平, 力能負土而出. 綠豆鋤次過多則不可爲飯, 然以之作粉則較少鋤者多太半. 下隰口訣曰, 一耕, 二鋤, 三糞.

'나복(蘿蔔: 무)': '복蔔'은 또한 '복菔'으로 쓴다. 옛날에 '복服', '포菔'는 음이 같았기 때문에 『시경』「관저關雎」에서는 '복服'과 '측側'은 동일한 운韻[25]으로 썼다. 『역경易經』「계사전繫辭傳」의 "복우승마服牛乘馬"에 대해 『설문』에서는 '복服'을 '포犕'로 쓴 것을 인용하고 있다. 자화숭紫花菘이 곧 무[蘿蔔]이며, 『이아爾雅』에서는 "노비蘆萉"라고 적고 있다. 곽박이 주석하여 말하길 "'비萉'는 마땅히 '복菔'으로 써야 한다."라고 하였다.

蘿蔔. 蔔, 亦作菔. 古服葍同音, 故關雎服側爲韵. 易, 服牛乘馬, 說文引服作犕. 紫花菘即蘿蔔, 爾雅作蘆萉. 郭註, 萉宜爲菔.

'호미[鋤]': 호미 자루는 '강欘'이라고 하며, 『설문說文』에 보인다. 안구에서는 모두 '서강鉏

鋤. 鋤柄曰欘, 見說文. 安邱皆呼鉏欘.

25 이 말을 함풍 5년본과 민국 21년본의 원문에는 '운(韵)'으로 적고 있으나, '까오은 꽝의 주석본'에서는 '운(韻)'자로 적고 있다.

櫃26'이라고 부른다.

'리犁': 『설문說文』에서는 "리犛는 갈이하는 것이다."라고 하였는데, 이것은 옛 뜻이다. 『옥편』에서는 "리犁는 갈이하는 도구이다."라고 하였는데 이것은 후대의 뜻이다. 옛사람들도 땅을 갈이하였지만, 다만 농구의 끝부분의 하나의 쇠붙이[一金]를 사용하는 것만 알았는데, 이는 곧 오늘날의 보습[鑱]이며 그 때문에 모름지기 두 사람이 한 조를 이루어 우경하였다. 한대 사람들은 보습에 다시 한 개의 쇠붙이를 더하였는데 이것이 바로 오늘날의 쟁기[犁]이다. 그러나 그 당시에는 보습 또한 리犁라고 하였다. 『설문說文』「옥부玉部」에서는 '모瑁' 아래에 "리관犁冠27이 이것이다."라고 하였다. 보습[鑱]에는 (끝부분에 부착하는) 관冠이 있는데, 그것을 쟁기[耜]에 씌웠다. 쟁기는 보습 곁에 장치해서 복토하였는데 일찍이 관이 없었다는 것은 이로써 알 수 있다.

犁. 說文作犛, 耕也, 此古義也. 玉篇, 犁, 耕具也, 此後世義也. 古人耕地, 但知用一金, 即今之鑱也, 故須耦耕. 漢人於鑱上再加一金, 即今之犁也. 然其時鑱亦謂之犁. 說文玉部瑁下云, 犁冠是也. 鑱乃有冠, 以冒於耜. 犁, 側置鑱上, 所以覆土, 未嘗有冠, 以此知之.

---

26 함풍 5년본과 민국 21년본에는 '서강(鉬櫃)'으로 적고 있으나, '까오은꽝의 주석본'에서는 '서강(鋤櫃)'으로 고쳐 적고 있다.

27 리관(犁冠)은 V자형으로 철제 보습 위에 끼우는 것으로 폭은 보통 20㎝를 초과하며, 삼각형의 보습[犁鏵] 위에 끼워 사용하는데, 마손되면 바꾸어 끼우기에 편리하다.

'초鍫':『이아爾雅』「석기釋器」에서는 '조鄙'를 이르기를 '잡鏘'이라 하였다. 곽박의 주에서 "모두 옛날의 '초鍫', '삽插'자에 대해서, '조鄙'라고 말한 것은 옛날의 '초鍫'자이다."라고 하였다. 그러나 '조鄙²⁸'는 여전히 잘못된 글자이다.『설문說文』「두부斗部」의 '조鬥'는『이아爾雅』의 "조鬥는 이르길 잡鏘이다."라는 문장을 인용한 것이다.

'고애종초(古艾從草: 고대의 낫[艾]자는 예(乂)자에 초두머리[++]가 더해진 것)': 왕균이 생각건대, '애艾는 가체자[借字]이다.'라고 하였다.『설문說文』에는 "애乂는 간혹 예刈라고 쓰며, 풀²⁹을 베는 것이다."라고 하였는데, 이것이 정자이다.『이아爾雅』「석고釋詁」에서 이르길 "애乂는 다스리는[治] 것이다."라고 하였다. 무릇『시경[詩]』,『서경[書]』에서는 그 '애乂'를 '다스린다[治].'로 해석하였는데, 이는 모두 '새嬖'의 약자[省文]이다.

'산鐁': 옛날의 '작두[鈇]'는 그 나무 부분을 일러 '고침稾碪³⁰'이라고 하였다. '침碪'은 또한

鍫. 爾雅釋器鄙謂之鏘. 郭注, 皆古鍫插字, 言鄙爲古鍫字也. 然鄙仍是譌字. 說文斗部鬥, 引爾雅鬥謂之鏘.

古艾從草. 案, 艾是借字. 說文, 乂或作刈, 荺艸也, 是正字. 爾雅釋詁, 乂, 治也. 凡詩書訓治之乂, 皆嬖之省文.

鐁. 古之鈇也, 其木質謂之稾碪. 碪,

---

28 함풍 5년본과 민국 21년본에는 '조(鬥)'로 적고 있으나, '까오은꽝의 주석본'에서는 이 문장 4곳 모두 '조(鄙)'자로 쓰고 있다.

29 이 말을 함풍 5년본과 민국 21년본의 원문에는 '초(艸)'로 적고 있으나, '까오은꽝의 주석본'에서는 '초(草)'자로 고쳐 적고 있다.

'침椹', '침砧'으로도 쓰나, 『설문說文』에서는 단지 '심甚'으로 쓰고 있다.

亦作椹, 砧, 說文但作甚.

'숫돌[礪]': 옛날에는 '려厲'라고 썼다. 숫돌로 갈아서 연마하기 때문에 엄히 간다는 의미를 지니고, 뜻을 빌리고 가져와서, 이내 '석石'자를 더하여 '려礪'자라고 써서 그것과 구별하였다.

礪. 古作厲. 厎厲能錯磨, 故得嚴厲之義, 爲借義所奪, 乃加石作礪以別之.

'당그래[扒]': 마땅히 '팔捌'이라고 써야 한다. 『설문說文』에서는 새로이 '팔捌'자를 덧붙이며, 『방언方言』을 인용하여 "이빨 없는 써레[無齒杷31]"라고 하였다.

扒. 當作捌. 說文新附捌字, 引方言云, 無齒杷.

'비지수련(比之手槤: 손으로 처리하는 것보다)': '련槤'자는 무슨 글자가 잘못됐는지 알지 못한다. '련槤'은 바로 제기인 '호련瑚璉'의 '련璉'이 정자이다. '련槤'은 '련連'의 속자이지만 이는 한대의 속자이다. '련連'자는 짊어진다는 것이다. 이미 '련連'을 가차하여 '련聯'이라고 하였으며 이에 '재扌32' 부수를 더해서 구분하였다. '련槤'과 '련

比之手槤. 槤字不知何字之誤. 槤乃瑚璉之璉之正字. 槤乃連之俗字, 然是漢世俗字. 連, 負擔也. 既借連爲聯, 乃加才以別之.

---

30 함풍 5년본과 민국 21년본에는 '고침(槁礪)'으로 적고 있으나, '까오은꽝의 주석본'에서는 '고침(槁礪)'으로 바꾸어 적고 있다.

31 '파(杷)'를 '까오은꽝의 주석본'에서는 함풍 5년본과 민국 21년본과는 달리 '파(杷)'자로 고쳐 적고 있다.

'欙' 두 자를 옛사람들은 또한 모두[33] '손수레[輦]' 자를 빌려 사용했다.

'조추역작苕條帚亦作苕'[34]: 왕균이 생각건대, '갈대빗자루[苕帚]'가 맞으며, 살펴보면 이는 『좌전左傳』 두예杜預의 주에 등장한다.

'사[籭35]': 이는 곧 '체[篩]'의 옛 글자로, 오늘날에 음은 글자에 따라 변한다. 또한 '사篩'라고 쓰는데 '사筵'라고 잘못[36] 쓰고 있다. 이는 옥으로 기둥을 만든다는 것을 일컫고, 글자에 따라서 그렇게 된 말이다.

'위지적점(謂之積苫: 그것을 일러 이엉이라 한다)': 『이아爾雅』에서 "백개白蓋를 일러 '이엉[苫]'이다."라고 하였다. 또한 『의례儀禮』 "침점침괴

欙捷二字, 古人亦
竝借輦字爲之.

條帚亦作苕. 案,
苕帚爲正, 憶出左
傳杜注.

籭. 即篩之古字
也, 今音隨字變矣.
亦作篩, 譌作筵. 謂
以玉爲柱者, 從爲
之辭也.

謂之積苫. 爾雅,
白蓋謂之苫. 又儀禮
寢苫枕凷, 則借字

---

32 이 단어를 함풍 5년본과 민국 21년본의 원문에는 '재(扌)'로 적고 있으나, '까오은 꽝의 주석본'에서는 '수(扌)'자로 바꾸어 쓰고 있다.

33 이 단어를 함풍 5년본과 민국 21년본의 원문에는 '병(竝)'으로 적고 있으나, '까오은꽝의 주석본'에서는 '병(並)'자로 고쳐 적고 있다.

34 이 "조추역작苕(條帚亦作苕)"를 본문에서는 "條亦作苕, 帚"라고 적고 있어, 양자 간의 차이를 발견할 수 있다.

35 함풍(咸豊) 5년(1855) 각본과 민국 21년본에는 '사(籭)'라고 되어 있으나 '까오은꽝의 주석본'에서는 '시(篩)'자로 쓰고 있다.

36 이 글자를 함풍 5년본과 민국 21년본의 원문에는 '와(譌)'로 적고 있으나, '까오은꽝의 주석본'에서는 '와(訛)'자로 적고 있다.

(寢苫枕凷[37]: 이엉을 깔고 자고 나무토막으로 베개를 벤다.)"라는 가체자이다. 『설문說文』에서 이르길 "거적자리[蓤]는 상례 때의 깔개[藉]이다."라고 하였다.

'타왈두(墮曰竇[38]: 길고 좁은 것은 두라고 한다)': '타墮'는 마땅히 '타橢'로 써야 한다. 이는 『설문說文』「목부木部」와 『의상고성儀象考成』의 "타원형橢圓形은 또 그것을 일러 오리알 형태[鴨蛋形]"라고 한다.

'당유언야(塘猶堰也: 당은 못에 방죽이나 보를 쌓은 것이다)': 『설문說文』에서는 '당塘'자가 없어서 '당唐'자를 빌려서 썼는데, 「부부阜部」에서 "제방[堤]이 당唐이다."라는 것이 그것이다. 모씨는 '당塘'으로 고쳤다. 『시경詩』에는 "당唐 중에 돌[甓]을 쌓은 것이 있다."라고 했는데, 대개 이것은 곧 『이아爾雅』「석궁釋宮」에서는 "사당 가운데의 길을 일러 당唐이라고 한다."라고 하였다. '당唐'은 단지 길[途]이면서, 방죽[陂塘]으로 사용되었다. 장수障水의 입장에서 그것을 말하면

也. 說文蓤, 喪藉也.

墮曰竇. 墮當作橢. 見說文木部, 儀象考成橢圓形, 又謂之鴨蛋形.

塘猶堰也. 說文無塘字, 借唐爲之, 阜部堤唐也, 是也. 毛氏刌改爲塘. 詩, 中唐有甓, 蓋即爾雅釋宮, 廟中路謂之唐也. 唐祇是途, 而用爲陂塘者. 自障水言之謂之陂, 自其岸可通行人言

---

37 함풍 5년본과 민국 21년본에는 '괴(凷)'로 적고 있으나, '까오은꽝의 주석본'에서는 '괴(塊)'자로 고쳐 적고 있다.

38 이 "墮曰竇"를 본문에서는 "墮他果切, 謂狹而長, 曰竇"라고 적고 있다.

'제방[陂]'이며, 그 제방 위 언덕을 통행할 수 있는 사람의 입장에서 말하면 그것은 '당塘'이라 이른다. 피陂, 당塘은 대개 하나의 구조물이다.

之謂之塘. 陂塘蓋是一物.

'녹로(轆轤: 도르래)': 또한 독로轐轤라고도 쓰며, 아울러[39] 『광운廣韵[40]』에서는 '일옥一屋[41]이라는 단어도 보인다. 또한 '녹로橪轤'라고도 쓰며, 『집운集韵』에서는 '일옥一屋'이라는 말이 보인다.

轆轤. 亦作轐轤, 竝見廣韵一屋. 又作橪轤, 見集韵一屋.

'지혈출수야(地穴出水也: 땅에 구멍을 파서 물이 나오게 하는 것이다)': '지혈地穴'은 마땅히 '혈지穴地'라고 써야 할 것 같다. 『이아爾雅』「석수釋水·형소邢疏」에서는 『설문說文』의 "우물[井]은 땅을 파서 물을 긷는 것이다."라는 말을 인용하고 있다. 이 책에는 이런 구절이 없다.

地穴出水也. 地穴, 似當作穴地. 爾雅釋水邢疏引說文, 井, 鑿地取水也. 今本無此句.

---

39 이 글자를 함풍 5년본과 민국 21년본의 원문에는 '병(竝)'으로 적고 있으나, '까오은꽝의 주석본'에서는 '병(並)'자로 고쳐 적고 있다.

40 함풍 5년본과 민국 21년본에는 '광운(廣韵)'으로 적고 있으나, '까오은꽝의 주석본'에서는 '광운(廣韻)'으로 고쳐 적고 있다. 다음 문장에 등장하는 '집운(集韵)'은 민국 21년본과 '까오은꽝의 주석본'에서는 '집운(集韻)'으로 적고 있다.

41 한대의 산동이나 소북지역에서 출토된 화상석을 보면, 도르래가 설치된 우물을 흔히 볼 수 있는데, 그곳에는 항상 대체적으로 우물 위에 지붕을 갖춘 형태를 띠고 있다. 여기서 말하는 일옥은 그와 같은 구조를 뜻하는 것이 아닌가 생각된다.

'범승氾勝': 『한서漢書』「예문지藝文志」에 등장하는 『범승지서氾勝之書』에서 '승지勝之는 이름인 것 같다.'라고 하였다. 이에 대해서 혹자는 『좌전左傳』「진중晉重」의 예를 사용한다.

氾勝. 漢書藝文志, 氾勝之書, 似勝之爲名. 此或用左傳晉重例.

'풍막풍(風莫風: 어떤 바람이 불어도)': '막莫'은 대개[42] '해兮', '의猗'와 같은 부류로, 어조사이다. 풍속에 따라서 '마麽'라고도 썼던 것 같다.

風莫風. 莫, 蓋兮猗之類, 語詞也. 似可從俗作麽.

'경칩문뇌미여니(驚蟄聞雷米如泥: 경칩에 우레 소리를 들으면 좁쌀 값이 진흙과 같다)': 경칩일[驚蟄]에 천둥이 쳤음에도 천둥소리가 들리지 않고, 오직 꿩이 그것을 듣고 운다. 선열들은 『하소정夏小正』[43]에서 꿩이 천둥소리에 운다고 말하였다.

驚蟄聞雷米如泥. 驚蟄必雷, 雷不必聞, 惟雉聞之而鳴. 先輩說夏小正雉震响語.

'청명재산(清明栽蒜: 청명에는 (겨울에 파종한) 마늘을 옮겨 심는다.)': 안구安邱의 날씨는 온화해서,[44] 겨울에 마늘을 파종하면 5월에 수확하기 때문에 "하지夏至에는 마늘을 수확하지 않으며 (하

清明栽蒜. 安邱天氣煖, 冬種蒜而五月出之, 故曰夏至

---

42 이 의미를 함풍 5년본과 민국 21년본의 원문에는 '개(蓋)'로 적고 있으나, '까오은꽝의 주석본'에서는 '개(蓋)'자로 고쳐 적고 있다.

43 하소정은 현존하는 중국 최초의 전통농업의 역서(曆書)로서 하후(夏后) 이후의 월령을 기록하고 있다.

44 이 의미는 함풍 5년본과 민국 21년본의 원문에는 '난(煥)'으로 적고 있으나, '까오은꽝의 주석본'에서는 '난(暖)'자로 고쳐 적고 있다.

게 되면) 반드시 마늘타래가 풀리게 된다."라고 하였다. 이것은 하지 이후에는 마늘이 더 이상 그 뿌리가 성장하지 않는다고 하는 말이다.

'구고팔격차(九股八格杈: 온갖 가지가 사방으로 뻗어 나가며)': '격格'은 『설문說文』에 의거하면 마땅히 '로栲45'라고 써야 한다. 그러나 북주北周 유신庾信: 513-581년의 「소원부小園賦」에는 "지격상교枝格相交"라 하여 '격格'으로 쓰고 있다. 안구安邱의 참깨는 단지 2가지 종류가 있는데, "대팔차大八杈"라고 불리는 것은 가지가 많고, 이름이 "패왕편霸王鞭"이라고 하는 것은 가지가 없다.

'망종직서생아(芒種稙黍生芽: 망종에는 일찍 파종한 기장이 싹이 난다)': 『시경』 「노송魯頌」에는 "직치숙맥稙稚菽麥"이란 말이 있다. 이에 대해 『모전毛傳』에서는 "먼저 파종하는 것을 직稙이라 하고 뒤에 파종하는 것을 치稺46이다."라고 하였다. 『설문說文』에서는 '직稙'은 일찍 파종하는

不劚蒜, 必定散了瓣. 言夏至以後蒜瓣不復附麗其根也.

九股八格杈. 格, 依說文當作栲. 然庾信小園賦, 枝格相交祇作格. 安邱芝麻止兩種, 名大八杈者多枝, 名霸王鞭者無枝.

芒種稙黍生芽. 魯頌, 稙稚菽麥. 毛傳, 先種曰稙, 後種曰稺. 說文, 稙, 早種也, 稺, 幼禾也. 案, 此乃百穀早晚

---

45 이 글자를 함풍 5년본과 민국 21년본에는 '로(栲)'로 적고 있으나, '까오은꽝의 주석본'에서는 '격(格)'자로 고쳐 적고 있다.

46 이 글자를 함풍 5년본과 민국 21년본의 원문에는 '치(稺)'로 적고 있으나, '까오은꽝의 주석본'에서는 '치(稚)'자로 고쳐 적고 있다. 다음 문장에 등장하는 단어 역시 마찬가지이다.

것이라 했으며, '치稺'는 어린 모종이라고 하였다. 왕균이 생각건대, 이것은 곧 이르고 늦은 온갖 곡식의 통칭이며, 숙맥菽麥의 고유한 이름은 아니다. 임치臨淄 사람은 조맥早麥을 직맥稙麥이라 부르나, 안구安邱에서는 이 말을 듣지 못했다고 한다.

之通名, 非菽麥之專名也. 臨淄人猶呼早麥曰稙麥, 安邱不聞此語矣.

'소서끽각각(小暑喫[47]角角: 소서에는 콩깍지를 먹고)': 왕균은 이 말을 듣고 실로 '각角[48]'이란 음을 썼으나, 그 글자는 마땅히 '꼬투리[莢]'라고 써야 한다. 『설문說文』에서는 "꼬투리[莢]는 풀의 열매[艸實][49]이다."라고 하였다. 『당운唐韵[50]』에서는 '겹(古叶[51]의 반절음)'이라고 발음한다. 안구安邱에서는 청두·황두·백두·흑두의 '꼬투리[莢]'를 모두 일러 '협夾'이라고 하였으며, 강두豇豆의 꼬투리를 일러 '각角'이라고 불렀고,

小暑喫角角. 筠聞此語誠作角音, 而其字則當作莢. 說文, 莢, 艸實. 唐韵, 古叶切. 安邱呼青黃白黑豆之莢皆曰夾, 呼豇豆之莢則曰角, 呼牛羊角亦如夾也. 頃又檢

---

47 이 글자를 함풍 5년본과 민국 21년본에의 원문은 '끽(喫)'으로 적고 있으나, '까오은꽝의 주석본'에서는 '흘(吃)'자로 바꾸어 적고 있다.

48 이 글자를 함풍 5년본과 민국 21년본의 원문에는 '각(角)'으로 적고 있으나, '까오은꽝의 주석본'에서는 '각(角)'자로 고쳐 적고 있다.

49 이 의미를 함풍 5년본과 민국 21년본의 원문에는 '초실(艸實)'로 적고 있으나, '까오은꽝의 주석본'에서는 '초실(草實)'자로 바꾸어 적고 있다.

50 함풍 5년본과 민국 21년본에는 '당운(唐韵)'으로 적고 있으나, '까오은꽝의 주석본'에서는 '당운(唐韻)'으로 고쳐 적고 있다.

51 이 글자를 함풍 5년본과 민국 21년본의 원문에는 '엽(叶)'으로 적고 있으나, '까오은꽝의 주석본'에서는 '엽(葉)'자로 고쳐 적고 있다.

소·양의 뿔을 부르기를 '협夾'과 같이 하였다. 이 무렵에 또 『광아廣雅』에서는 "두각豆角을 일러 협莢이라고 한다."라는 것을 찾을 수 있었다.

'유립포담야(油粒飽湛也: 유(油)는 낱알이 가득 찬다.)': '담湛'은 마땅히 '탄綻'으로 써야 할 것 같다. 탄綻은 터지고 찢어지는 것이다. 『설문說文』에서 "과연 누가 맛있고 또한 갈라진다고 하였는가."라고 하는 것이 이것이다. 다만 오곡五穀의 알곡은 비록 아주 클지라도 아직은 일찍이 알곡이 터진다는 얘기는 들어 보지 못했다. 왕균이 생각건대, 콩을 가리켜 말한 것이기 때문에 '유油'라고 쓴 것 같다. 초복날 비로소 김매기를 하는 것 역시 콩이다. 만약 조[秫穀]라면 안구安邱의 농언에서 이르기를 "입하立夏 후 3일이면 밭에서 김매기하는 것을 볼 수 있고, 입하立夏 후 10일 후에는 두루[52] 김을 맨다."라고 하는 것에서 초복까지 가지 않는다고 한다.

'두복나복말복채(頭伏蘿蔔末伏菜: 초복에 무를 파종하고 말복에는 유채를 파종한다)': 안구의 농언에 이르길 "초복[頭伏]에는 무[蘿蔔]를 파종하고, 말복

得廣雅曰, 豆角謂之莢.

油粒飽湛也. 湛似當作綻. 綻, 坼裂也. 說文, 果熟有味, 亦坼, 是也. 但五穀粒雖極大, 亦未嘗坼耳. 案, 此語似指豆而言, 故曰油. 且頭伏始鋤, 亦必是豆. 若是秫穀, 則安邱諺云, 立夏三日見鋤田, 立夏十日徧鋤田, 不能待頭伏也.

頭伏蘿蔔末伏菜. 安邱諺云, 頭伏蘿蔔, 末伏蕎麥.

---

52 이 의미를 함풍 5년본과 민국 21년본의 원문에는 '편(徧)'으로 적고 있으나, '까오은꽝의 주석본'에서는 '편(遍)'자로 고쳐 적고 있다.

에는 메밀[蕎麥]을 파종한다."라고 하였다. 메밀을 심은 땅 속에는 아직 작은 순무[小蔓菁]가 남아 있지 않다. 작은 순무는 단지 겨울을 대비하기[53] 위해 비축하기 위한 용도로서, 모두 양배추[大頭菜]를 일컫는 것으로는 적합하지 않다. 안구安邱에서는 그것과 구별하여 '큰 순무[大蔓菁]'라고 한다.

蕎麥地中未有不帶小蔓菁者. 小蔓菁祇可旨蓄御冬, 非都中所謂大頭菜也. 安邱別之曰大蔓菁.

'살煞[54]': 도가에서 쓰이는 '살殺'자이다.

煞. 道家之殺字也.

'선사후추분(先社後秋分: 추사가 앞서고 추분이 뒤에 오면)': 안구의 농언에 이르길 "추분이 앞서고 추사가 뒤에 오면 양식이 있어서 빌리는 사람이 없으며, 추사가 앞서고 추분이 뒤에 오면 양식의 귀함이 금과 같다."라고 하였다. 왕균이 생각건대, "산서 수양현과 산동 안구현 두 지역의 농언이 같은 것이 매우 많지만, 유독 이 일만은 서로 상반된다."라고 하였다.

先社後秋分. 安邱諺曰, 先分後社, 有糧無人借, 先社後分, 糧食貴如金. 案, 兩地諺語同者極多, 獨此一事正相反背.

'구구九九': 안구의 농언에 이르길 "동지 후 9

九九. 安邱諺,

---

53 이 의미를 함풍 5년본과 민국 21년본의 원문에는 '어(御)'로 적고 있으나, '까오은꽝의 주석본'에서는 '어(禦)'자로 달리 표기하고 있다.

54 살(煞) 자는 당말 계미자본『사시찬요 역주』에 특히 이 글자가 많이 사용되고 있다. 최덕경(崔德卿) 역주,『사시찬요 역주』, 세창출판사, 2017 참조.

일[一九]과 18일[二九]에는 (밥을 먹을 때조차) 손을 꺼내지 않으며 27일[三九]과 36일[四九]에는 살얼음 위를 달리는 것 같다. 동지 후 45일[五九]과 54일[六九]에는 강가에서 수양버들을 볼 수 있고, 63일[七九]에는 길 위의 행인이 강이 풀려 옷을 들어 올린다. 동지 후 72일[八九]에는 황소가 땅을 두루[55] 갈며, 81일[九九]에는 집에서 밥을 날라 언덕에서 먹는다."라고 하였다. 이런 유類의 말은 각각 이 지역에 춥고 따뜻한[56] 것에 근거하여 말할 것으로서, 반드시 요건이 동일하지 않다. 또 이르길 "입춘[春打]이 6구일[六九]의 머리 부분이면 7구일[七九]에는 바로 소를 부리고, 입춘이 5구[五九]일의 끝 부분이면 3천의 횃불 귀신[火燎鬼]을 얼어 죽인다."라고 하였다. 왕균이 생각건대, "이것은 단지 춥고 따뜻한 경험에 의해 이러한 말이 만들어진 것이며, 실로 농촌의 속언이다."라고 하였다.

'선위우(先餵[57]牛: 먼저 소를 잘 먹여야 한다)': 『예

一九二九不出手,三九四九淩上走. 五九六九沿河看柳, 七九六十三, 路上行人把衣擔. 八九七十二, 黃牛徧地是, 九九八十一, 家裏送飯坡裏喫. 凡此類語, 各據本地之寒煗言之, 必不齊同也. 又曰, 春打六九頭, 七九便使牛, 春打五九尾, 凍殺三千火燎鬼. 案, 此特以驗寒煗耳, 乃作此很語, 誠鄙諺也.

先餵牛. 月令季

---

[55] 이 의미를 함풍 5년본과 민국 21년본의 원문에는 '편(徧)'으로 적고 있으나, '까오은꽝의 주석본'에서는 '편(遍)'자로 고쳐 적고 있다.

[56] 이 의미를 함풍 5년본과 민국 21년본의 원문에는 '난(煗)'으로 적고 있으나, '까오은꽝의 주석본'에서는 '난(暖)'자로 고쳐 적고 있다. 이와 같은 현상은 본서의 전후에서 항상 볼 수 있다.

[57] 이 글자는 함풍 5년본과 민국 21년본의 교감기에는 '위(餧)'로 적고 있으나, '까오

기禮記』「월령月令 · 계춘季春」의 "위수지약(餧獸
之藥: 짐승에게 약을 먹인다.)"에서는 '위餧'라 쓰고
있는데,『설문說文』에서는 즉 '위萎'로 쓰고 있다.

'곡의희(穀宜稀: 조는 드문드문 파종해야 한다)': 안
구의 농언에 의하면 "조[穀]는 드물게 심어야 큰
이삭이 돋아나며, 이듬해의 밀농사도 좋다."라
고 하였다. 대개 조[穀]를 거둔 이후에는 그 밭
에 바로 밀을 파종한다.

'차시상유화(叉匙上有火: 갈라진 보습 위에 불이 있
다)[58]': '시匙'는 마땅히 '치齒'로 써야 한다. 『방언
方言』에는 이빨 없는 써레[無齒杷]가 있다. 안구
지역의 농언에 의하면 "이빨 있는 보습[鋸]에는
불이 있고, 호미의 끝[刀]에는 물이 있다."라고
하였다. 무릇 파종한 것[樹]은 반드시 호미[刀]로
김을 매야 하며 만약 보습[鋸]으로 갈이한다면
살지 못한다.

'맥수오절(麥秀五節: 밀은 다섯 계절 동안 성장하며)':
'오五'는 '사四'의 잘못[59]인 것 같다. 밀은 가을에

春餧獸之藥作餧,
說文則作萎.

穀宜稀. 安邱諺,
稀穀秀大穗, 來年
長好麥. 蓋收穀之
後, 其田即種麥也.

叉匙上有火. 匙
當作齒. 方言有無
齒杷. 安邱語曰, 鋸
口有火, 刀頭有水.
凡接樹者, 必以刀
斷之, 若斷之以鋸,
不能生也.

麥秀五節. 五似
四之譌. 麥, 秋種夏

은꽝의 주석본'에서는 항상 '위(喂)'자로 고쳐 적고 있다.
58 보습으로 땅을 갈아엎으면 쉽게 건조해진다는 의미이다.
59 이 의미를 함풍 5년본과 민국 21년본의 원문에는 '와(譌)'로 적고 있으나, '까오은

파종하면 여름에 익게 되니, 4계절[四時]의 모든 기운을 받기 때문에 4계절 내내 잎이 성장한다.

熟, 受四時全氣, 故四節四葉.

'운남구풍북구우(雲南鉤風北鉤雨: 구름이 남쪽으로 가면 바람을 당기고, 구름이 북쪽으로 가면 비를 끌어당긴다)': 안구 지역의 농언에는 "새털구름이 구름 위에 있으면 바람을 당기고[上鉤風], 구름이 아래에 있으면 비를 당긴다[下鉤雨]."라는 말이 있다.

雲南鉤風北鉤雨. 安邱語, 上鉤風, 下鉤雨.

'조소음, 만소청(早燒陰, 晩燒晴: 아침노을이 지면 그날은 구름이 끼고, 저녁노을이 지면 맑아진다)[60]': 안구 지역의 농언에 의하면 "아침에 노을[早燒]이 지면 외출해선 안 되고, 저녁에 노을[晩燒]이 비치면 천 리를 갈 수 있다."라고 하였다. 또 말하길 "아침에 노을이 지면, 저녁에 비가 온다."라고 하였다.

早燒陰, 晩燒晴. 安邱語, 早燒不出門, 晩照行千里. 又曰, 早上燒, 晩雨.

'일무십일청(一霧十日晴: 크게 한 번 안개가 끼면 10일간 맑다)': 안구 지역의 농언에는 "오랜 시간 동

一霧十日晴. 安邱語, 久晴大霧必

꽝의 주석본'에서는 '와(訛)'자로 고쳐 적고 있다.
60 아침노을은 동쪽의 고기압이 있어서 날씨가 개어 있을 때 생기는데, 중위도 지방에서는 기압계가 서쪽에서 동쪽으로 이동하기 때문에, 뒤따르는 기압골의 접근으로 비 내릴 가능성이 높아진다. 저녁노을은 서쪽의 고기압이 있어서 날씨가 개어 있을 때 생기는데, 중위도 지방에서는 기압계가 서쪽에서 동쪽으로 이동하기 때문에, 다음날 날씨가 좋아지는 경우가 많다.

안 맑았다가 큰 안개가 끼면 반드시 날씨가 흐려지며, 오랫동안 비가 내리다가 큰 안개가 끼면 반드시 날씨가 맑아진다."라고 하였다.

'만우하도명, 조우일일청(晚雨下到明, 早雨一日晴: 저녁 때 비가 내리면 다음날까지 이어지며, 아침에 비가 내리면 그날은 맑게 갠다.)': 안구 지역의 농언에도 이런 말이 있다. 또 이르기를 "새벽바람, 저녁비"라는 말이 있다. 이 또한 "새벽에 바람이 불면 종일토록 불고, 저녁에 비가 내리면 밤새도록 내린다."라고 하였다.

'팔십노아몰견동뇌우(八十老兒沒見東雷雨: 80세 노인도 동쪽에서 뇌성이 울리고 비 내리는 것을 보지 못했다)': 안구 지역에도 이런 말이 있으나 옛말이다. 지금도 종종 보인다.

'흑저과하(黑豬過河: 여름의 검은 구름이 은하수를 가로지른다)': 어느 날 별과 달이 보이는데 검은 구름이 은하수를 가로지르면 비가 올 징조이다.

'홀뇌우, 연삼장(忽雷雨, 連三場: 갑자기 천둥이 치고 비가 몰려오면 연이어 세 차례 이어진다)': 안구 지역의 농언에서는 "천둥과 비가 저녁[下餉]에 세 차례 내린다."라고 하였는데 이와 같은 의미이

陰, 久雨大霧必晴.

晚雨下到明, 早雨一日晴. 安邱亦有此語. 又曰, 開門風, 閉門雨. 亦謂, 晨風竟日, 暮雨竟夜.

八十老兒沒見東雷雨. 安邱有之, 然是古語矣. 今屢屢見之.

黑豬過河. 一天星月而黑雲橫截天河, 是雨徵也.

忽雷雨連三場. 安邱語, 雷雨三下餉, 與此同意. 說文, 餉, 晝食也. 安

다. 『설문說文』에서 이르길 "당饟[61]은 낮 음식이
다."라고 하였다. 안구 지역에서는 점심[午飯]을
'당반饟飯'이라고 하는데 왜냐하면 정오를 '당오
饟午'라고 하고 저녁[日夕]을 '하당下饟'이라 하기
때문이다.

邱謂午飯爲饟飯,
因謂正午爲饟午,
日夕爲下饟.

'전(塼: 벽돌)': 『옥편玉篇』과 『광운廣韵[62]』에는
'전塼', '전甎', '전瓳' 3글자가 있으며 모두 사용
한다. 『소아小雅』 「무양전無羊傳」에서는 "와방
瓦紡은 벽돌[塼]이다."라고 하였다. 『경전석문經典
釋文』에는 '전專'이라고 쓰고 있으며 『설문說文』
에서도 마찬가지이다. 고문에서는 가차假借했
는데 사용하기가 어려웠던 것 같다.

塼.　玉篇廣韵有
塼甎瓳三字,　皆可
用. 小雅無羊傳,　瓦
紡,　塼也. 經典釋文
作專, 說文同. 古文
假借, 似難用.

'상塲': 본서의 「파종과 재배[種植]」에 보인다.

塲. 見種植篇.

'항위지합랑(巷謂之合朗: 항은 합랑이라고 하며)':
'합合'은 '항巷'과 더불어 쌍성이며, '랑朗'은 '항
巷'과 더불어 오늘날의 음으로서는 첩운疊韵[63]이

巷謂之合朗.　合
與巷雙聲,　朗與巷
之今音疊韵. 唐韵,

61　이 글자를 함풍 5년본의 원문에는 '당(饟)'으로 적고 있으나, 민국 21년본과 '까오
　　은꽝의 주석본'에서는 '당(餳)'자로 적고 있다.

62　함풍 5년본과 민국 21년본에는 '광운(廣韵)'으로 적고 있으나, '까오은꽝의 주석
　　본'에서는 모두 '당운(唐韻)'으로 고쳐 적고 있다.

63　함풍 5년본과 민국 21년본에는 '첩운(疊韵)'으로 적고 있으나, '까오은꽝의 주석
　　본'에서는 '질운(迭韻)'자로 고쳐 적고 있다.

다. 『당운唐韻』에서는 "'항巷'은 호胡와 강絳의 반절음[切]이다."라고 하였다. '강絳'자는 고음으로 읽으면 '항巷'의 고음과 합치되며, 오늘날 음으로 읽으면 '항巷'의 오늘날 음과 부합된다. 경사京師 지역에서는 그것을 '호동衚衕'이라고 일컬으며 이것은 바로 '항巷'의 고음古音 절각切脚[64]이다. 다음 문장의 '봉棒'은 그것을 일컬어 '불랑不浪'이라 하며, 그 잘못은 이와 같다. 공성[共]과 풍성[丰]은 모두 동동음부東冬音部에 있고, 양성은 즉 양당음부陽唐音部에 있다.

巷, 胡絳切. 絳字以古音讀之, 則與巷之古音合, 以今音讀之, 則與巷之今音合. 京師謂之衚衕, 正是巷之古音切脚也. 下文棒謂之不浪, 其誤同此. 共聲丰聲皆在東冬部, 良聲則陽唐部.

'홍위지강(虹謂之絳: 무지개를 강이라고 한다)': 왕균이 생각건대, 이것은 음을 바꾼 것[轉音]이며 글자를 고친 것은 아니다. 『광운廣韻』「사강四絳」에서는 '강絳'과 '홍虹'은 같은 음이며, 고음에서 '강絳'과 '홍紅'은 같다.

虹謂之絳. 案, 此是轉音, 非改字也. 廣韻四絳, 絳與虹同音, 古巷切, 古音則絳紅同戶工切.

'우근(藕[65]根: 연뿌리)': 왕균이 생각건대, 이것은 한 물건에서 나누어졌으며, 지금 그것을 일

藕根. 案, 此別自一物, 今謂之藕帶

---

64 절각(切脚)은 절음(切音)을 운용하는 원리로서, 반절음의 상하자이며 본자(本字)를 대신한다.

65 이 글자를 함풍 5년본과 민국 21년본의 원문에는 '우(藕)'로 적고 있으나, '까오은 꽝의 주석본'에서는 '우(藕)'자로 바꾸어 표기하였다. 본서의 이 문단에는 모두 우(藕)자로 적고 있다.

러 '우대薤帶'라 하는 것이 이것이다. 크지만 짧은 것은 '우薤'라고 하며, 가늘고 긴 것을 일러 '우대薤帶'라고 한다. 연대[帶]는 우薤에서 생겨나며, 우薤에서 꽃과 잎이 생겨나고, 대帶의 위에는 꽃이 피거나 잎이 날 수 없다. 『이아爾雅』「석초釋草」에서는 이를 '밀蘬'이라고 하였다.

'귀출출鬼秫秫[66]': 이는 지난해에 떨어진 종자가 절로 자라는 것이다. 본래 떨어져서 자랐기 때문에 열매가 맺히면 그대로 떨어진다. 만약 밀이 처음 익게 되면 반드시 저절로 알갱이가 떨어지는 것이 생긴다. 이듬해에 밀이 빨리 익기를 원할 경우, 즉시 이처럼 저절로 떨어진 것을 가을에 파종하면 일찍이 수확할 수 있으나 이랑 위에 떨어지는 것도 매우 많다. 돌고무래를 이용해서 진압하여 생산한 것은 종자가 떨어지지 않는데, 이 또한 이런 이치와 동일하다.

'겸壧': 마땅히 '감鹼'으로 써야 하며 『설문說文』에서 보인다.

者是也. 大而短者謂之薤, 細而長者謂之薤帶. 帶生薤, 薤生花葉, 帶之上不能生花葉也. 爾雅釋草謂之蘬.

鬼秫秫. 此乃去年遺種自生者. 本以落而生, 故結實仍落. 即如麥初登場, 必有自落之粒. 欲來年麥早熟, 即以此自落者至秋種之, 可以早得接濟, 然落於畝中亦多. 經碌碡而得者, 即種之不落, 亦同此理.

壧. 當作鹼, 見說文.

---

66 곡물의 열매가 야물지 않아서 건드리면 줄줄이 떨어지는 병이다.

'우牛': 소는 육축六畜[67] 중에 가장 살이 찌기 쉬운데, 그 때문에 농언에 이르기를 "1년이면 나귀를, 한 달이면 말을, 10일이면 소를 살찌 운다."라고 하였다. 안구에서는 소를 먹일 때 또한 밀겨를 사용하지만 필정必精[68]기가 되면 도태되므로, 설령 황단黃丹을 먹이더라도 소는 좋아지지 않는다.

'다허일야(多虛日也: 공일이 많다)': 이 해석은 틀린 것처럼 보인다. '허虛'는 '구北'를 부수로 하고 '호虍'를 음으로 하는데 그 때문에『설문說文』에서는 "허虛는 큰 언덕[大北]이다."라고 하였다. 왕균이 생각건대, 사람이 집을 지을 때 반드시 크고 넓은 언덕에 의거해야 했기 때문에 명촌을 '허虛'라고 하였다. 후세사람들은 그것과 구분하여 '허墟'라고 써서 마침내 빈터의 글자로 하였다. 시장은 촌락 중에 있기 때문에 '진허趁墟'라고 일컫는다.

牛. 牛於六畜中最易肥, 故諺曰, 年驢月馬十日牛. 安邱餧牛亦用麥糠, 然淘汰必精, 設有黃丹, 則牛病矣.

多虛日也. 此解似誤. 虛從北, 虍聲, 故說文云, 虛, 大北也. 案, 人之作室, 必依北虛, 故名村曰虛. 後人分別之作墟, 遂專爲空虛字矣. 市在村落中, 故曰趁虛也.

---

67 육축은『주례(周禮)』와『좌전(左傳)』등에 보이며, 두예(杜預)의 주에는 말, 소, 양, 닭, 개, 돼지를 말한다고 한다. 한편『한서(漢書)』「지리지(地理志)」에서 당대 안사고(顏師古)는 이들 중에서 말을 빼면 민가의 오축(五畜)이라고 한다.

68 늙어서 일정 연수가 되어 월경이 나오지 않거나 정자가 생성되지 않는 것을 말한다.

안구의 왕균이 말하길, 옛날에 주공周公이 『서경書經』「무일無逸」에서 진술[69]하여 말하길, "먼저 농업의 어려움을 알아야 한다."라고 하였다. 공자는 주공의 재주가 뛰어나다고 칭하였으며,[70] 『시경』「풍風·아雅」에서 주공에 관련된 내용을 실으면서, 반복적으로 농사를 지어 그 즐거움을 가지고 여유로움을 느낄 수 있었다. 『시경』「당풍」과 「위풍」에서 작물을 심고 재배하는 여러 시詩들은 대부분 관직에 있는 군자에 의해서 나왔다. 공자가 시詩를 선별하여 (300수만) 취하였다. 수양현壽陽縣은 옛날에는 마수읍馬首邑으로서, 진晉나라 기祁씨 7읍 중의 하나였다. 그 풍속은 근검하고 농사에 힘을 다하며, 지금도 여전히 옛 풍속이 남아 있다. 순보[淳甫: 기준조] 선생은 어릴 때 관리가 된 아버지를 따라 북경을 가서, 약관의 나이에 관리가 됨으로 인해 일찍이 친히 농사를 짓지 않고, 『마수농언馬首農言』14편을 저술하였는데, 그 지역의 물산과 갈이와 김매기하는 시기에 대해서 정성을 다하여 자세하게 집필하였

安邱王筠曰, 在昔周公敇無逸曰, 先知稼穡之艱難. 孔子俌周公之才之美, 而風雅所載周公之作, 反覆田事, 津津若有餘味. 唐魏之風言稼穡樹蓺諸詩, 多出於在位之君子. 孔子刪詩, 獨有取焉. 壽陽, 古馬首邑, 爲晉祁氏七邑之一. 其俗勤儉務農, 至今猶有古風. 淳甫夫子幼從京宦, 弱冠入官, 未嘗親田事, 而其所著馬首農言十四篇, 諄諄於土物之宜, 耕耘之候, 纖悉

---

69 이 글자를 함풍 5년본과 민국 21년본의 원문에는 '진(敇)'으로 적고 있으나, '까오 은쾅의 주석본'에서는 '진(陳)'자로 고쳐 적고 있다.

70 이 의미를 함풍 5년본과 민국 21년본의 원문에는 '칭(俌)'으로 적고 있으나, '까오 은쾅의 주석본'에서는 '칭(稱)'자로 바꾸어 적고 있다.

다. 대개 『시경詩經』과 『서경書經』에서 중시한 농업에 대한 어려움과 근검절약한 교훈을 간략하게 처리하여 그 말을 한 현의 책 내용 속에 담아 두었다. "선비들은 옛 성인의 은덕을 먹고 살고, 농민은 갈이한 토지를 먹고 산다."라는 말을 믿어서 기대부祁大夫가 남긴 은택은 아주 장구하여 그것을 이용함에도 줄어들지 않았다는 것이다. 왕균의 집안은 독서인으로서 농사를 지은 지가 10여 년이 되었으며, 이 책을 비로소[71] 보고, 그 지난날의 업적을 알게 되었기 때문에 즐거이 본받았다. 본받은 이후에 발문을 남겼다.

必備. 蓋本詩書艱難勤儉之訓, 而以約旨卑思隱其詞於一邑之中. 信乎士食舊德, 農服先疇, 祁大夫之遺澤長久, 引而勿替也. 筠家帶經而鉏者十餘世, 籾見此書, 逢其故業, 故樂而校之. 校畢, 並跋.

---

71 이 의미를 함풍 5년본과 민국 21년본의 원문에는 '창(籾)'으로 적고 있으나, '까오은쾅의 주석본'에서는 '창(創)'자로 고쳐 적고 있다.

「마수농언서馬首農言序」(1)[1]

    우리 현의 유온진劉蘊眞, 곽준의霍俊擬는 기문단祁文端[2] 공의 『마수농언』을 복간하면서 서문을 맡았다. 나는 그것을 읽고 느낀 점을 10가지로 요약하였다. 때마침 손님이 와서 서로 기탄없이 논의했다. 문단文端 공이 대학사大學士에 있을 때 오직 농업에 힘썼는데, 그것에는 (수대 산서인인) '문중자文仲子'가 친히 경작을 중시했던 기풍이 있었다. 우리들이 한번 벼슬길에 나아가면 그 일에 급급하여 하루 종일 어떤 다른 일도 할 수 없으며, 관직을 떠난 이후에도 농사일을 했다는 사실을 듣지 못하였다. 어찌 고금古今 사람이 서로 다른 것이 이와 같은가? 이것이 첫 번째로 느낀 것이다.

    우리 현에서 파종하고 재배하는 것은 조[穀], 콩류[豆]를 중심작물로 삼으며, 맥류[麥]는 그 다음이다. 그 때문에 식사 때마다 좁쌀밥을 먹었으며, 심할 때는 겨와 쭉정이를 섞기도 하였다. 임술년에 나는

---

1 본 『마수농언서(馬首農言序)』는 민국 21년 7월 최정헌(崔政獻)의 서언으로 민국 21년본 『마수농언』의 첫머리에 실려 있다.

2 이것은 기준조가 74세로 죽은 이후의 시호이다.

정무청장政務廳長이 되어서 하동 도윤으로 부임하였다. 정묘년에는 염운사鹽運使로 관직을 옮겼다. 내가 진남晉南[3]에 부임한 지가 6-7년이 되었는데, 이 지역을 순행하면서 사람들이 먹는 것을 보니 모두 맥반麥飯[4]이었다. 같은 성省인데 사람마다 먹는 것의 다름이 이와 같은가? 이것이 두 번째로 느낀 것이다.

우리 현에서 쟁기로 밭갈이할 때는 1치[寸] 정도로 얕게 간다. 그러나 옛사람들은 깊게 가는 것을 중시했으며, 이를 통해 수확을 늘릴 수 있다고 하였다. 우리 현에서는 수확이 적은 것이 아마 얕게 갈기 때문인가? 이것이 세 번째이다.

농기구는 개량을 하지 아니하여 힘은 많이 쓰나 수확은 적다. 지금은 비록 외국의 대농경영 같지는 않을지라도 오직 기계를 사용하고 또한 노동력을 줄이는 기계사용을 연구하고 찾아야 한다는 것이 네 번째 생각이다.

농업에는 농언農諺이 있는데 사람들은 매번 촌스러운 말이라고 여겨서 기록할 만한 가치가 없다고 한다. 나는 농언이라는 것은 농민들의 문학이며 그 말은 실용적인 의미를 지니고 있어서 문인의 문학보다 뛰어나다고 여긴다. 이것이 다섯 번째 느낌이다.

오곡은 병충해가 많은데 만약 좋은 기술로써 그것을 제거한다면 생산량은 늘어나서 크게 증대될 수 있다는 것이 여섯 번째 생각이다.

---

3 '진남(晉南)': 이는 진서남(晉西南)으로서 산서성 서남부이다. 신중국에서는 '진남전구(晉南傳區)'로 설치하였기 때문에 '진남'이라고 일컬었다.

4 산서 지역의 '맥반(麥飯)'은 「잡설(雜說)」에 지적한 바와 같이 보리밥이 아니고 채소와 야채를 썰어서 밀가루를 넣고 섞어서 찐 이후에 소금과 기름 및 기타 조미료를 가미하여 식용하는 것이다.

우리 현지縣志에는 물산이 실려 있는데 뽕나무도 재배하고, 비단과 견사[絲絹]도 있다. 농언에는 "소만小滿에 목화가 피면 집에 돌아가지 않는다."라는 말이 있다. 이는 곧 누에를 기르고 뽕나무를 재배하며 면화를 심었다는 것으로서 옛날부터 있었던 생업이었는데, 어찌하여 지금은 아무것도 없게 되었으며, 어찌하여 지리地利를 잃게 되었는가? 혹 뒷날 사람들이 일을 망친 것인가? 이것이 일곱 번째 느낀 점이다.

정태철로[正太軌]를 완공한 이후,[5] 우현盂縣[6]과 우리 현의 식량은 모두 외부로의 운송이 편리해졌다. 쌍방이 돈과 물건 없이 중간 차익으로써 거래하던 방식[買空賣空]은 백성을 병들게 한 것이 문제였는데, 지금은 상인을 병들게 한 것이 문제이다. 무릇 매점매석은 양곡상인들이 예부터 쓰던 술수로서, 이미 온 세상의 일이 되어 더욱 경악을 금치 못하였다. 수년 전에 들기로는 미국에서 밀이 지나치게 많이 생산되어 마침내 120만 톤 모두를 불에 태웠는데, 이와 동시에 (가난한) 다른 국가와 중국인민은 기근에 죽을 지경에 처한 사람이 참으로 많았다. 이 또한 나라안팎의 상인이 모두 사익[私利]만을 취했기 때문이다. 지금은 생산량을 조절하고, 스스로 지역자치민생주의를 실행한 성과가 없지 않다. 이것이 여덟 번째 느낀 바이다.

우리 현의 토질은 실로 많은 비에 적합하지 않지만, 오랫동안 한

---

5 정태철로는 산서성의 첫 번째로 부설된 철도로서, 태행 내지를 횡단하며 산서[晉]와 하북[冀] 두 성을 연결한다. 1904년 5월에 공사를 시작하여, 1907년 11월에 개통하였다.

6 우현(盂縣)은 산서성 중부의 동쪽에 위치하며, 양천시(陽泉市)에 속한다. 태항산 서쪽 기슭이다.

번 가뭄이 들면 이 또한 줄곧 속수무책이었는데, 농언에서도 "하늘에 의지하여 밥을 먹는다."라고 하였다. 이 때문에 토양을 변화시키고 수리에 힘써서, 실제 토지의 좋은 대책을 강구할 것을 기대하는 것이 아홉 번째로 느낀 바이다.

우리 현은 양을 치기에 적합하고 털 또한 좋지만, 오직 마리당 겨우 1-2근의 털을 깎을 수 있다. 만약 메리노[美利奴][7]라는 양품종으로 바꾼다면, 털의 양이 10배로 증가할 수 있을 것이라는 점이 열 번째 느낀 점이다.

곡식을 쌓아서 흉년을 대비하는 것에 대해, 중국에서는 '삼창三倉'이라는 옛 제도가 있는데, 근세에도 함께 만들고자 하는 주장이 있다. 합작한 새 제도는 아직 시작되지 않았으나, 이전의 사창제도는 폐지되고 퇴화되어 버렸다. 이것이 열한 번째 느낌이다.

우리 현에서는 남공藍公이 방직을 가르친 이래로 직포업이 크게 흥성하여 백성들은 그 혜택을 입었다. 그러나 외부에서 만든 물자를 사용하는 데 익숙해지면서 지역에서 베를 짜는 것이 점차 드물어졌다. 민국民國 초년에 나는 하북 고양에서 베를 짜서 큰 이익을 얻었는데, 이전의 기술을 모방하고 본받았다. 신사紳士출신의 상인들은 처음에는 돈을 내고 겸손하게 말을 하였으나, 계속되면서 이내 독립하여

---

7 '메리노[美利奴]': 스페인 원산 양의 일종인데 오스트레일리아·아메리카·프랑스 등에서 개량종이 만들어졌다. 그 양모는 가늘고 세번수[細番手: '번수'란 방적사의 굵기를 나타내는 단위로, 숫자가 클수록 실은 가늘어진다. 면사(綿絲)로는 60번수 이상, 양모사(羊毛絲)로는 72번수 이상, 마사(麻絲)로는 100번수 이상을 '세번수'라고 한다.]의 소모사(梳毛絲: 소모 방적공정을 거쳐서 만들어진 털실의 총칭이다.)도 방출하기 쉽고 권축(捲縮: 직물에서 실의 꼬임에 의해 직면에 나타나는 파상·입상의 주름이다.)도 많다.

사람을 고양으로 보내어 기계를 사고 장인을 구해 '익수공장益壽工廠'을 설립하였다. 이름을 '익수益壽'라고 한 것은 수양현의 이익을 취하겠다는 뜻이다. 그 일을 감독한 사람은 왕윤재王潤齋, 무환장武煥章이며, 그를 도운 사람은 백자평白子平, 조용우趙龍友 및 집안의 아저씨[族叔]이니, 실로 참담한 경영이 아닐 수 없었다. 이에 시험적으로 2년간 운영하여 한갓 수천 원元의 자금에 쓰러져서, 부득이하게 경영 방법을 면포업으로 바꾸었다. 일이 바라는 대로 되지 않은 것은 지금까지도 유감이나 과연 현 사람들의 생계에서 이것이 필요 없었던 것인가? 혹은 이치적으로 지역에 따라 적합한 사업이 아니었던 것인가? 이것이 열두 번째의 감상이다.

말이 여기까지 이르자, 손님이 가고 그로 인해 붓을 들어 서문을 쓴다. 우리 현은 땅이 빈약하고 척박한 지가 오래되어, 콩과 조[稷] 이외에 중심작물이 적다. 최근에는 농촌의 부담이 가중되어서, 빌린 돈의 이자는 높고 지출은 나날이 증가하는 데도 생산은 이전과 같다. 비록 부지런히 일한다는 습성은 여전히 남아 있지만, 게으르고 사치스러운 풍조 역시 점차 늘어나고 있다. 이런 현상이 그대로 지속된다면 한 현의 재정과 각 촌락의 경제는 궁핍하지 않겠는가? 지금 방안을 강구한다면, 오직 생산의 증가를 부르짖고 향촌 간의 합작을 촉진하며, 농촌의 금융을 구제하여 사람들에게 최선을 다하게 하여 토양이 그 지력을 다하게 하는 데에 있다. 나는 마수의 부로父老가 이러한 농업을 보다 발전시켜서 반드시 새로운 농언農言으로 선사할 것임을 안다.

민국 21년(1932) 7월 최정헌崔政獻 적음.

부록 3
「마수농언서馬首農言序」(2)[1]

민국 20년(1931) 6월 수양현의 친구가 기준조 선생의 『마수농언』
을 재판하기 위해서 나에게 서언을 써 달라고 요청하였다. 나는 이전
에 북경에서 이 책을 한 번 읽었는데, 「파종과 재배[種植]」에서 「베짜
기[織事]」에 이르는 수십 편은 모두 노농老農의 경험과 사회실상을 드러
내고 있었다. (산동) 안구현安丘縣의 왕녹우王菉友는 당시에 산서山西에
서 관직을 맡고 있을 때 진인晉人들에게 소학을 가르쳤는데, 그 은덕은
적지 않았다. 『교감기校勘記』에는 논거와 그 농언을 서로 대조한 것이
많아, 무릇 사회민속과 민생의 진화된 흔적을 연구하는 데 모두 읽을
만한 가치가 있다. 다시 한 번 읽은 후 기록한 바가 있어, 이를 이 책
의 서문으로 하고자 한다.

1. 우리 음식물 상에 보이는 진화

정요전(程瑤田: 1725-1814년)의 『구곡고九穀考』에 따르면, 곡穀은 곡

---

1   이것은 민국 20년 7월의 유휘려(劉輝藜)의 서언으로 민국 21년본에 「마수농언서
    (馬首農言序)」라는 이름으로 최정헌(崔廷獻)의 「서(序)」 다음에 실려 있다.

물의 총칭이며, 화禾는 고유한 이름이고, 그중에서 직稷은 제사용 곡물[祭穀]의 총칭이라고 한다. 『교감기校勘記』에서 이르길 "상고시기에 중시된 것은 조[稷]인데, 『예기禮器』「왕제王制」에서 말한 '조를 먹고 채소[菜]국을 끓인다.'는 것은 이들로 대중화된 음식으로 만들었다."라는 것을 의미한다. 우리들이 오늘날의 상황에 따라서 상고시대를 소급해 보면, 한 그루의 작물은 고금의 수요공급의 사실에서 볼 때 그 변천과정은 매우 크다. 우리들이 오늘날 필요로 하는 주된 곡물을 고대에는 조[禾], 맥麥, 콩[菽] 3가지로 나누었다. 고서에서 보더라도 『설문해자說文解字』「화부禾部」의 글자가 자못 많다. 화禾의 파종, 화의 은덕[德], 화의 형상, 화의 구조, 화의 측량법, 화를 다스리는 법부터, 「서부黍部」의 기장[黍]의 종류 및 기장[黍]과의 관계에 이르기까지 다양하다. 그것이 많다는 의미로서 「역부秝部」의 글자[字]가 있으며, 그것이 향기롭다는 의미에서는 「향부香部」의 글자가 있고, 그 요구가 매우 정치하다는 의미로서는 「미부米部」의 글자가 있다. 미米의 은덕[德], 형상, 구조, 관리하는 방법, 음식물을 재는 방법에서 음식물을 재고 도정하는 방식에 이르기까지 「훼부毀部」와 「구부臼部」의 글자가 있다. 제사의 공물[所薦]과 황종黃鐘[2]의 율은 국력의 근본이다. 고대 백익伯益의 후예가 진秦의 땅에 분봉되었을 때, 진秦은 조[禾]의 생산에 적합하였기 때문에 화禾자를 붙였다. 문자가 있기 이전에는 모든 일들은 원시인[原人]의 도움이 진화되면서 문화가 만들어진 것이며, 오직 화禾류의 식물도 이러한데, 맥麥이나 콩[菽]과 같은 것들은 이와 다르겠는가.

---

2 '황종(黃鐘)': 동양 음악에서 음률(音律)의 기본이 되는 십이율(十二律: 六律과 六宮) 가운데 가장 긴 것으로 육률(六律)의 첫째 음이며, 계절로는 11월, 간지는 자(子), 오음(五音)에서는 우(羽)에 해당되는데, 여기에서는 음률로 해석을 하였다.

중국은 주대 이후부터 좋은 문장 305편을 추천하여 신뢰할 만한 문장으로 삼았는데, 그중에 '맥麥'자가 자주 보인다. 예를 든다면 "보리 잎을 뜯으니[爰采麥矣]," "(들판에) 보리가 무성하네[芃芃其麥]," "언덕에 보리가 있네[丘中有麥]," "쥐야 쥐야 큰 쥐야, 우리 보리 먹지 마라[碩鼠碩鼠, 無食我麥]," "삼과 보리도 무성하네[麻麥幪幪]." 및 "늦고 이른 기장과 조, 벼와 삼과 콩과 보리[黍稷重穋, 禾麻菽麥]"등이 그것이다. 또한 『시경詩經』 「주송周頌」에서는 "문덕文德 높으신 후직이여, 저 하늘과 짝하였도다. 우리 백성 세우시는데, 당신의 덕 아님이 없도다. 우리에게 보리를 주시어, 상제께서 두루 기르라 하시고, 이곳저곳을 가리지 않으시며 온 화하에 펴 주시었다."[3]라고 하였다. 또 "아, 위대하도다. 보리여! 그 알곡을 거두었으니 밝고 밝으신 상제님이시어![於皇來牟, 將受厥明, 明昭上帝.]"라고 하였다. 이른바 '내모來牟'는 바로 보리[麥]이다. 『설문해자說文解字』에서 "'래來'는 주대에 서맥瑞麥과 내모來麰를 받은 것이다. 이맥이 자랄 때는 천기가 한 번 하강할 때이며[二麥一夆], 그 까끄라기 형상[芒束]은 하늘에서 온 것이기에, 왔다는 의미의 '래來'라고 하였다. 『시경詩經』에는 '우리에게 보리를 내려 주시니[詒我來麰]'"라고[4] 하였다. 또한 『설문해자說文解字』에서는 맥麥자에 대해 "까끄라기 곡물은 가을에 파종하며 깊게 묻는다. 때문에 그것을 맥麥이라고 한다."라

---

3 『시경(詩經)』 「주송(周頌)」, "思文后稷, 克配彼天. 立我烝民, 莫匪爾極. 貽我來牟, 帝命率育. 無此疆爾界, 陳常于時夏."
4 이곳의 원문은 오류가 있는데, 오늘날 단옥재(段玉裁)의 『설문해자주(說文解字注)』에서 고쳐 바로잡았다. 이시진(李時珍)은 래(來)를 래(秾)라고도 한다. 허신(許愼)의 『설문해자(說文解字)』에 의하면 천기(天氣)가 하강하는 때에 보리[麥]가 자라는데, 이를 '일래이모(一來二麰)'라 한다. 이것은 보리에 난 털의 모양을 보고 붙인 것으로서, 털이 천기(天氣)에서 유래한 것이라는 뜻이다.

고 하였다. 서현徐鉉이 이르길 "'문文'은 '족하다'는 의미이다. 주周는 '서맥瑞麥'을 받았으며, '내맥來麰'은 '오다[行來]'와 같기 때문에 '쇠夂'부를 넣고 음은 '모牟'로 한다."라고 하였다. 또한 '모牟'자는 소 울음소리이다. 그 소리는 입에서 나왔기 때문에 '모牟', '맥麥'과 동일한 'M'성이되며, '내來'는 모牟, 맥麥의 복자음[復輔音]인 'ML'의 'L'소리가 나온다.

정신관념으로 말하자면, 맥麥은 사물로서 주나라의 선조 때에 얻은 것이다. 그러나 그것이 어느 때 왔는지는 살필 수 없으나, 고래의 민족이 가장 진귀한 기념품으로 여겼음을 확실히 알 수 있다. 예컨대 "우리에게 보리를 주시어 상제께서 두루 기르라 하시고, 이곳저곳을 가리지 않으시며, 온 화하에 펴 주시었다.[帝命率育. 無此疆爾界, 陳常于時夏.]"와 "아, 위대하도다. 보리여! 그 알곡을 거두었으니, 밝고 밝으신 상제님이시어![於皇來牟, 將受厥明, 明昭上帝.]" 등의 문장에서 오래된 시기의 노래 가사일수록 당시 우연히 그것을 얻었다는 기쁨과 위안을 증명할 수 있다. 문자의 형태로 유추해 보면 맥麥의 형상은 그것이 하늘에서 보내온 것이기 때문에 마침내 왔다는 '래來'자에서 연유하는 바이다. 줄기 위의 까끄라기는 (익으면서) 아래로 향해 있어서, 하늘에서부터 아래로 보냈다는 형상을 형용하는 것이다. 또한 모牟라고 읽는다는 것은 그것을 얻었을 때 지은 것이 아니란 것을 생각할 수 있으며, 이는 곧 소가 우는 소리로 이름을 대신하였음을 알 수 있다. 그 이후에 온다는 의미를 다시 쓰고, '내來'자에 '쇠夂'자를 덧붙여 '맥麥'자가되었다. 그리고 문자에서 우뚝 튀어나온 부분은 다른 곡물과 다르다는 것을 표시한 것이다.

유럽, 아시아 및 아프리카 각 민족에 의하면, 신석기 시대에 이미 맥을 파종하는 것을 알았던 것 같다. 고대 희랍과 로마 및 아랍에서도 (맥을) 파종한 것으로 보아, 그 기원을 그들 지역의 동남방에서 얻었다는 것을 보여 준다. 그러나 이집트에는 지금 야생 맥이 없고, 그 후에 어떤 사람이 헤르몬 산[黑門山][5]의 비탈에서 야생 맥을 발견한 사실을 통해, 그곳이 바로 맥의 원종자가 재배되어 진화된 지역이었음을 알 수 있는데, 혹자는 (야생 맥의 원산지가) 지중해 서단의 가라앉은 땅이라고 한다. 중국의 맥은 당연히 서남쪽에서부터 왔으며, 이른바 주나라 사람의 조상은 분명 신석기 시대의 신화 속 인물이다.

오직 숙菽은 검증할 수 있는 것이 적다. 숙菽은 두豆와 더불어 소리가 같기 때문에, 한나라 때 이미 '두豆'자가 '숙菽'자를 대신하였으며, 그 때문에 '숙菽'자는 또한 '시豉'자가 '숙叔'자를 대신하였다. 오직 숙의 종류는 보이지 않고, 오늘날 북방에 두豆류가 많아, 대부분 화禾류와 더불어서 서로 각축하는 것으로 보면, 고래 황하유역에 글자를 만든 사람의 지방이 있음을 알 수 있는데, 두는 그 존재가 미미하다.

식물의 종류를 통해 그 진화의 관점을 살펴보자. 옛날에 숙이 적고 맥은 없으며, 화가 많은 까닭은 오늘날 산서, 섬서, 하남 각 성에 있는 식물로써도 살필 수 있다. 원래 글자를 만드는 사람의 지역은 바로 화류 식물이 진화된 구역인데, 오늘날까지 볼 수 있는 것은 예컨대 향薌, 유莠, 패稗와 이름을 알 수 없는 유사 화류禾類 등으로, 이루 셀 수가 없을 정도이다. 그러나 숙과 맥의 종류는 반드시 필요한 것 이외에는 한 가지도 없다. 오늘날 식물 분포상에서 보면 두류 식물의 범위는 실로 폭이 넓은데, 그러나 초본이면서 열매를 먹을 수 있는 두류는 실제와 비슷한 것이 없다. 그 때문에 결론적으로 말하자면, 화는 원래 글자를 만드는 지역에서 진화된 원천식물이고, 맥은 원천이

5 　필자는 Mt.Mermon[黑門山]으로 썼는데, 이 산은 안티레바논 산맥의 산으로 레바논과 시리아의 국경에 위치한 헤르몬 산(Mt.Hermon)이 아닌가 생각된다.

되는 것이 없었기에 일찍이 들여온 것이다. 숙은 원래 있는 것이 적고 또 다른 곳에서 발견되어서 점차 옮겨 와서 채워진 것이다. 또한 오늘날 전분이 풍부한 음식물은 무릇 고문자에서는 보이지 않지만, 그 종류는 많다. 사람의 삶을 연구함에 있어서 응당 오늘날 식품의 진화를 연구를 통하여 보충해야 할 것이다.

2. 우리 생활상에 보이는 진화

본서의 기록에서 가장 중요한 것은 즉 곡물가격[糧價]과 물가物價를 게재한 것으로서, 책을 읽으면 청대 건륭乾隆, 가경嘉慶, 도광道光, 함풍咸豊의 네 시기의 백 년 동안의 인민생활의 수요와 공급, 생산과 수입을 알 수 있었으며, 사회 경제 과정에서 보면 이는 확실히 믿을 만한 사료이다. 나는 독자의 이해력을 돕기 위해서 두 개의 표를 제시하고자 한다.

[표 3] 곡물 품목별 물가변동 (단위: 錢)

품명(品名)	상한가[貴至]	하한가[賤至]	매년 가장 낮은 가격을 비교
소미(小米)	1300 이하 1200 이상	400 전후	함풍 4년 300
조[穀]	조는 쌀 가격의 6할이다.		함풍 4년 160
메밀쌀[秕子]	1000 이상	400 전후	건륭 24년 100 이하 함풍 4년 420
메밀가루[喬麵]			함풍 4년 메밀가루는 근당 20
메밀[蕎麥]	메밀은 메밀쌀 가격의 6할이다.		함풍 4년 180
황미(黃米)	1100 이상 1200 이하	500 이하	함풍 4년 400
기장[黍子]	기장은 황미(黃米)가격의 6할이다.		함풍 4년 240

품명(品名)	상한가[貴至]	하한가[賤至]	매년 가장 낮은 가격을 비교
밀[麥子]	1100 이상 1260 이하	500 전후	가경 4-5년 400 이상 함풍 4년 480 함풍 4년 밀가루는 근당 24-25
고량(高粱)	800 이상	250-260	함풍 4년 160
소두(小豆)	1100-1200	400 전후	함풍 4년 220 함풍 4년 소두가루는 근당 14
흑두(黑豆)	800 이상	500이하 혹은 200 전후	함풍 4년 120
편두(扁豆)	900 이상	400 이상	
귀리[油麥]	700 이상	200 이상	함풍 4년 260 귀리가루는 근당 16

[표 2] 생활 용품의 출처와 가격변동 (단위: 錢)

품명(品名)	원산지[出處]	가격[價]	하한가[賤價]	비고(備考)
기름[油]	신지(신지), 이민(利民)	100 전후	70 이상 함풍 4년 63-64	
술[酒]	유차(楡次), 삭주(朔州), 본현(本縣)	기름값과 같음	50 전후 함풍 4년 40	
소금[鹽]	귀화성(歸化城)	30 전후	20이상 함풍 4년 18	본 현은 소금을 세금으로 납입하고 백성은 관에 내야 하는 소금을 먹지 못하며, 장로진에서 생산하는 사염은 근당 30 전후이다.
차장(次醬)	응주(應州), 서구(徐溝)	20 전후		
장(醬)	성성(省城)	50 전후	함풍 4년 40 전후	
차염(次鹽)	귀화성(歸化城)	40 전후		
감(碱)	섬서신목 (陝西神木)	30 전후	함풍 4년 20	
철기(鐵器)	노안(潞安), 우현(盂縣)			

품명(品名)	원산지[出處]	가격[價]	하한가[賤價]	비고(備考)
일용 철기(鐵器), 목기(木器)	반은 본 읍에서 생산된다.	가격은 물건을 보고 판단한다.		
면화[棉]	조주(趙州), 난성(欒城) 등지	140, 150-400 전후 함풍 4년 120		매 근(斤)마다 정가 120전[文] 인데, 물가가 비쌀 때에는 근의 중량이 줄고, 물가가 저렴할 때에는 근의 중량이 는다. 통상적인 근 이외, 한 근이 부족한 것을 소근(小斤)이라고 하고, 한 근보다 많은 것은 노호(老號)라고 한다.
동포(東布)	획록(獲鹿), 난성 등지[欒城] 등지	30 전후- 40 전후		관이 정한 목척(木尺)에 두 치를 더한 것을 일러 포척(布尺)이라고 하고, 또한 목척에 한 치를 더한 것을 재척(裁尺)이라고 한다.
본읍포 (本邑布)		20 전후		농민들이 쓰는 것은 동포(東布)보다 많아서 나머지 포는 북로에서 판다.

주석에서 기록하길 "노인들이 모두 이르길 과거의 곡식 가격이 함풍 4년만큼 싼 적이 없다."라고 하였다. 이것은 본문에 기록된 건륭 24년과 가경 4-5년과 더불어, 모두 인민 생활을 위한 사회경제사 과정상의 한 특징이다. 그러나 본서의 본문은 도광 16년에 완성되어, 함풍 5년에 간행되었으며, 함풍 4년 이후는 알지 못하기에, 마땅히 별도로 근거를 살펴 이해가 가장 낮은 것인지 아닌지를 증명해야 한다. 겨우 이 두 표만으로는 수요 공급의 양과 해마다 누적된 수를 모두 산출할 수는 없지만, 지수로서 볼 때 그 변천을 통해 한 시대 농민의 경제생활 정도를 대략적으로 알 수 있다. 그중에서 개탄스럽다고

말할 수 있는 것은 상인들의 악덕행위인데, 이른바 '매점매석[囤積居奇]', '공렴空斂', '매공매공(買空賣空: 현품 없이 투기적으로 물건을 사고파는 것)' 등이며, "그해에 흉년이 들었거나 들지 않았다고 하는 것은, 모두 그 사람의 손에 의해서 조종된다."라고 하며, "6-8명이 이익을 오로지 함으로써 가령 한 현의 방직을 정지시키면 입을 옷이 없게 된다. 이렇게 되면 수만의 사람이 춥다고 아우성을 치게 되는데, 모두 6-8명의 손에 의해서 조종된다."라고 하였다. 무역의 유무는 상업 활동에 달려 있으며, 이 상인의 악행은 오늘날도 예전과 같다. 오늘날 물가는 이미 당시보다 배로 높으며, 소비조합의 사업이 없으면, 마치 물가가 봄철의 죽순이 세차게 자라는 것과 같아서 폐단을 보완할 수 없다. 당연히 가장 확실한 지표가 아니리면 통계를 바탕으로 계산할 수 없을 것이다.

중국은 자고로 전통적인 농업국가로, 세계의 4분의 1의 인민이 살면서 무리를 이루고 있으니, 마땅히 합리적으로 농산물을 천하에 공급해야 할 것이다. 이에 생산되는 양으로 판단한다면 부족할 뿐만 아니라 수입한 양식에 의존하여 살아야 한다. 모든 양식의 수입은 정액을 초과하여 신해혁명 이래로 해마다 통계의 백분율로서 계산을 하면, 지수가 50 이상이라는 것은 우리 인민의 생명이 항상 제국주의 손에 달려 있음을 일컫는다. 미국의 중국에 대한 식량관계를 보면, 민국 16-17년의 미국 경제 신문에 게재된 것에 의하면, 1926년 미국이 중국에 제공한 양식으로 밀가루를 경영하는 상인은 큰 이윤을 남겼으며, 쌀을 경영하는 상인은 크게 후퇴하여, 한때 뉴욕의 금융에까지 영향을 끼쳤다. 실제를 조사해 보니, 모두 중국 남부 인민들의 밀가루 섭취가 갈수록 증가했기 때문이다. 또한 세계 4분의 1을 점하는 인민이 좋아하는 음식물은 곧 세계금융을 좌우하는 힘이 있다. 중국

의 입장에서 보면, 세계금융은 바로 우리 생명을 좌우하는 힘이 된다
고도 할 수 있다. 정부는 이에 마땅히 생산을 장려해야 하며, 그 유일
한 근본 동력은 부동산과 동산을 저당할 수 있는 은행을 설립하여 농
가에 낮은 이자로 대출하여 그들로 하여금 금융의 신용을 가지게 하
는 것인데, 그것이 농업생산을 증가시킨다면 근본적인 해결책이 될
것이고, 그렇지 않으면 나라가 위태로워질 것이다.

　　기타 풍속, 저술, 지리와 같은 옛것의 논증은 간단명료하여 합리
적이다. 내가 춘추시대의 '마수馬首', '구원九原'의 옛터를 생각해 보아
도, 지금의 어느 지역인지 살필 수 없다. 방법을 강구하여 그 소재지
를 찾을 수 있다면, 역사가들은 보다 많은 유물의 증거를 확보하여 진
일보한 연구를 행함으로써 더욱 깊이 탐색할 수 있을 것이다.

　　　　민국 20년(1931) 7월 서구徐溝[6] 유휘려劉輝藜가 서를 쓰다.

6　'서구(徐溝)': 산서성 태원시(太原市) 청서현(靑徐縣) 내의 한 성진(城鎭)으로써,
　　서구진은 현성 동쪽 21km에 해당한다.

부록4

「마수농언주석 초판서언

[馬首農言注釋序]」[1]

I

『마수농언馬首農言』은 중국의 귀중한 농학農學 유산의 하나로, 19세기 전반기 산서 수양壽陽 일대의 농업생산 정황을 담고 있다. '마수馬首'는 수양의 옛 이름이기 때문에 그것을 책이름으로 사용했다.

『마수농언』의 저자 기준조祁寯藻는 자는 숙영叔穎이며, 호는 순보[淳甫: 이후 청대 목종 재순載淳의 휘를 피해 실보實甫로 고쳤으며, 또한 춘포春圃라고도 하였다.], 만년에는 호를 관재觀齋라고 하였으며, 또 식옹息翁[2]이라고도 불렀다. 산서성 수양현 평서촌平舒村 사람이다. 청 건륭 58년(1793) 6월 초나흘에 태어났으며, 동치 5년(1866) 9월 12일에 향년

---

1 본 내용은 1986년 『마수농언주석』 초판을 간행했을 때 주석자였던 까오은꽝[高恩廣]과 후푸화[胡輔華]가 직접 쓴 서언으로 본서를 이해하는 데 도움을 줄 것 같아 저자[胡輔華]의 동의를 받아 번역 게재한다.

2 기세장(祁世長)의 『현고실보군묘지(顯考實甫君墓志)』는 기준조의 묘에서 출토되었으며, 비는 수양현 문화관에 있다.

74세로 사망하였는데, 사후의 시호는 '문단文端'[3]이었다. 세상에 전해지고 있는 저작으로는 『만구정집縵訓亭集』 32권, 『만구정후집縵訓亭後集』 12권, 『마수농언』, 『근학재필기勤學齋筆記』 등[4]이 있다. 그의 글씨[書法]도 아주 좋아 세상에 전해지는 비각碑刻이 적지 않으며, 영인으로 간행된 친필은 『기문단서단체중지祁文端書段體中志』, 『기문단서단번중지祁文端書段蕃中志』[5] 등이 있다.

기준조는 대대로 문필가[書香] 및 관료집안 출신이며, 그의 증조부 기운서祁雲瑞는 조의대부朝議大夫로 추사되었다. 조부 기문왕祁文汪은 옹정 10년(1732)에 우수한 공생[優貢][6]으로 봉대鳳臺, 양성陽城, 삭주朔州, 장치長治, 영무부교직寧武府敎職을 역임했으며, 조의대부로 추사되었다. 부친 기운사祁韻士는 건륭 43년(1778)에 진사進士가 되었고, 한림원편수翰林院編修, 우중윤右中允, 호부낭중戶部郎中 등의 관직을 역임하였으며, 광록대부光祿大夫에 추서되었다. 기준조는 형제가 6명인데 그는 다섯째였다. 셋째형인 기채조祁寀藻는 도광 23년(1843)에 거인擧人이 되었다. 여섯째인 동생 기숙조祁宿藻는 도광 18년(1838)에 진사가 되었고, 호북성의 황주, 무창 등의 지부知府, 광동안찰사廣東按察使, 강령포정사江寧布政使 등의 직책을 역임하였다. 그의 아들 기세장祁世長은 함풍 10년(1860)에 진사가 되었고, 일찍이 이부시랑吏部侍郎 등의 관직

---

3 기세장의 『선문단공자정연보(先文端公自訂年譜)』는 청 동치(同治) 5년의 각본이다.

4 증국전(曾國荃) 등 찬수, 『산서통지(山西通志)』, 광서(光緒) 18년 각본, 권135, 21쪽.

5 유위의(劉緯毅), 『산서문헌서목(山西文獻書目)』, 산서성문사연구관인(山西省文史硏究館印), 1982.

6 우공(優貢)은 지방의 공생 중에서 국자감에 입학한 우수한 학생을 뜻한다.

을 역임했다.[7]

기준조祁寯藻는 어려서부터 부지런하고 배우기를 좋아하며, 총명하고 민첩한 것이 남보다 뛰어났다. 15세에 수재秀才가 되고, 18세에는 거인擧人이 되었으며, 22세에 진사進士에 올라서 서길사庶吉士[8]로 채택되어 편수編修에 제수되었다. 도광道光, 함풍咸豐, 동치同治 시기에 모두 중용되었다. 호남, 강소 학정, 호부, 이부吏部, 병부시랑兵部侍郎을 맡았으며, 통정사사부사通政使司副使, 광록시경光祿寺卿, 내각학사內閣學士, 도찰원좌도어사都察院左都御使, 병부상서兵部尚書, 군기대신軍機大臣, 호부상서戶部尚書, 체인각대학사體仁閣大學士 등의 요직을 역임하여, 당시 조정의 정사에 참여하는 중요인물 중 한명이었다.[9]

기준조祁寯藻는 비록 관의 요직을 역임하였고, 한때 명성을 날렸지만 농업생산에 애정을 가지고 농민의 고통에 관심을 가졌는데, 부잣집 자제들에게 농업노동에 참가하도록 권유하여, "마땅히 그에게 힘써 밭을 갈게 하여, 수고하고 애쓰는 것을 익히게 하면, 한 톨의 쌀이라도 귀하다는 것을 알게 되어 스스로 감히 지나치게 사치하지는 않을 것이다."[10]라고 하였다. 그는 동치제에게 상소를 올려서 "「경직

---

7 마가정(馬家鼎) 저, 장가언(張家言) 편찬, 『수양현지(壽陽縣志)』 권8, 광서(光緒) 8년 각본(刻本), 15쪽, 16-18쪽.

8 서길사(庶吉士): 중국의 명청시대에 한림원 내의 단기 직위로서, 진사를 통과한 사람 중에서 우수한 자를 선발하여서 황제의 근신으로서 조서를 기안하고 황제를 위해 서적을 강해(講解)하는 책임을 맡았으며, 명 내각 보신(輔臣)의 중요한 내원 중의 하나이다.

9 짜오얼쉰[趙爾巽] 등 찬술, 『청사고(淸史稿)』 제38책, 중화서국(中華書局), 1997, 11675-11679쪽.

10 『마수농언(馬首農言)』, 민국 21년판, 22쪽.

도」와 궁궐 안에 송대 마원馬遠의 「빈풍도」를 석각하여 농상의식을 정치의 근본으로 삼아서, 황제께서 독서할 겨를이 있으실 때 수시로 검토하여서 농사의 어려움을 대체적으로 알고 계시지만, 선대에 이룬 공업을 지키는 것이 쉽지 않다는 것을 경계하십시오.”라고 하였다.[11] 또한 그는 투기 상인들이 흉년에 양식을 “매점매석하여 폭리를 취하고” 또한 “선수금만으로 구입했다가 값이 오를 때 되팔아 차익을 얻게 됨으로써,” “인간관계가 황폐해지는 것”을 극력 반대하였다. 폐단만 있고 이익이 없는 “엄상제淹喪制”를 반대했으며, 유희와 방탕, 도박 등으로 정상적인 생업에 힘쓰지 않는 사람을 경고하고 “(이익만 좇는) 소인에 휩쓸려 들어가는 것을 막았으며”, “가르치는 것을 우선하지 아니하고 이끄는 것을 삼가 하지 않으면 비록 후회한들 무슨 소용이 있겠는가.”[12]라고 하였다.

저자가 『마수농언馬首農言』을 저술한 것은 도광 16년(1836)이었으나, 함풍 5년(1855)에야 비로소 세상에 간행되었다. 이 기간 동안 아편전쟁과 태평천국운동이 일어났는데, 청 왕조는 요동치면서 추락하는 통치를 유지하기 위해서 한편으로는 봉건전제를 강화하여 힘써 중국 내의 농민운동을 진압하였으며, 다른 한편으로는 서구 열강에 대해 무릎을 꿇고 화의를 구하면서 국권을 상실하고 나라를 욕되게 하는 불평등조약을 체결하였다. 내우외환으로 말미암아 재황이 사방에서 일어나고 국고가 텅 비게 되어 백성들이 편안하지 못한 동란의 국면을 맞이했다. 농촌에서는 봉건착취가 나날이 가중되어 “무릇 6-7명이 이익을 독점했는데 가령 한 읍에 직기가 멈춰 방직을 할 수 없

---

11 짜오얼쉰[趙爾巽] 등 찬술, 위의 책, 『청사고(清史稿)』 제38책, 11678쪽.
12 『마수농언(馬首農言)』, 민국 21년판, 22쪽.

게 되면 옷을 입으려고 해도 입을 옷이 없다. (그 결과) 수많은 사람들이 추위를 호소했지만 모두 6-8명의 손아귀에 좌우되었다."[13] "도광 12년 각지에서 크게 흉년이 들었지만, 양식을 쌓아두고 값을 강요하니 빈민들은 돈을 쥐고도 쌀을 바꿀 도리가 없었으며", "아침저녁으로 밥을 거의 짓지 못하였다."[14] 당시 군기대신이었던 '기준조祁寯藻'는 통치 계급의 이익을 유지하기 위해서 통과세[釐金]를 늘이고, 지폐[官鈔]를 발행하고, 철전鐵錢을 고쳐 주조하여 기부금을 확대하는 등의 방법으로써 재정 곤란을 해결하였다. 그의 근본적인 지도사상은 농업으로써 나라를 바로 세우는 것이었으며, "(2인 1조組가 되어 쟁기질하는) 우리耦犁 방법은 백성을 부유하게 할 수 있으며", "농업을 통해 부를 축적하는 것[本富]을 최상으로 여기고, 말업末業을 통한 부를 그 다음으로 제시하여,"[15] 그로 인해 『마수농언馬首農言』을 간행하였다. 책을 완성한 이후에는 그의 동료인 팽온장(彭蘊章: 강소 오현吳縣 사람으로서 당시에 공부시랑을 맡고 있었으며 이후에는 문연각 대학사를 역임했다.)이 서언을 썼다. 그 뒤에는 문자 학자 왕균(王筠: 자는 관산貫山이고 호는 녹우菉友이며 산동 안구현安丘縣 사람으로 일찍이 산서성 향녕鄉寧의 지현을 역임했으며, 서구徐溝, 곡옥曲沃 등의 현에서 지사를 역임했다.)이 교감기와 발문을 썼다.[16] 민국 21년(1932)에 재판할 때는 최정헌(崔廷獻: 자는 문징文徵으로 산서성 수양현 사람이며 일찍이 산서성 의장 등의 직을 역임함)과 유휘려(劉輝藜: 즉 유문병劉文炳으로 자는 요려耀藜이고 산서 청서현 사람으로 일찍이 산서대학

---

13 『마수농언(馬首農言)』, 민국 21년판, 13쪽.
14 『마수농언(馬首農言)』, 민국 21년판, 14, 16쪽.
15 『마수농언(馬首農言)』, 민국 21년판, 7, 21쪽.
16 짜오얼쉰[趙爾巽] 등 찬술, 앞의 책, 『청사고』 제43책, 13279쪽.

당 교무장 등의 직책을 역임했다.)가 각각 나누어 서언을 썼다. 1957년 왕
육호王毓瑚 교수는 『마수농언馬首農言』의 일부분을 『진진농언秦進農言』
에 편입하였다.

II

　『마수농언馬首農言』은 한 편의 종합농서로서, 책에는 수양壽陽의
지세, 기후, 파종과 재배, 농기구, 농언農諺, 점험占驗, 방언, 오곡의 병
충해, 곡가와 물가, 수리水利, 목축, 재해대비[備荒], 방직 등을 기술하
고 있다. 또한 제사, 잡설의 두 절이 있는데, 이들은 비록 농업기술과
관련이 없지만 농촌에서 항상 접하는 일이기 때문에 당시 농촌의 풍
속습관과 농민생활을 이해할 수 있다.
　농업발전사 연구의 각도에서 보면, 『마수농언馬首農言』은 백여 년
전 산서 수양 일대의 농업생산기술수준을 이해하는 데 진귀한 자료
를 제공해 준다.

　(1) 작물의 배열. 『마수농언馬首農言』에서는 수양의 농작물에는 조,
대두, 밀, 고량, 소두, 편두, 완두콩, 기장, 메밀, 귀리[莜麥], 목화, 외류
[瓜類], 마늘, 무, 겨자, 가지, 감자[馬鈴薯], 배추, 양배추 등이 있다고 언
급하고 있다. 또한 외부에서 들어온 음식물로는 하북의 밀, 진사晉祠
의 쌀, 신지神池의 참기름 등이 있다고 한다. 주의할 만한 것은 옥수수
와 고구마의 언급이 없다는 점이다. 이는 당시 이 두 종의 작물이 수
양에 아직 전해져 들어오지 않았거나 혹은 이미 들어왔지만 극소수
로 재배되었다는 것을 말해 준다. 일부 내용은 산서의 작물 배치의

변천상황에 대해서 중요한 논거를 제공해 준다.

　(2) 윤작. 『마수농언』에서는 농작물의 윤작기술을 매우 강조하며, 또한 연작의 폐해를 제기하고 있다. 즉 "조[穀]는 대부분 지난해의 콩밭에 파종하며, 또한 기장을 심은 땅에 파종하기도 하며, 또 조를 파종한 밭[復種]에 다시 조를 파종하는 것도 있다." "조를 다시 파종하는 것을 두려워하는 것이 아니라 단지 조를 거듭 파종하는 것을 두려워하는데, 대개 조의 종류는 한 종류가 아니며 마땅히 바꾸어 파종해야 한다."라고 하였다.

　"검은콩[黑豆]은 대부분 지난해 조를 파종한 밭이나 혹은 기장을 심은 밭에 파종하는데, 절대로 같은 작물을 거듭 파종해서는 안 된다. 농언農諺에서 이르기를 '검은콩을 거듭하여 조밭에 파종하면, 일년에 한 가지도 먹지 못한다.'라고 하는 것이 이것이다." "(검은콩은) 메밀밭에 파종해서는 안 된다. 농언에 이르기를 '메밀이 콩을 보는 것이 마치 사위[外甥]가 장인[舅]을 보는 것같이 (서로 친숙하지 않다고) 한다.'[17]라고" 하였다.

　"봄밀은 지난해 검은콩과 소두를 심은 땅에 춘분春分 때 파종한다." "고량은 대부분 지난 해 콩 심은 밭에 파종한다." "메밀은 대부분 금년의 밀을 심은 밭에 파종한다." "귀리는 대부분 지난해에 검은콩이나 외[瓜]를 심은 밭에 파종한다."라고 하였다.

17　이 말은 만약 지난해 조나 기장의 밭에 콩을 심게 되면 콩이 토양을 기름지게 하여 작물 수확에 도움을 주는 데 반해서, 메밀과 콩은 상호 지력만 소모할 뿐 어떠한 영향을 주지 않는 것이 마치 사위가 장인을 바라보는 것과 같이 (친숙하지 않게) 인식하고 있다.

여기서 언급하고 있는 몇 가지 농작물에 대한 윤작법을 귀납해 보면 바로 '맥과 콩의 윤작[麥豆輪作]'이거나 혹은 '조와 콩의 윤작[穀豆輪作]'이며, 이것은 당시 이미 콩과작물이 밭을 기름지게 한다는 것을 충분히 인식했음을 설명한 것이다.

(3) 정지整地. 『마수농언馬首農言』에서는 정지 기술을 논할 때 토양, 농시農時와 작물에 따라 합당한 견해를 제시하고 있다. 아울러 봄과 가을 등의 상이한 계절에는 경지의 심도와 정지의 구체적 조치가 마땅히 달라야 함을 지적하였으며, 각종 작물의 정지 요구 역시 같지 않다. 동시에 심경과 천경을 진행하는 조작 방법에 대해서도 소개한다.

① 지세地勢에 따라서 갈이의 깊고 얕은 정도를 정한다. "무릇 밭을 쟁기질할 때, 깊어도 6치[寸]를 넘어서는 안 되며, 얕게 갈 때는 한 치 반을 넘어서는 안 된다. 산전의 깊이는 4치가 적당하다. 강가 근처의 토지는 가을엔 3치[寸] 깊이로 갈고, 봄에는 2치[寸] 반 깊이로 간다."라고 하였다.

② 농시에 적합함에 따라 깊고 얕음을 정한다. "봄에는 밭을 얕게 갈고, 가을에는 밭을 깊게 갈아야 한다. 깊어도 2치[寸] 반을 넘어서는 안 되며, 얕아도 1치 혹은 그보다 적으면 안 된다."라고 하였다.

③ 농작물에 따라서 갈이의 깊고 얕음을 결정한다. "밀은 깊게 쟁기질하여 파종하면 한 덩어리로 얽혀서 뿌리를 이룬다. 소두는 얕게 갈며 점파하지 않은 것만 못하다.[不如不點.]" 소두의 "쟁기질은 검은콩[黑豆]보다 깊게 해야 하며" 동맥[宿麥]은 춘맥春麥에 비해 '약간 깊게 갈이'해야 하고, 고량은 "2치 깊이로 갈이해야 한다."라고 하였다.

④ 농시의 합당함에 따라 갈이하는 법을 결정한다. "가을에는 쟁기질하여 이랑을 좁게 만들고, 봄에는 쟁기질하여 이랑을 넓게 한다.

가을에는 1보步당 7개의 이랑을 만들고, 봄에는 1보당 6개의 이랑을 만든다."라고 하였다.

⑤ 지세에 따라서 갈이하는 법을 결정한다. "궁글대[碌碡]는 땅을 진압하는 데 사용하는 공구이다. 산전에서는 가을에 눌러 주고, 봄에는 평탄작업을 한다. 평탄작업을 하는 도구는 써레와 비슷하며, 사슴의 뿔과 같은 나무로 만든 이빨이 있다. 평지에서는 봄에 써레질해야 하고, 가을에 쟁기질을 한다. 산전은 건조하여 (추경을 하게 되면) 부드러운 흙[熟土]이 바람에 날려가서, 이듬해에 작물이 잘 자라지 못할까 걱정되기에 눌러 주고 평탄작업을 해 준다. 평지의 밭에서는 그럴 필요가 없다."라고 하였다.

⑥ 농작물에 따라서 밭갈이하는 법을 결정한다. 밀[小麥]은 "땅이 단단한 것을 좋아하며, 푸석푸석한 것은 좋아하지 않는다. 민간에서 이르기를 '밀[麥]은 마당에 파종한다.'라는 것이 이것이다.", 기장은 "파종할 땅을 고르게 섞어 주는 것을 좋아하고, 흙이 덩이진 것을 꺼린다. 민간에선 '기장은 부드러운 땅[湯]에 파종한다.'라고" 하였다.

⑦ 농작물에 따라서 적절한 농시를 결정한다. 조는 "파종하기에 앞서 한 번 밭을 갈고 두 번 써레질하는데, 많이 할수록 좋다.", 고량은 "가을갈이한 밭에 파종하는 것이 좋으며, 봄갈이한 것은 그 다음이다."라고 하였다.

⑧ 깊고 얕게 갈이하는 것을 제어하는 방법. "쟁기로 깊고 얕게 가는 데에는 방법이 있다. 약간 깊이 갈고자 하면 쟁기의 손잡이[桷]를 앞으로 향해서 밀고, 약간 얕게 갈고자 하면 쟁기의 손잡이를 약간 뒤로 당기면서 (들듯이) 갈이한다. 아주 깊게 갈고자 하면 상목上木을 끼워 단단하게 고정하고 하목下木은 느슨하게 끼운다. 아주 얕게 갈고자 하면 이와 반대되게 한다.[18] 그 방식은 하나가 아니기에 상황에 따라

서 판단한다. 쟁기로 간 것이 얕은지 깊은지를 알아보려고 하면, 갈이한 곳에 흙이 묻힌 곳을 손으로 찔러 넣어 보면 이내 알 수 있다.

　(4) 파종. 『마수농언馬首農言』에는 작물 파종에 관해서 논술하고 있는데 상이한 토지의 파종시기, 파종의 양, 파종법 및 파종 이후 진압하는 방법 등에 대해서 매우 풍부한 과학적 근거와 실천적 의미가 있는 경험을 제공한다.

　① 파종시기

　조[穀子]: "평원에서는 곡우穀雨 후 입하立夏 전에 파종한다. 습지에서는 입하에서부터 소만에 이르기까지 모두 파종할 수 있다."라고 하였다.

　밀[小麥]: "춘맥春麥은 … 춘분 때 파종한다."라고 하며, "보리[草麥]는 봄밀[春麥] 파종과 시기를 같이하며" "동맥[宿麥]은 추분 전후에 파종한다."라고 하였다.

　고량高粱: "곡우 이후에 파종한다."라고 하였다.

　콩과류[豆類]: "검은콩[黑豆]을 먼저 평원에 파종하고 후에 습지에 파종하는데, 소두는 먼저 습지에 파종하고 후에 평원에 파종한다."라고 하였다. "대·소완두豌豆와 편두扁豆에 이르기까지 봄밀[春麥]을 파종하는 것과 시기를 같이하며", "입하에는 검은 종자를 심지 않는다."라고 하였다.

　기장[黍子]: "조와 같은 시기에 파종한다."라고 하였다.

　귀리[莜麥]: "여름 귀리는 봄밀과 같은 시기에 파종한다."라고 하였

18　이것은 쟁기의 끌채[轅]와 보습 간의 각도를 조정하여 갈이의 심천을 조정하는 원리이다.

고, "소두와 같은 시기에 파종하는 것을 일러 민간에서는 '이불추二不秋'라고" 하였으며 "기장과 같은 시기에 파종하는 것을 일러 '가을 귀리[秋莜麥]'라고 한다."라고 하였다.

『마수농언馬首農言』에서 수집한 것에는 파종시기와 관련된 농언農諺도 적지 않은데 예를 들면 "곡우에는 산비탈의 밭을 갈이하며," "곡우에는 서로 머리를 부딪칠 정도로 (바쁘게) 파종하며," "입하에는 강의 완곡 부분에 파종한다."라고 하였다. 또 "입하에 호마胡麻[19]를 파종하면 온갖 가지가 사방으로 뻗어 나가며,[20] 소만에 호마를 파종하면 가을에 꽃이 피게 된다." "소만에 꽃이 피면 집에 돌아가지 못한다." "홰나무의 어린 싹이 닭 발톱과 같으면 조를 다소 드물게 파종한다." "망종芒種 때에 기장에 싹이 나지 않으면, 서둘러 조[穀]를 파종하며,"

---

19 '호마(胡麻)'는 통상 '지마(芝麻)'를 가리키는데, 청대 수양(壽陽)지역에서 재배하는 '호마'는 결코 '지마'를 가리키는 것이 아니고, '아마(亞麻)'를 가리키는데, '지마'와 '아마'는 서로 다른 품종이다. 남경농업대학교(南京農業大學校), 후이푸핑[惠富平] 교수의 지적에 의하면, 청대의 수양지역에서는 일찍이 대량으로 '호마'를 재배했으며, 강희, 건륭, 광서 연간의 각 판본인 『수양현지(壽陽縣志)』산물편 중에 모두 기록되어 있다. 그중 광서 판본의 『수양현지』에는 '호마'에 대해서 소개하고 있는데, "호마는 일명 유마로서 열매는 지마와 흡사하나 색이 붉으며 눌러 기름을 짜서 식용으로 사용하며, 또한 조명으로도 사용하고 그 찌꺼기는 거름으로도 쓴다."라고 하였다. 산서지역의 호마유는 그 열매가 지마(脂麻)와 흡사하나 그것은 결코 지마(芝麻)를 가리키는 것이 아니다. 지마(芝麻) 열매는 대개 검고 흰 두 종류로 나누어지는데, 여기서 기록하는 호마는 홍색을 띠고 있다. 아마가 익으면 그 씨의 색깔이 홍색을 띠며, 이 "또한 조명으로 사용되며" 이 '호마(胡麻)'는 가격도 저렴하나 지마로 짠 기름은 향료라고도 하며, 가격도 비싸니, 이 또한 지마였을 가능성은 적다. 현대 과학적인 증거에 의하면 아마의 파종 시기는 5월 중하순이라서 입하시기와 비교적 부합된다. 따라서 여기서의 호마는 마땅히 아마일 것이라고 한다.
20 가지가 많이 뻗어난다는 의미는 수확이 많아진다는 의미이다.

"하지에는 고산에 기장을 파종하지 않는다." 등이 있다.

② 파종량, 파종법과 파종 깊이

조[穀子]: "평원에서는 2치[寸] 깊이로 갈아서 1무당 종자 반 되[카]를 사용한다. 습지에서는, 1치[寸] 깊이로 갈며, 각 무당 종자는 반 되하고도 2-3홉[合]을 더해서[7-8홉合] 파종한다. 농부들은 대체적으로 종자 반 되[카] 정도를 파종한다."라고 하였다.

콩[大豆]: "평원에서는 종자 3되[카] 반을 파종하고, 쟁기로 3치[寸] 깊이로 간다. 습지에서의 파종량도 그와 같으며, 2치[寸] 깊이로 간다. 깊게 갈면 비록 가뭄을 견딜지라도, 발아하는 것이 적다.[21] 얕게 갈면 비록 싹은 쉽게 발아할지라도 이후에 가뭄을 견디는 힘이 약하다."라고 하였다.

밀[小麥]: 춘맥은 "평원에는 (무당) 종자 6되[카] 반을 파종하며, 습지에는 (무당) 7.5-8.5되[카]를 파종한다."라고 하였다. 파종하는 방법은 "쟁기로 갈아서 파종하는 것"과 "괭이로 땅을 파서 파종하는 것"이 있다. 초맥草麥은 "무당 종자 10되[카]를 사용한다. 보리의 일종인 괴맥拐麥은 무당 종자 6되[카]를 사용한다."라고 하였다.

고량高粱: "종자 양은 무당 반 되에서 한 되에 이르기까지 모두 가능하며 지나치게 깊은 것을 꺼리고 깊게 파면 종자가 (낮은 온도에서 물을 흡수하여 팽창한 후 싹을 틔우지 못하고 손으로 비틀면 바로) 가루가 된다."라고 하였다.

메밀[蕎麥]: "먼저 갈이한 이후에 누거[耬]로써 파종하는 것은 갈이의 깊이는 2치[寸]로 하고 누거[耬]는 단지 한 치 정도로 갈이하며, 심은

---

21 원문에서는 "소불발묘(少不發苗)"라고 되어 있는데, 이는 전후의 문맥상 합리적이지 못하므로 '불(不)'자가 없는 것이 좋을 듯하다.

뒤에는 써레질한다. 거름을 섞어서 점파할 때는 한 치 정도의 깊이로 갈이한다. 점파법에는 두 가지가 있다. 쟁기 고랑에 점파하는 것은 조금 얕게 갈고, 이랑 위에 점파하는 것은 약간 깊게 간다. 종자를 지면에 흩어 뿌린 뒤에 쟁기로 갈이하고, 써레를 사용하여 그 종자를 덮는다."라고 하였다.

귀리[莜麥]: "평원에서는 무당 3되[升] 반을 넘어서는 안 되며, 습지에서는 4.5-5.5되[升] 정도 파종한다."라고 하였다.

③ 파종 이후의 진압鎭壓. 현재의 산서, 섬서, 산동 등지에서도 여전히 사용하고 있으며, 진압의 작용으로는, 첫째, 종자와 토양이 긴밀하게 결합하게 만든다. 둘째, 흙덩어리를 눌러 부수어 작물의 생장을 양호하게 한다. 셋째, 싹이 지면에 고르게 나오게 한다. 『마수농언馬首農言』에서는 각종 작물에 대해서 모두 파종 후의 진압을 강조하고 있다.

조[穀]: "파종을 끝내면, 돈거砘車[22]로 눌러 준다. 토지가 습하면 마르기를 기다린 연후에 돈거로 눌러 준다. 바람이 들어가서 종자를 상하게 할까 두렵기 때문이다. 6, 7일이 지나면, 다시 돈거로 눌러 준다."라고 하였다.

밀[小麥]: "쟁기로 갈아서 파종하는 것은" "파종이 끝나면 2차례 써레질을 해 주는데, 써레질은 많을수록 좋다." "괭이로 땅에 골을 파서 파종한 방식으로 … 괭이질을 끝내면 발로 흙을 덮어서 밟아 준다." "괭이질한 것 역시 어린 싹이 땅을 뚫고 나올 때 다시 밟아 주어야 한다."라고 하였다.

---

22 '돈거(砘車)': 땅을 누르는 공구의 일종이다.

고량高粱: "파종을 마치면 돈거磙車로 눌러 준다."라고 하였다.

기장[黍子]: "먼저 나무판자로 끄는 것은 '몰문沒紋'을 방지하기 위함이다. 처음 싹이 땅을 뚫고 나올 때 잎은 쥐의 귀와 같이 쫑긋한데, 만일 비를 맞으면 흙탕물이 그 속으로 들어가서 죽게 되는데 이것을 일러 '몰문沒紋'이라 한다. 그런 연후에 돈거磙車로 다시 흙을 눌러 준다."라고 하였다.

(5) 전간관리田間管理. 작물의 싹이 나온 이후에는 모종을 솎아 내고 중경제초와 배토를 하는데, 이것은 전간관리의 주된 기술조치이다. 『마수농언馬首農言』에는 이 방면에도 다양한 경험을 총결하고 있다.

① 모종 솎아내기[間苗]: 조는 "싹의 길이가 1치[寸] 정도로 자라면, 평원에서는 먼저 김을 맨다. 이른바 "한 치 정도 자랐을 때 일찍 호미질하여 김매는 것은 넉넉하게 거름을 주는 것과 같다."는 것이 이것이다. 습지에서는 마땅히 모를 솎아 내는 것이 좋으나, 모를 뽑아서 듬성 듬성하게 해 준다. 호미질 하는 것은 합당하지 않다. 호미질하여 이미 남겨진 모에 습기가 뿌리까지 영향을 미쳐서 손상되는 현상을 방지하기 위함이다."라고 하였다. 기장은 "잎이 3-4장이 자라면 솎아 내는데, 모와 모 사이의 거리는 한 치 정도로 하며, 쌍모와 단모도 서로 간격을 둔다."라고 하였다. 이들은 모두 조와 기장의 생장특성에 근거하여 확정된 것이다. 온전한 모를 위해 일찍부터 솎아 내서 일정 간격을 유지하는데 이 같은 경험은 매우 값진 것이다. 너무 조밀하고 성장이 좋지 않은 모를 일찍이 솎아 내면, 토양 중의 수분과 양분이 더 이상 이들 모에 의해서 소모되지 않기 때문에 땅 속 수분과 양분을 절약해서 남아 있는 모에게 공급하여 흡수할 수 있도록 함으로써, 모의 생장과 발육이 모두 유리하게 된다. 늦 파종과 여름에 조를

파종하게 되면 더욱 일찍이 모를 솎아 내는 작업을 해야 한다.

② 중경제초中耕除草: 옛사람들은 생산의 경험을 통해서 호미질을 일찍 하고 많이 하는 중요성을 일찍이 인식하였다. 『마수농언馬首農言』에서 인용한 농언農諺 중에는 "곡식을 (많이) 수확하고 싶으면 싹이 말의 귀처럼 날 때 김을 매어야 한다." "곡식을 한 치 깊이로 김매는 것은 거름을 주는 것에 상당하다."[23]라고 하여, 일찍 곡식은 일찍 호미질하는 것이 좋다고 말한다. "(땅이) 건조할 때 조[穀]의 모를 김매고,[24] 습기가 많을 때는 콩[大豆]을 김매고, 가는 비가 내릴 때는 소두小豆를 김맨다."라고 하며, "모가 어릴 때에는 얕게 호미질하고 모가 크게 자라면 깊게 호미질해 준다."라고 하여 서로 다른 작물, 토양의 습도, 모의 크고 작은 것에 근거하여 중경의 심도를 결정한다고 하였다. "호미질을 많이 해도 꺼리지 않는데, 많이 할수록 풀이 제거되고 성숙이 촉진된다."라고 한다. 또 "얕게 김매는 것[鋤]에서 깊게 김매는 것[耬][25]에 이르기까지 세 번을 하면 부지런하다고 하고, 두 번을 하면 보통이며, 한 번 하면 게으르다 하고, 네 번을 한 밭에는 풀의 흔적조차 없다."라고 한다. "세 번 갈이하고 네 번 써레질하고 다섯 번 김을 매면, 8할이 쌀이고 2할이 겨인 충실한 알곡이 지속적으로 생산된다."는 것은 호미질한 횟수가 많을수록 땅 속의 잡초가 없어질 뿐 아니라

---

23 뒤의 「농언(農諺)」에는 이와는 달리 "穀鋤一寸, 强如上糞."이라고 표기하고 있는데, 내용은 대차 없는 것으로 판단된다.

24 위의 '건서곡묘(乾鋤穀苗)'를 「농언(農諺)」에는 '건서미서(乾鋤穈黍)'라고 하여 '곡묘'를 '미서'로 바꾸고 있다.

25 '누거(耬車)'는 'seedbox'를 단 자동 파종기로서 파종과 복토를 동시에 행하는 농구이나, 상자 속에 씨를 넣지 않고 사용할 경우에는 중경제초의 대용으로 이용할 수도 있다.

작물의 조숙을 촉진하여서 곡물의 출미율出米率을 높이고 겨와 껍질의 비율을 줄어들게 함을 보여 준다. (따라서) 중경제초의 작용은 소홀히 할 수 없으며, 고인들이 사용한 경험을 이어서 한층 더 발전시키고 제고해야 할 것이다.

③ 배토培土:『마수농언馬首農言』 중의 배토에 대한 기록에는, 조는 "복날이 되면 다시 김을 매어서 뿌리에 흙을 북돋아 주어서 뿌리가 깊고 굳건하게 해 주어야 한다."라고 하였다. 대두는 호미질하여 "두 번째 김을 맬 때 흙으로 뿌리를 북돋아 준다"라고 하였다. 고량은 "재차 호미질할 때는 흙으로 뿌리를 북돋아 준다."라고 한다. 이것은 어린 싹은 처음에는 얕게 한 차례 김을 매고, 싹이 약간 높게 자랐을 때 두 번째로 김을 매며, 두 번째 김을 맬 때는 첫 번째 김매는 것보다 깊게 하고, 또한 배토를 하는 것이 곧 "흙으로 뿌리를 북돋우는 것이다."라고 하였다. 현재 허다한 지역의 농민들은 모두 조의 어린 싹이 나와 처음 김을 맬 때 깊이는 한 치를 넘으면 안 된다고 하는데, 분얼分蘖[26] 이후에 두 번째로 김을 맬 때는 깊이를 2-3치[寸]로 늘이며, 마디가 생길 때 세 번째 중경제초를 함과 동시에 배토를 하며, 깊이는 다소 얕게 한다. 이것은 조상의 지혜로운 경험이다.

(6) 농언農諺.『마수농언馬首農言』에는 모두 농언農諺 223가지가 수집되어 있는데, 미신적 색채를 띠고 과학적 증거가 없는 일부를 제외하고, 대부분은 과학적 도리에 부합한다. 이 때문에 오늘날에도 여전히 산서성의 넓은 농촌에서 전래되고 있다. 예를 들면 "돈이 있어도

---

26 '분얼(分蘖)'은 뿌리가 성장하면서 가지 치는 현상이다.

오월의 가뭄을 사기는 어려우며, 유월에 계속 구름이 끼어 있으면 배불리 밥을 먹을 수 있다.[27] "복날에 비가 오지 않으면, 조에 낟알이 생기지 않는다."라고 하였다. "초복에 호미로 깊이 김을 매면 항아리에 곡식이 가득하고, 중복에 김을 매면 항아리의 절반이 차고, 말복에 김을 매면 곡식이 거의 나지 않는다."라고 한다. "날이 가물면 밭에 김을 매고, 큰비가 내리면 밭에 물을 댄다."라고 하였다. "조[穀]는 비올 때 이삭이 패고, 또한 (꽃피고 성숙할 때는) 태양의 빛이 필요하다."라고 하였다. "밀[麥]은 한창 뜨거울 때 이삭이 패며, 또한 뿌리 끝에는 습기가 필요하다." 등은 모두 분명한 과학적 근거가 있다. 그러나 몇몇의 농언農諺에서는, 예컨대 "자子일에는 맥을 파종하지 않고 해亥일에는 삼을 파종하지 않으며, 병丙일과 정丁일에는 조를 파종해도 싹이 나지 않으며, 경신庚申일에는 기장[稷]과 조를 파종해도 알맹이가 없다. 임자壬子일에는 검은콩을 파종해도 꽃이 피지 않는다."라고 한다. "윤달이 있는 해에는 나무를 옮겨 심지 못하고, 윤달이 있는 해에는 장醬을 담그지 않는다." 등은 과학적 근거가 없으니 응용할 때는 반드시 합리적인 것만 취하고 불필요한 것은 제거해야 할 것이다.

(7) 청대 농촌사회경제상황을 연구하는 각도에서 볼 때 『마수농언』은 확실히 믿을 만한 자료를 제공한다.

---

27 고래로 화북지역의 경우에는 봄가뭄[春旱]현상으로 어려움을 겪는데 여기서 5월은 여름에 해당되며 여름에 곡물이 익기 위해서는 강한 햇볕이 필요하기 때문에 '한(旱)'을 햇볕으로 해석하는 것이 좋을 듯하다. 아울러 이 지역에서는 여름에 일 년 중의 비가 대부분 내리기 때문에 여기서 '연음(連陰)'은 (비는 내리지 않고) 구름만 계속 끼면 수확에 좋다고 한 듯하다.

①「곡물가격과 물가[糧價物價]」의 편중에는 건륭 24년부터 함풍 4년까지 90년간의 곡가의 파동사항을 소개하고 있으며, 또한 수양 자체에서 생산된 것과 밖에서 들어온 상품에 대한 공급현황도 소개하여 이것은 당시 농촌경제를 이해하는 데 중요한 자료를 제공해 준다.

②「재난대비[備荒]」의 절 중에는 도광 2년, 3년, 10년, 11년, 12년의 수양현에서 한재를 입은 상황을 기술하였다. 상인들이 매점매석하고 가난한 농민들이 굶주려서 구제조치를 취한 것은 당시 농촌의 사회생활을 반영한 것으로서 사회발전역사를 연구하는 학자에게 참고자료를 제공한다.

③「사당제사」와「잡설」중에 기술된 수양현의 사당, 명승, 고적과 당시 농촌의 풍속과 습관, 혼례와 상례 등은 산서지방사를 연구하는 데 있어서 중요한 참고자료로서의 가치가 있다.

저자의 생존시기와 그의 농업지식수준의 한계로 인해,『마수농언馬首農言』은 부족한 점도 적지 않은데, 예컨대 내용이 전체적으로 충분하지 않고 어떤 부분은 미신적 색채를 띠고 있다. 저자는 오랫동안 관직에 몸담아 농업생산에 종사한 실천경험이 부족하고 그로 인해서 농업기술을 상세하고 구체적으로 기술할 수 없었다. 그러나『마수농언馬首農言』은 중요한 고농서로서 간주되며, 그곳에 기술된 것은 중국 북방지역의 농업생산전통경험으로서 오늘날에도 여전히 실용가치를 지니며, 우리가 농학사, 농업기술사를 연구하고, 농업생산을 지도하는 데 있어서 중요한 역사의의와 현실적 의미를 지니고 있다.

III

　　농업과학기술 연구자가 중국의 농업과학 유산인 『마수농언』을 이해하고 계승하는 데 도움을 주기 위해서 관련문헌을 참고하여 교점과 주석을 하였다. 원저부분을 현대어로 번역하여서 독자가 읽고 연구하는 데 편리하게 하고자 한다. 초고가 완성된 후에는 산서대학교 사학과 하오슈호우[郝樹候] 교수의 지도와 도움을 거쳤고, 중문과 뉴꿰이후[牛貴琥] 선생의 역문에 대한 검토를 거치고 마지막으로 야오덴쭝[姚奠中] 교수의 전체 원고에 대한 교감을 한 것에 대해서 감사를 표한다. 우리 수준이 한정되어 있기에 착오도 불가피할 것이다. 독자들이 잘못을 지적하여 바로잡아 주길 바란다.

1986년 10월

주석자[까오은꽝(高恩廣)·후푸화(胡輔華)]

부록5

「마수농언주석 재판서언
馬首農言注釋再版序言」[28]

산서는 중국역사에서 오래된 농업 발상지 중 하나로, 먼 신석기 시대부터 진남晉南일대에서 농업생산 활동이 행해졌다. 하현夏縣 서음촌西陰村의 채도문화彩陶文化 유적 중에서는 일찍이 인위적으로 찢긴 누에고치 반쪽이 발견되었고, 만영현萬榮縣 형촌荊村의 앙소문화仰韶文化 유적 중에서는 탄화炭化된 곡식 낱알이 발견되었으며, 하현夏縣 풍촌馮村의 하문화夏文化 유적과 후마侯馬의 전국戰國시대의 유적에서는 탄화된 산핵도山核桃와 대두의 열매가 잇따라 발견되었다. 그러나 이 지역의 농사활동을 기재한 초창기의 농서農書는 대부분 산실되고, 오늘날에는 단지 『범승지서氾勝之書』와 최식崔寔의 『사민월령四民月令』 등에서 약간의 잔편만 볼 수 있다. 비교적 늦게 출간된 농서 중에 『마수농언馬首農言』은 산서 중부지역 농업기술과 농업 생산 활동을 기재한 비교적 온전한 농서이며, 또한 산서성의 종합적 성격을 띤 유일한

---

28 이 재판 서언은 1998년 10월 양원시엔[楊文憲]이 썼으며, 이듬해 1999년에 『마수 농언주석』 재판에 첨부되어 있다.

고농서이다.

『마수농언馬首農言』에 기록된 내용은 19세기 전반기의 산서성 수양현壽陽縣의 지세와 기후, 파종과 재배, 농기구, 농언農諺, 점험占驗, 방언, 오곡병五穀病, 곡물 가격과 물가, 수리水利, 목축, 재난대비[備荒], 베짜기[織事], 제사, 잡설 등이다. 그중 파종과 재배, 농언農諺 등의 편은 수양현의 한지旱地 경작 재배 기술 및 전통적인 밭 재배 기술과 경험을 총정리한 것이고, 당시의 이 같은 기술은 지금에도 여전히 중국 북방지역에서 광범위하게 이용되고 있다. 곡가, 물가와 재난대비 등의 편은 1759-1854년간 곡물 가격 파동의 정황과 한재旱災를 입은 정황 및 약간의 재난대비 조치를 소개한 것으로서 당시 농촌경제와 농민생활상을 이해하는 데 객관적인 자료로 제공된다. 제사와 잡설 등의 편은, 당시 농촌의 혼례, 상례, 제사 등의 풍속습관을 소개한 것으로서, 산서의 민속과 지방사의 연구에 있어서 참고할 만한 중요한 가치가 있다.

기준조祁寯藻는 비록 높은 벼슬에 있었지만 그가 저술한 『마수농언馬首農言』은 청대의 『속문헌통고續文獻通考』와 『청사고淸史稿』 「예문지藝文志」 중에 모두 수록되어 있지 않아서, 영향력이 넓지 않았음을 알 수 있다. 몇 차례의 간행을 거치면서 오자와 탈자가 심히 많아서, 시급히 정리를 요하였다. 산서성 농업과학원의 까오은꽝[高恩廣] 연구원, 후푸화[胡輔華] 연구원은 대량의 역사문헌들을 조사하고, 여러 차례 전심을 다해 고증을 하여 『마수농언馬首農言』 전문에 대해서 표점과 교정校正을 행하였다. 읽고 이해하기 어려운 글자, 어휘, 문장과 인물, 전고典故 등에 대해서는 현대과학지식을 이용하여 주석하였다. 고대 한어漢語는 현대 중국어로 번역하여, 『마수농언주석馬首農言注釋』이라는 이름으로 출판하였다. 이것은 삼진三晉역사[29] 문화를 널리 알리고 산서성의 귀중한 농학유산을 계승해 드높이고, 옛 문화를 오늘날까지 이용하는 데 있어서 현실적 역사적 의의를 지닌다. 재판再版할 즈음에, 주제넘게 약간의 소견을 제시하고 본서의 첫머리에 배열하여 서문으로 삼았다.

1998년 10월 21일
양원시엔[楊文憲]

---

29 삼진(三晉)은 전국시대의 한(韓), 위(魏), 조(趙)로서 지금의 산서, 하남북부, 화북 서쪽, 섬서 서쪽지역을 포괄한다.

부록6

기준조의 편년표[祁寯藻事略編年表]¹

1793년 (청 고종인 애신각라[愛新覺羅: Aisin
　　　　Gioro]² 홍역弘歷 건륭乾隆 58년, 계축
　　　　년) 기준조祁寯藻가 출생했다.
　　　　6월(음력, 이하 동일) 초나흘 해亥
　　　　시에 기준조가 출생했다. 당시
　　　　기준조의 부친인 기운사祁韻士는
　　　　호부랑중戶部郎中이였으며 43세였
　　　　다. 모친 류劉씨는 30세였다.

【그림 39】 祁寯藻畫像(65세)

1797년 (청 인종인 애신각라愛新覺羅 옹염顒琰 가경嘉慶 2년, 정사년)
　　　　　기준조가 5살이던 해(중국의 관습상 연령에 따른 계산법으로, 이하

1　이 기준조의 편년표는 기준조 저(祁寯藻著; 高恩廣, 胡輔華 注釋), 『마수농언주
　　석(馬首農言注釋)』(제2판), 中國農業出版社, 1997에 제시된 연표로서 저자의 일
　　생과 19세기 중기의 관료실태를 이해하는 데 도움이 될 것이라 판단되어 저자[胡
　　輔華]의 동의를 받아 전재하여 번역하였음을 밝혀 둔다.

2　이것은 애신각라(愛新覺羅)로, 청조 황실의 성씨였다. 사실은 만주족에 성씨 중
　　에 애신각라(愛新覺羅)는 작은 성이었다. 만주족의 8대 성으로는 동가씨(佟佳
　　氏), 과이가씨(瓜爾佳氏), 마가씨(馬佳氏), 색작락씨(索綽絡氏), 기가씨(祁佳氏),
　　부찰씨(富察氏), 나랍씨(那拉氏)와 뉴호록씨(鈕祜祿氏)가 있는데, 여기에는 애신
　　각라(愛新覺羅)가 없다. 애신(愛新)은 만주어로 황금의 의미이다.

동일하다.).
글을 깨우치기 시작했다.

1798년 (가경 3년, 무오년)

기준조가 6살이던 해.

두일학寶一鶴 선생에게 수업을 받기 시작했으며, 그 후에 조영
규(趙映奎: 산서 우향虞鄉 사람), 손전서(孫傳緖: 안휘安徽성 합비合肥
사람), 소평세(蘇平世: 산동山東성 일조日照 사람) 등의 선생에게서
수업을 받았다.

1804년 (가경 9년, 갑자년)

기준조가 12살이던 해.

부친인 기운사祁韻土가 보천국寶泉局 감독에 부임하였는데 구
리 횡령 사건[虧銅案][3]이 발생하여 체포되어 감옥에 들어갔기
때문에, 기준조는 큰조카 기세감祁世龕과 함께 따라가서 옥바
라지를 했다. 계속적으로 책을 읽고 시를 배우기 시작했다.

1805년 (가경 10년, 을축년)

기준조가 13살이던 해.

부친 기운사는 명을 받들어서 유배되어 변방의 이리(伊犁: 신
장위구르 천상 북부) 지역을 수비했다.

5월에 기준조는 모친, 형, 동생과 함께 수양으로 돌아왔으며,
장관려張觀藜 선생(자는 운각芸閣이며 평정平定 사람)에게 수업을
들었는데, 집에다 사관을 설치하여 여러 경전과 사서四書를

---

3 보천국 창고의 구리 사건[銅案]에 연루되었다.

강의했으며, 고시 준비를 위한 문자와 시부를 배웠는데, 모두 5년간 학습했다.

1807년 (가경 12년, 정묘년)

기준조가 15살이던 해.

그는 현학縣學 부생附生4에 입학했는데 5등으로 들어갔다. 학사學使5는 진희증[陳希曾: 자는 종계鐘溪이며 하북성 신성新城 사람]이었다.

1808년 (가경 13년, 무진년)

기준조가 16살이던 해.

늠선생廩膳生6에 보임되었는데 1등급 중에 1등으로 선발되었다.

7월에는 부친이 이리伊犂 지역에서 석방되었다. 황월(黃鉞: 자는 좌전左田이며 안휘安徽성 당도當塗 사람)에게서 고시古詩와 훈고의 해석[訓詁字義]을 배웠다.

향시鄕試에는 합격하지 못했다.

1809년 (가경 14년, 기사년)

기준조가 17살이던 해.

---

4 시험에 합격하여 부(府)·주(州)·현(縣)의 학교에 채용되어 생원(生員)이 된 학생을 일컫는다.
5 정식 명칭은 '제독학정(提督學政)'으로, 각 지역[省]의 과거시험과 학교의 일을 관장하기 위해 조정에서 파견하는 관리이다. 이것은 또 '학대(學臺)' 또는 '학사(學使)', '학도(學道)'라고 부르기도 하였다. 이 벼슬은 대개 한림원 또는 진사 출신의 조정 관리가 담당했다.
6 관청에서 돈과 양식을 지급하는 생원(生員)이다.

3월에는 기준조가 조曹씨 부인과 결혼하였다. 조 부인은 평정 현 진사進士 및 구주衢州의 지부知府[7]를 역임한 조옥수(曹玉樹: 자는 수비壽阯)의 딸로서 그때 나이는 19살이었다.

4월에는 아버지가 이리伊犁에서 돌아왔다.

1810년 (가경 15년, 경오년)

기준조가 18살이던 해.

진양晉阳 서원에서 학업에 매진하여, (향시 전의 자격 고시인) 과고科考에서 1등급 중에 1등으로 합격했으며, 향시에서는 11등으로 거인擧人에 합격했다.

1811년 (가경 16년, 신미년)

기준조가 19살이던 해.

회시會試에 합격하지 못해 6월에 수양으로 돌아왔다.

가을에 섬감陝甘 총독인 나언성那彦成이 기운사에게 그 아들이 수업을 듣고, 아울러 난주蘭州에 있는 난산蘭山 서원에서 강의할 때 기준조가 그를 돕도록 청했다.

1812년 (가경 17년, 임신년)

기준조가 20살이던 해.

난주蘭州 난산蘭山 서원에서 수학하였으며, 소장하고 있던 책이 상당히 많았다. 이전의 강학자(山長)는 무위武威 진사인 장주(張澍: 자는 개후介候)[8] 선생이었는데, 박학하고 옛것을 좋아하였

---

7   명, 청대의 부(府)의 일급 행정 수장을 일컫는다.
8   본문에서는 장주(張澍: 1776-1847년)의 자가 개후(介候)라고 하였지만, 바이두

다. 또한 경사자집經史子集의 많은 경전을 손수 교정하였으며,
고전의 전거를 인용하는 데 통달하였다. 기준조는 여기서 학
업이 크게 향상되었다. 아울러 나언성에게 서예를 배웠다.

1813년 (가경 18년, 계유년)
기준조가 21살이던 해.
9월에 아버지를 따라 난주에서 수양으로 되돌아왔다.

1814년 (가경 19년, 갑술년)
기준조가 22살이던 해.
회시會試에서 97등으로 합격하였으며, 복시復試에서 1등급 중
18등을 하였고, 전시殿試 제2갑甲[9]에서 3등으로 진사에 합격했
다. 조고朝考[10]에서는 11등으로 선발되어 서길사庶吉士[11]가 되
었다.

백과에 의하면 장주의 자는 백약(百淪)이고 호는 개후(介侯), 개백(介白)이다. 청
대의 저명한 문헌 학자로, 양주부(涼州府) 무위현(武威縣) 사람이다.

9 전시 합격자는 '진사(進士)'라고 일컬으며, 3갑(甲)으로 구분된다. 제1갑은 세 사
   람이며 '진사급제(進士及第)'를 내리고 순위에 따라서 장원(壯元), 방안(榜眼), 탐
   화(探花)라고 한다. 제2갑과 제3갑의 약간의 사람을 선발하여 '진사출신(進士出
   身)'을 하사하며, 제2갑과 제3갑의 진사 중에서 서길사(庶吉士)를 선발한 이후에
   다시 관직을 제수한다.

10 '조고(朝考)': 청대 과거 제도에서 새로 진사에 합격한 사람을 황제가 보화전(保
   和殿)에서 다시 한 번 시험을 치는 것을 일컬으며 조고 이후에 관직을 제수하였
   다. 먼저는 서길사(庶吉士)로 삼았다가 다음에는 주사(主事), 중서(中書), 지현
   (知縣) 등으로 임명하였다.

11 서길사(庶吉士)는 중국 명청시대의 한림원 내의 단기직위로서, 진사에 합격한 사
   람 중에서 능력 있는 자를 선발하여, 황제의 근신으로 삼아서 조서를 기안하거나
   황제에게 경전을 강의하는 등의 임무를 맡은 자이다.

1815년 (가경 20년, 을해년)

기준조가 23살이던 해.

2월에 기운사는 나언성(이때 이미 직례直隷총독으로 전임하였다.)
의 초빙에 응하여서 직례독서直隷督署[12]로 나아갔는데, 연지蓮池
서원에서 강연을 했으며 3월 25일에 병으로 죽었다. 그 일이
있기 전에 기준조는 일찍이 휴가를 청하여 북경을 떠났으며,
보양(保陽: 지금의 하북성 보정시保定市)관에 이르러서 조사하였
다.

1816년 (가경 21년, 병자년)

기준조가 24살이던 해.

보양독서保陽督署에 있을 때 진언문을 교정하고, 아울러 변려
체[駢體]의 주어문자奏御文字[13]를 찬술했다.

하간河間 서원의 과거 답안지[課券]를 검토하였다.

1817년 (가경 22년, 정축년)

기준조가 25살이던 해.

나언성이 일로 인해 북경으로 돌아왔는데, 기준조는 여전히
보양관保陽館에 머물면서, 서화와 서법의 책을 교정하고 교감
校勘하였다.

7월에 수양으로 다시 돌아갔다.

1818년 (가경 23년, 무인년)

---

12 '독서(督署)'는 명청시대에 지방의 최고 군사장관인 총독(總督)의 관아이다.
13 제왕(帝王)에게 올리는 글이다.

기준조가 26살이던 해.

4월에 부친을 전 모친 궁ㄹ씨와 안장했다.

6월에 북경으로 들어가 서상관庶常館에서 묵으며 시부詩賦를 익혔다. 인종仁宗 황제가 성경(오늘날의 심양瀋陽)에 이르러 선황의 능을 알현하였는데, 기준조는 공손히 칭송하는 책[詞册]을 올렸다.

11월에 조曹 부인이 집에서 사망했다.

1819년 (가경 24년, 기묘년)

기준조가 27살이던 해.

4월에 서상관의 산관시[散館試]¹⁴에서 1등급 중 2등을 하여 편수의 직에 제수되었다.

8월, 국사관國史館에 협수協修로 충원되었다. 이때는 인종 황제가 60대수大壽 때로서 기준조는 부책賦册 1편을 진상했다.

가을에 기준조의 생모가 북경으로 올라와서 봉양하였다.

11월에 진陳씨 부인과 결혼하였다. 진 부인은 진용광(陳用光: 자는 석사石士이며 하북 신성新城 사람으로, 기준조가 회시會試¹⁵ 때 방

---

14 명청시대 한림원에서는 서상관을 설치했다. 새로이 진사들이 조고를 쳐서 서길사의 자격을 얻어서 서상관에 들어가 공부를 하였다. 3년 기한이 끝나면 시험을 치는데, 성적이 좋은 자는 관에 머물러서 편수직 또는 검토직을 제수받고, 나머지는 각 부서로 나가 급사중 또는 어사, 주사가 되거나 또는 지방 주현의 관직으로 나간다. 서광계문집에 의하면 서길사가 공부하던 곳을 서상관이라 했는데, 거기에서 교육기간이 끝나는 것을 산관(散館), 마지막 평가 시험을 산관시라 했고 한림원 편수나 검토로 발령을 받은 경우를 유관(留館)이라 했다.

15 '회시(會試)': 명청대에 북경(北京)에서 3년마다 한 번 치르던 과거의 하나이다. 향시(鄕試)에 합격한 거인(擧人)들이 응시했고, 합격자를 공사(貢士)라고 불렀다. 공사(貢士)가 된 후에 전시(殿試)에 참가할 수 있었다.

사房師¹⁶였으며, 관직은 시랑侍郎에 이르렀다.)의 딸로서 이때 나이는 17세였다.

1820년 (가경 25년, 경진년)
　　기준조가 28살이던 해.
　　실록관實錄館 찬수纂修로 충임되었다.
　　이해 인종 황제가 병으로 서거하였다.

1821년 (청 선종宣宗 애신각라愛新覺羅 민녕旻寧 도광道光 원년, 신사년)
　　기준조가 29살이던 해.
　　황제의 명을 받들어 남서방南書房에 들어가 궁궐[宮禁]의 당직(입직入直이라고 부른다.)을 하였으며, 같은 시기 당직을 맡은 자로서 또한 한림원편수 정춘해程春海가 있다. 처음으로 주朱씨가 간행한 『설문해자』대서본大徐本과 단옥재의 주를 읽었다. 황제의 명을 받들어 정춘해와 함께 『춘추좌전독본春秋左傳讀本』을 편찬하였으며, 황제가 교감한 이후에 무영전에서 인쇄하여 배포하였다.

1822년 (도광 2년, 임오년)
　　기준조가 30살이던 해.
　　3월에 회시동고관會試同考官에 충원되었다.
　　5월에 광동향시정고관廣東鄕試正考官에 충원되었다.

---

16 방사(房師)는 명청시대에 과거제도 중 거인. 진사가 본인 시험지를 추천한 시험관에 대한 존칭이다.

1823년 (도광 3년, 계미년)

　　기준조가 31살이던 해.

　　5월에 호남제독학정湖南提督學政으로 보내져, 7월에 부임하였
다. 해마다 인사고과에 있어서 새로 진출하는 동생童生[17]의 답
안지[紅卷]의 잘못된 규정을 바로잡았으며, 복시 때 동생이 여
명에 입장하는 예를 회복함으로써 나쁜 폐단을 막았다.

　　가을에 모친이 세 형님 및 가솔을 거느리고 장사長沙 관서에
이르렀다.

1825년 (도광 5년, 을유년)

　　기준조가 33살이던 해.

　　6월에 관리의 인사고과[歲考]시험이 끝나고, 형산衡山[18]에 올라
가 축융봉사祝融峯寺에 묵고 일출을 관찰했다. 이달에 아들 세
장世長이 태어났다.

　　9월에 동생인 기숙조祁宿藻가 거인擧人시험에 합격하고, 호남
시독湖南試讀[19]에 선발되었다.

　　겨울에 임기가 끝나자 전 가족을 거느리고 북경으로 돌아왔다.

1826년 (도광 6년, 병술년)

　　기준조가 34살이던 해.

---

17 '동생(童生)': 명청(明淸)시대 과거제도에 독서인으로서 연령에 상관없이 생원[秀
才], 자격시험을 치기 전의 사람을 모두 동생, 유동(儒童)이라고 일컫는다.

18 '형산(衡山)': 중국(中國) 오악(五嶽)의 하나인 남악(南嶽)으로, 호남성(湖南省)
동정호(洞定湖) 남쪽에 있다.

19 '시독(試讀)': 입학 전에 적응 여부를 살피거나 입학 후에 유급 여부를 결정하기
위해 시험적으로 공부하게 한다.

정월에 수도로 돌아가 관직을 맡고 이내 남서방 당직[直房]으로 들어갔다.

기숙조는 회시에 참가한 이후 모친을 수양으로 되돌려 보냈다.

1827년 (도광 7년 정해년)

기준조가 35살이던 해.

문연각교리文淵閣校理에 충원되었다.

1828년 (도광 8년 무자년)

기준조가 36살이던 해.

2월에 우춘방右春坊, 우중윤右中允에 보임되었다.

10월에 한림원翰林院 시강侍講에 보임되었으며, 오래되지 않아 일강기거주관日講起居注官[20]을 담당하였다.

1829년 (도광 9년, 기축년)

기준조가 37살이던 해.

2월에 우춘방右春坊 우서자右庶子[21]에 보임되었다.

가을에는 선종 황제가 성경盛京으로 유람을 떠나고, 기준조는

---

20 '일강기거주관(日講起居注官)': 청조의 관명으로 순치 12년(1655)에 일강관을 설치하였다. 강희 9년(1670)에 기거주관(起居注官)이 설치되어, 만인, 한인의 기거주관이 모두 일강관으로 통합되었지만, 여전히 2관직으로 구분되어 있다. 무릇 황제어문(皇帝御門)의 정치를 청취하고 조회, 연회, 대제사, 의례 등은 일강기거주관이 담당하였다. 능 참배나, 수렵할 때는 수종하였다.

21 춘방(春坊)은 세자시강원(世子侍講院)을 달리 이르는 말로, 좌춘방(左春坊)과 우춘방(右春坊)으로 나뉜다. '우서자(右庶子)'는 부의 우충방을 담당하는 정5품 관직으로, 만족, 한족 각 한 사람씩 선발하였다.

상서방尙書房 한림翰林으로서 일강기거주관日講起居注官을 겸임
함으로써 함께 수종隨從하여 3개월 만에 돌아왔다. 당직으로
돌아온 이후에 황제는 매년 동쪽과 서쪽 양릉을 갈 때 모두
호종하였다.

1830년 (도광 10년, 경인년)

기준조가 38살이던 해.

7월 20일에 모친이 병들자 휴가를 청해 수양으로 돌아와서
돌보았지만 그 자리를 충원하지는 않았다.

1831년 (도광 11년, 신묘년)

기준조가 39살이던 해.

9월에 모친의 병이 호전되자, 함께 북경으로 돌아왔다.

11월에 우서자右庶子의 직위에 보임되었다.

12월에 문연각文淵閣 교리校理에 충원되었다.

1832년 (도광 12년, 임진년)

기준조가 40살이던 해.

2월에 한림원에 시강학사侍講學士에 보임되었으며 계속적으로
일강기거주관을 맡았다.

6월에 국자감國子監 제주祭酒를 겸직했다.

7월 24일에 모친의 병으로 1달의 휴가를 청하였다.

10월에 통정사사부사通政使司副使로 보임되었다.

1833년 (도광 13년, 계사년)

기준조가 41살이던 해.

2월에 광록시경[光綠寺卿]에 보임되었다.

4월에 내각학사內閣學士 겸 예부시랑禮部侍郞에 보임되었다.

9월에 여섯째 아우 기숙조가 모친을 수양으로 돌려보냈다.

1834년 (도광 14년, 갑오년)

기준조가 42살이던 해.

정월 25일에 모친이 병으로 사망하자 기준조는 밤을 새어 수양으로 돌아가 어머니 시신을 지켰다.

8월에 부모를 합장하였다.[22]

1835년 (도광 15년, 을미년)

기준조가 43살이던 해.

부친을 위해 비석을 세우고, 정춘해程春海 선생이 비문을 썼다. (기준조는)『삼년지상설三年之喪說』 2편을 지었다. 부모상 중에[讀禮][23] 집에 귀거하면서, 처음으로 농사를 익혀서『마수농언馬首農言』을 찬술하였다.

1836년 (도광 16년, 병신년)

기준조가 44살이던 해.

3월에『마수농언馬首農言』14편을 탈고하였다.

5월에 (6개월간의 부모상을 끝내고) 북경으로 돌아가서, 병부우

---

22 기준조의 아버지가 사망하자 전 어머니 곁에 안장하였는데, 생모가 사망하자 그 시신을 아버지와 합장했음을 알 수 있다.

23 '독례(讀禮)': 부모상[親喪] 중에 있다는 말로서, 부모 상중에는 모든 업을 폐하고『예기』중의 상제에 관한 글만 읽던 것에서 유래되었다.

시랑兵部右侍郎에 보임되었다.

9월에 병부좌시랑兵部左侍郎의 직으로 전보되었다. 부친 기운사가 저술한 『서역석지西域釋地』1권과 『만리행정기萬里行程記』 1권을 인쇄하여 발행하였다.

1837년 (도광 17년, 정유년)

기준조가 45살이던 해.

5월에 호부좌시랑西戶部左侍郎을 겸직하였다.

8월 초이틀에 호부우시랑戶部右侍郎으로 교체되어[調補]24 법당의 사무를 겸임하며 관리하였다. 같은 날, 강소제독학정江蘇提督學政으로 파견되었고, 9월에 임지에 이르러서 상주부常駐府 강음현江陰縣에 머물렀다.

12월에 호부좌시랑戶部左侍郎으로 전보되었다. 부친이 편집한 『서수요략西陲要略』을 간행하고, 또 『오시어유소吳侍御遺疏』를 간행하였다. [오시어吳侍御는 즉 오옥吳玉이며, 명 숭정崇禎시기 수양壽陽 사람이다.]

1838년 (도광 18년, 무술년)

기준조가 46살이던 해.

2월에 붕고시棚考試25에 나갔다.

윤4월에 소주蘇州, 송강松江, 진강鎭江, 태창太倉의 3부府 1주州

---

24 '조보(調補)': 동급의 관리를 선발하여 바꾸거나 다른 부처의 관직으로 교체하는 것이다.

25 '붕고시(棚考試)': 주부에는 고장을 설치하였는데 분고시, 고정시(考正試), 복시이장(復試二場)으로 구분된다. 고시는 부주현청에서 실시하여 합격을 결정하였다.

의 한 해 관리 성적을 고과하였으며, 이어서 또 상주부常州府를 고과하였다.

11월에 강녕江寧, 양주揚州, 회안淮安, 통주通州, 해문청海門廳의 3부府 1주州 1청廳의 한 해 관리 성적을 고과하였다.

6번째 동생 기숙조가 회시에 합격하여 진사가 되고, 서길사庶吉士로 옮겼다. 부친 기운사는 건륭 무술년에 진사進士가 되었으며, 기숙조는 도광 무술년에 진사進士가 되었는데, 정확하게 60년이 되어 2세대가 영광을 누렸으며 형제가 서로 이었다.

선종황제宣宗皇帝는 명을 내려 아편 피우기를 금지하였으며, 기준조는 새로이 악부樂府 3장을 만들어 그 일을 칭송하였다. 가문의 조상인 북명北溟공의 『화민록化民錄』을 중간하였다. 북명공은 즉 기문한祁文瀚으로, 강희 52년(1713) 진사進士가 되었으며, 지금의 강음현령江陰縣에 임명되었다. 관직을 떠난 이후에, 강음江陰 사람들은 일찍이 그 가르침과 교훈을 발행하였다.

1839년 (도광 19년, 기해년)

기준조가 47살이던 해.

4월에 서주徐州, 해주海州에서 한 해 2번의 인사고과를 치렀다. 이어서 회안淮安, 상주常州, 강녕江寧 3부府에서 과거[科考]가 있었다.

9월에 이부우시랑吏部右侍郎으로 교체되었다.

11월에 소주부蘇州部, 태창주太倉州, 송강부松江府에서 과거[科考]가 있었다.

12월에 도찰원좌도어사都察院左都御使에 보임되었다.

그해에 명을 받아 삼가 『성유광훈聖諭廣訓』을 저술하였다. 『설
문해자계전교감기說文解字繫傳校勘記』, 『주자소학朱子小學』을 중
간하였다.

1840년 (도광 20년, 경자년)

기준조가 48살이던 해.

명을 받들어 먼저 복건성으로 갔는데, 때마침 민절閩浙총독
등정정鄧廷楨과 함께 아편 금지 및 해방海防에 관한 업무를 조
사 처리했으며, 사자인 형부 시랑 황작자(黃爵滋: 자는 수재樹齋
이다)와 함께 했다. 정월에 상주常州 계정啓程에서부터 시작하
여서, 2월에 복주福州에 도착하여 공원 객사에 묵었다. 이달에
병부상서兵部尚書에 부임하였는데, 그 기간 동안 조사하여 8차
례나 상주하고 천주泉州를 더욱 강화시키는 방어 문제를 제기
하고, 해구에 포대를 개선하고 아편 판매를 조사하며, 제국주
의에 협조한 항간들을 체포하여 다스리고 외화의 유통 등을
엄금할 것을 건의하자 모두 선종宣宗이 받아들였다.

7월에 복건성의 조사가 끝나자 또 명을 받들어서 절강浙江의
태주台州, 온주溫州에서 사사로이 양귀비[罌粟]를 파종하는 사건
을 조사하였다.

8월에는 되돌아가 항주杭州에 도착하여 민독행대閩督行臺에 머
물렀다. 태주台州 지부知府인 반성潘盛을 조사하여 파면시키고
온주溫州 지부知府인 류욱劉煜을 탄핵하여 신강 변경의 수자리
로 보냈다. 조사가 끝난 이후에는 서호西湖의 영은사靈隱寺를
돌아보고 송나라의 충신이었던 악충무岳忠武: 岳飛와 명나라 때
의 우충숙于忠肅: 于謙의 묘를 참배했다.

9월엔 상주常州로 돌아갔으며 명을 받들어 복건성으로 가서

등정정鄧廷楨이 영국 군함[兵船]을 공격한 사건을 조사했다.

10월에는 동안同安에서 바다를 건너 (건너편에 있는) 하문廈門에 도착하여 그곳의 포대炮臺, 석벽石壁과 모래보루[沙壘] 및 6, 7월 사이에 영국 함대가 공격한 정황을 조사하여 갖추어 사실대로 상주하였다.

같은 달에 되돌아가 복주福州에 이르렀고, 11월에는 포성浦城과 석문石門에 도착했다. 12월에는 태안泰安시를 지났으며 태안에 있는 (태산의 산신을 모시는 사당인) 대묘岱廟를 참배하였고, 12월 26일에 북경北京으로 돌아왔으며 다시 병부 상서로 임명되었다.

1841년 (도광 21년, 신축년)

기준조가 49살이던 해.

3월에는 명을 받들어 회시부고관會試副考官에 충원되었다.

윤 3월 호부상서로 교체되었다.

파견되어 회시 합격자들의 시험인 조고朝考의 답안지를 선별하는 일을 하였다. (줄곧 함풍 3년까지 매년 모두 조고의 답안지를 선별하였다.)

5월에는 파견되어서 서길사庶吉士를 가르쳤다.

9월 8일에는 군기대신軍機大臣을 담당하게 되었다.

11월에는 자금성 안을 말을 타고 거닐도록 허락받았다.

1842년 (도광 22년, 임인년)

기준조가 50살이던 해.

경연강관經筵講官으로 충원되었다.

1844년 (도광 24년, 갑진년)

  기준조가 52살이던 해.

  명을 받들어 상서 새상아賽尚阿와 함께 교대로 당직하였는데,
  5일간은 당직을 서고 5일간은 관청에 머무르면서 일을 처리
  하였다. (줄곧 이듬해 10월까지 계속되었다.)

1845년 (도광 25년, 을사년)

  기준조가 53살이던 해.

  5월에는 파견되어 서길사庶吉士를 가르쳤다.

  10월 10일에는 부인이 북경의 집에서 사망하였다. 기준조는
  몹시 애통해하였으며, (죽음을 애도하는 대련對聯인) 만련輓聯과
  애도시 8장을 썼고, 14일간의 휴가를 신청하여 부인을 안장
  하였다.

  휴가가 끝나자 이에 당직을 맡았으며, 파견된 시랑과 당직을
  교대하며 관청에 머물렀다.

  11월에는 명을 받들어 호부의 3개 창고의 업무를 관리하였
  다. (이때는 창고보관물품횡령사건 이후였다.)

1846년 (도광 26년, 병오년)

  기준조가 54살이던 해.

  윤 5월에는 병부상서 문경文慶과 더불어서 먼저 천진에 가서,
  장로의 염운사鹽運使인 진감陳鑑이 염의 과세를 유용하여 다른
  것으로 보충해서 값을 올린 사건을 조사하여, 진감의 직무를
  파면시켰다.

  8월에는 순천順天 향시鄕試 정고관正考官으로 충원되었다.

  이해, 그의 부친 기운사祁韻士가 저술한 『황조번부요략皇朝藩部

要略』18권,『번부세계표藩部世系表』4권이 인쇄 간행되어 세상에 나왔다.

1848년 (도광 28년, 무신년)

기준조가 56살이던 해.

그의 아버지가 저술한『기경편己庚編』4권을 교정하여 간행[校刊]하였다.

1849년 (도광 29년, 기유년)

기준조가 57살이던 해.

2월에는 상서방上書房 총사부에 충원되었다.

7월에는 호부상서협판대학사戶部尙書協辦大學士에 임명되었으며, 호부戶部의 3개 창고의 일을 관리하였다.

10월에는 먼저 사천四川성으로 가서 사건을 조사했는데, 가는 길에 감숙을 지나게 되었다. 때마침 총독인 기선琦善과 더불어, 고원固原 지주 서채요徐采饒가 전임 총독이었던 포언태布彦泰를 조사하게 되었는데, 그것은 그가 관문의 방어가 엄격하지 않고, 조사를 그르치며, 노복[家丁]을 방임했다는 사건이었다.

11월에는 화음華陰을 지나서 오악에 제사 지내는 사당[嶽廟]을 참배했으며, 28일 난주蘭州에 도착했다. 호부원외랑戶部員外郞인 종수鐘秀, 주사主事인 동순董醇, 형부주사刑部主事인 풍식馮栻을 대동하였다.

12월 21일에는 조사를 마친 이후에 포언태布彦泰를 강등 처분할 것을 주청했다.

1850년 (도광 30년, 경술년)

　　기준조가 58살이던 해.

　　난주蘭州에서 돌아와서 정월 22일에 산서山西 개휴현介休縣에 도착하였고, 선종宣宗이 병으로 서거하였다는 소식을 들었다. 26일에는 수양壽陽을 거쳐 원래는 5일간 휴가를 청하여 묘를 살피려고 하였으나, 선종宣宗이 병으로 서거함으로 인해서 감히 시일을 지체할 수가 없어, 2월 6일에는 북경으로 돌아와서 실록관총재實錄館總裁로 충원되었다.

　　4월에는 전시독권관殿試讀卷官[26]으로 충원되었다.

　　6월에는 대학사大學士에 제수되었으며, 12일에는 체인각대학사體仁閣大學士를 겸하였다.

　　12월에는 문연각文淵閣 영각사領閣事에 충원되었다.

1851년 (청 문종文宗 애신각라愛新覺羅 혁저奕詝 함풍咸豊 원년, 신해년)

　　기준조가 59살이던 해.

　　정월에는 명을 받들어 공부工部를 관리하는 사무를 맡았다.

　　3월에는 호부戶部를 관리하는 사무를 겸하였다.

　　윤 8월에는 아들 세장世長이 산서山西성 향시를 쳐서 거인이 되었다.

　　9월에는 손자 우이(友頤: 후에 이름을 우신友愼으로 바꾸었다. 어릴 때 이름은 팽년彭年이다.)가 태어났다.

---

26 중국에서의 독권관(讀卷官)은 관직 명칭으로서, 과거 고시 중에서 전시에 시험지를 읽고 점검하는 관직이다. 송나라에서 시작되어서 명청시대까지 계속되었다. 조선시대의 독권관은 과거응시자가 제출한 답안을 황제의 앞에서 읽고 그 내용에 대하여 설명하는 업무를 담당하였다.

1852년 (함풍 2년, 임자년)

　　기준조가 60살이던 해.

　　3월에는 태자태보太子太保의 직함을 받았다.

　　9월에는 호부戶部의 사무를 관리했는데, 더 이상 공부工部의 사무를 관리하는 일은 하지 않았다.

　　기씨의 또 다른 사당[支祠]²⁷을 수양에서 준공할[落成] 때, 기준조가 『기씨세보祁氏世譜』를 편집하여 인쇄하였다.

1853년 (함풍 3년, 계축년)

　　기준조가 61살이던 해.

　　정월 30일에는 6번째인 (막내) 숙조가 강녕포정사江寧布政使로 있었는데, 남경에서 피를 토하고 죽음으로써 우도어사右都御使에 봉해졌다.

1854년 (함풍 4년, 갑인년)

　　기준조가 62살이던 해.

　　6월에는 왼쪽 옆구리가 부어오르고 통증이 있으며 숨쉬기가 힘들고[氣喘] 머리가 어지러워서 2번째의 휴가를 청했다. 7월에 휴가가 끝났지만 여전히 평상시와 같이 회복되지 않았다. 윤 7월 후에 또 감기가 걸려서, 잠도 못자고 먹지도 잘 못하며 어지러움증이 더욱 심해져 3번째 휴가를 청했다. 8월 29일에는 연가[開缺]를 청하자, 문종이 비답批答하기를 "경은 여러 해 동안 열심히 일하고, 자질도 뛰어나고 신임이 두터웠다. 반드시 연가를 낼 필요 없으니 그대로 집에서 마음을 편하게 하여

27　'지사(支祠)': 종족 중 반성한 파의 후대들이 모시는 사당으로, 보통 종사(宗祠)에서 일정한 거리를 두고 지어졌다.

몸조리를 하며, 반드시 휴가 기간을 한정해서 제시할 필요는 없다. 항상 심기와 마음을 편안하게 하여, 분한 마음이 생기지 않게 하면 절로 병이 빨리 낫을 것이다. 수개월이 지난 후에 다시 살펴보자."라고 하였다. 아울러 화제를 새긴 마도석각馬圖石刻 2폭을 하사하였다. 가을에 또 이질痢疾에 걸리고 두창頭瘡도 발생하여, 오랫동안 치료되지 않아 11월 25일에 재차 연가를 청하여 허락을 받아 (휴직인) 대학사大學士의 자리로 물러났다.

12월에는 동화문東華門 밖에서 임시로 머물다가, 선무성宣武城 아래에 사가斜街 사안정四眼井의 옛집으로 옮겼다.

1855년 (함풍 5년 을묘년)

기준조가 63살이던 해.

삼찬대신參贊大臣 하르친(ХАРЧИН: 科爾沁)의 군왕郡王 셍게린친[僧格林沁]은 하북성 동광현東光縣 연진連鎭과 산동성 치평현荏平縣 풍관둔馮官屯에서 태평천국 임봉상林鳳祥과 이개방李開芳이 거느리는 북벌군을 쳐부수자, 문종황제는 기준조에게 군기대신軍機大臣을 맡은 공이 있다고 하여, 공훈3급을 더할 것을 결정하였다.

『마수농언』14편이 간인되어 출판되었다.

함풍 원년, 문종황제는 소식蘇軾이 쓴 『망호루望湖樓』5수首를 써서 기준조에게 하사하였는데, 소식 시의 마지막 글귀에는 "산에 들어가 소은小隱을 이루지 못하여 한직에서 벼슬살이를 하지만[中隱],[28] 전원에서 오래 쉴 수만 있다면 벼슬살이하며

---

28 당대 백거이(白居易)의 중은(中隱)의 시에 의하면 조정과 저작거리에 살면서 은

잠시 쉬는 것이 나으리라. 나는 본래 안주하며 돌아갈 집이 없고, 고향도 이곳보다 좋은 산이 없다네.[未成小隱聊中隱, 可得長閑勝暫閑. 我本無家更安往, 故鄉無此好湖山.]"라고 되어 있다. 시 중에는 또한 "노학老學은 깊이 생각하여 그르침이 없고, 긴 휴식을 위해 감히 물러나도 살 집이 없다.[老學尙思勤有獲, 長閑敢道退無家.]"라는 구절이 있다. 기준조는 이에 근거하여 '식정헌息靜軒'이라는 작은 인장[小印]²⁹을 새겼고, 스스로 '한수식옹閑叟息翁'이라고 불렀다.

함풍 4년 문종황제가 글 2폭幅을 하사하였는데, 한 폭은 "학식이 많을수록 그르침이 없다.[學古有獲.]"라고 하였고, 또 하나는 "근면을 우선하여라.[以勤爲本.]"라고 하였다. 이 때문에 기준조는 '근학勤學'으로 그 별채의 이름을 짓고, 일찍이 『근학제필기勤學齋筆記』를 썼다.

1856년 (함풍 6년 병진년)

기준조가 64살이던 해.

『만구정집漫衚亭集』 32권을 간인하였다. 『회전요약록會典要略錄』 원고를 완성하였다. 『남공교직기藍公教織記』를 써서 돌에 새겼다.

자의 정취를 느끼는 자를 '대은(大隱)'이라고 하며, 한직에 머물고 있는 자를 '중은(中隱)'이라 하고, 은자입네하며 산으로 들어가는 자를 '소은(小隱)'이라고 하였다. '대은'은 너무 소란스럽고 시끄러워 싫고, '소은'은 산야가 너무 고요하고 쓸쓸하기 때문에 '중은'을 염원하며 노래한 시이다.

29 '소인(小印)'은 '사인(私印)'으로, 이름이나 자호를 새긴 개인 인장이다.

1857년 (함풍 7년 정사년)

기준조가 65살이던 해.

수양현에 남공사藍公祠가 완공되어 『남공교직가藍公教織歌』와 장군張君의 『교직기教織記』를 써서 사당 벽에 새겼다. 겨울 10월에 수양사람인 유비(劉霏: 자는 설암雪巖)가 『영수현지靈壽縣志』에 실린 글의 내용 중 수양현의 현령이었던 신공(申公; 申傑: 명대 가정嘉靖연간에 수양지현壽陽知縣으로 임명됨)이 난공蘭公 이전에는 베 짜는 일을 가르쳤다는 내용을 보냈는데, 때마침 수양壽陽현 진사 유익지(劉翼之: 자는 보정輔廷)가 영수지현靈壽知縣에 임명되어, 『영수현지靈壽縣志』를 보냄으로써 두 편지를 같은 날 수령하였다. 기준조는 시를 지어 설암(유비)에게 보냈으며, 수양현 석각의 건립을 칭송하는 편지를 보냈다.

1858년 (함풍 8년 무오년)

기준조가 66살이던 해.

『만구정후집縵馻亭後集』12권을 교정본 후 간행했다.

1860년 (함풍 10년 경신년)

기준조가 68살이던 해.

머리가 어지러운 병이 자주 발병하여 수양현에 돌아와 휴양을 하면서 기씨 지사의 가옥에 머물면서 향을 피우고 독서를 하며 안정을 취하였다. 아들 세장은 회시會試에서 진사로 합격하여 서길사庶吉士가 되었다.

1861년 (함풍 11년, 신유년)

기준조가 69살이던 해.

5월에는 방산사찰[方山僧院]을 빌려 병을 요양하며 『입산기入山記』 1권을 저술했고, 8월에는 마을로 돌아왔다.

9월에는 문종이 병으로 서거했음을 들었다.

10월 21일에는 조서를 받들었는데 "대학사大學士 기준조는 충정하고 청렴하며 곧은 성품을 가졌고, 그 학문이 매우 뛰어나니 즉시 북경으로 올라와 분부를 기다려라."라고 하였다.

11월에는 아들 세장을 북경으로 보내어 황제께 감사의 예를 전달하고 아울러 시무소時務疏를 올렸다.

12월에 대학사의 직함을 예부상서로 보임하였다.

1862년 (청 목종 애신각라 재순載淳 동치同治 원년, 임술년)

기준조가 70살이던 해.

2월 6일에는 북경으로 돌아왔다. 자안慈安과 자희慈喜[30] 두 황태후의 뜻을 받들었으며, 기준조, 옹심존(翁心存: 공부를 관리하는 사무를 맡았으며 전임 대학사임), 위인(倭仁: 공부상서), 이홍조(李鴻藻: 한림원편수) 등이 홍덕전弘德殿에서 황제께 독서를 교수했으며 2월 12일에는 정식으로 입학하였다. 기준조가 병으로 쇠약하여 사직을 청하였으나 허락되지 않았다. 경사經史를 요약한 두 질帙을 황제께 헌상하고, 여러 대신[公]과 함께 매일매일 당직을 섰다. 서안문西安門 바깥으로 사저를 옮겼다.

윤 8월 12일에 홍덕전에 있을 때 머리가 어지러운 병이 다시 재발하고 구토와 설사가 번갈아 일어나서, 몸조리를 위하여

---

30 '자안(慈安: 1837-1881년)'은 효정황후로써 목양아(穆楊阿)의 딸이다. 자안태후 혹은 동태후로도 일컫는다. '자희(慈禧: 1835-1908년)'는 효흠현황후로써 서태후라고 불렸다. 섭혁나랍(葉赫那拉) 씨이며 함풍제의 비빈이자 동치제의 생모로서, 청후기의 실제적인 통치자였다.

휴가를 청하였다. 두 차례에 걸쳐서 연가를 신청하여 잠시 관직을 떠날 것을 요청하였으나 허락되지 않았다. 이때는 이미 황제께서 『대학大學』을 읽고 또한 『제감도설帝鑑圖說』을 강학하였으며, 기준조는 상소하여 반복적으로 "인군은 단지 인을 위해야 한다.[爲人君止於仁.]"라는 의미를 설명하였다. 진굉모陳宏謨의 『대학연의집요大學衍義輯要』 6권, 『주자소학朱子小學』 6권, 두조杜詔의 『독사요략讀史要略』 1권을 바쳤다.

1863년 (동치 2년, 계해년)

기준조가 71살이던 해.

정월에는 병이 점차 낫고 휴가가 끝나면서 당직을 섰다.

양 궁의 황태후가 그를 불러서 "연로하여 당직을 서고 있으니 반드시 시각을 지킬 필요는 없다."라고 일렀다. 서화문西華門 바깥 정묵사靜默寺로 거주지를 옮겼다.

4월에는 아들 세장이 산관散館이 되어 편수編修의 직을 제수받았다.

6월에는 조고복시권朝考復試卷을 검토하는 곳에서 파견 근무하였다.

7월에는 북성 군무국軍務局을 통괄하는 소를 올렸다.

8월에는 아내 류씨가 북경에서 죽었다.

12월에는 서태후(자희 태후)가 편액 글 한편을 하사하였는데, 글 속에는 "언제나 언행이 공손하고 마음이 맑고 바르다.[夙夜寅淸.]"라고 쓰여 있다.

1864년 (동치 3년, 갑자년)

기준조가 72살이 되던 해.

정월에 그는 동화문東華門 밖 북지자北地子로 거처를 옮겼다.

6월에는 머리가 어지러워지는 병이 재발하고 아울러 배도 아프고 설사도 났다.

7월 24일에는 연가를 요청하니 단지 예부상서로서 연가를 허락하였고 이내 대학사로 머무르면서 홍덕전弘德殿에서 독서하며 휴양하였다.

12월에는 목종 황제가 "편안한 마음은 사람을 장수하게 한다.[美意延年.]"라는 편액을 하사하였다.

1865년 (동치 4년, 을축년)

기준조가 73살이던 해.

봄철이 되자 줄곧 병이 생겨 감히 당직을 하진 못하였다.

8월 8일에는 녹봉 받는 것을 멈추고 벼슬을 그만두기를 청하였으나, 홍덕전弘德殿에 출장의 명목으로 연가를 허락하고 대학사로서 한직에 머무르면서 여전히 녹봉을 받았다.

송문청松文清: 松筠의 『고품절록古品節錄』을 읽었다.

1866년 (동치 5년, 병인년)

기준조가 74살이던 해.

봄에는 정신이 여전히 맑아서 위간봉倭艮峯의 『소학집해小學集解』을 교감하며 읽었다. 여름철에는 식욕이 일어나지 않고 몸이 여위어서 약을 먹으면 간혹 효과가 있고 어떤 때는 효과가 없었다. 중추中秋 이후에는 먹는 양이 크게 줄어들었으며, 8월 23일에는 가래가 극도로 많아지고 하루 종일 위태롭게 앉아 있었으나, 약을 먹으려고도 하지 않았다. 병중에서 시구를 써서 이르길 "병이 오래된다고 하여 어찌 세상을 걱정하는 마음을 잊겠으며, 꿈속에서도 여전히 어진 사람을 추천하는 마음이 있도다."라고 하였다. 9월 초나흘에는 아들 세장으로 하여금 지필묵을 갖추게 하여서 짤막한 시구를 적었는데 "천자는 조정에 임하여 뛰어난 인재를 선발하고 각지의 만물을 평정하고 재앙을 없애며, 뛰어난 인재를 선발하는 사업을 10년간 하게 되면 반드시 어진 인재가 나타날 것이다."라고 하였다. 글을 쓴 후에 눈을 감으며 더 이상 말하지 않았다. 9월 12일 미未시에 세상을 떠났다. 문단文端이라는 시호를 내렸다.

:
:
:

　　本书是由清代山西人祁俊藻（1793-1866）于咸丰5年（1855）发行的一本农业书籍。『馬首農言』的'馬首'是山西省寿阳县的旧称，'农言'是关于农业、农村和农民的各种记录的集合。之前的农业书籍都是对没有界限的大范围农业（技术）的描述，但本书着眼于寿阳县的总体农业现实。有趣的是，该书出版于19世纪的动荡时期，通过描述当时该地区农村地区的现实情况，说明了传统农业和乡村文化是如何被继承和转化的。

　　这本书从微观的角度研究华北马首农村地区，并说明了当时国内的封建制度变化，以及由于农村地区交通和工商业的发展对谷物价格的影响是如何出现在穷僻的农村地区的。在这方面，这本书不仅是19世纪华北旱田农业的遗产，而且还是了解工商业如何改变现有农业和乡村文化为了克服所出现的问题而采取什么样的方式的良好指南。

　　这本书的作者祁俊藻出生于寿阳县平舒村，他的家庭是自曾祖父起就一直担任高官的山西地区名门世家。祁俊藻是六个兄弟中的第五个，自小聪明好学，15岁就是个秀才，22岁进士合格并担任了官职。与其他官僚不同，祁俊藻认为通过农业积累的财富是最好的，并鼓励富家子弟了解农业并使其认识到谷物的价值。祁俊藻在出版本书之时，正是农民起义和列强入侵的内忧外患时期，在农村地区，封建剥削的同时，少数人又垄断了农商的利润，为了解决这些个问题，祁俊藻试图通过农业技术的传播提高生产率。

本书主要由「马首农言」和「附录」两个部分构成。「马首农言」中有14个与农业有关的项目，「附录」由王筼友（1784-1854）的『校勘记』和各种前言组成。其中，占本书大部分内容的「马首农言」中包括了「地势气候」在内的「种植」、「农器」、「农谚」、「占验」、「方言」、「五谷病」、「粮价物价」、「水利」、「畜牧」、「备荒」、「祠祀」、「织事」和「杂说」等14个项目。主要内容是农业技术和农言、物价、防灾和风俗习惯。「附录」主要关注的是『校勘记』，附于咸丰5年出版的『马首农言』的末尾。[1] 也许是在首次执笔的道光16年之后（1836）插入的，『校勘记』的作者王筠（号是筼友）生于山东安丘县，曾在山西担任官职，在校勘过程中比较两个地区的农业来显示了地区特征。[2]

这是世界上第一本全译并译注『马首农言』的书籍。即使在中国，也尚未出版全译版本。在译注本书时，对原有的构成进行了许多更改。尽管内容和顺序没有变化，但是在内容长且难以理解主题的部分，通过附加几个小标题来提高了读者对本书的理解。也就是，农言部分分为四时、播种、整地、栽培和物候。在「杂说」部分，分为常例、经济、习俗、著述、来历和人物等进行了说明。此外，还收集了各种序言，并将其放在了后面。

至今为止，有两种版本的 『马首农言』，分别是咸丰5年版本和民

---

1 在本书中，「王筼友马首农言校勘记」 与祁俊藻的著述分开，并在附录中进行了编辑。

2 杨直民，「马首农言提要」(任继愈主编，『中国科学技术典籍通汇』(农学 卷4)，河南教育出版社，1994)， pp.981-982.

国21年版本。这本书是基于咸丰5年版本。民国21年版本是1932年山西出版的铅印本，目前收藏在复旦大学图书馆中（典藏号：680022），并附加了崔政献和刘光蓁的序。[3] 两者的基本构成和内容都相同，但所用的词汇有很多不同。后来，在1991年，高恩广和胡辅华出版『马首农言注释』时，基于民国21年版本，在「附录」中添加了祁俊藻的编年表，以观察作者的活动情景。但是，连原文本也已更改为现代中国人容易理解的文本后，出现了不同于咸丰5年与民国21年版本的另外一种形态。

　　本书的主要内容是上述构成中所见的寿阳县农业和农民的面貌。在「种植」部分中，第一个出现的是谷子（粟），然后依次是是黑头、麦、高粱、小豆、黍、荞麦和油麦，并有瓜和蒜等。主要农作物是谷、大豆、麦和黍，因此可以看出该地区是典型的旱田地带。寿阳县的天气条件比华北的其他地区多少寒冷一些，但这种特点很好地体现在了农言中的节气中。有趣的是，以人文主义的细节介绍了栽培农作物，并强调了豆科作物轮作的重要性，例如"谷子去年在大豆天种植"。此外，还详细描述了不同土壤的播种量等生产经验。然后，还说明了播种前耕地、耙地和锄地的次数，并通过数字说明了谷物变得壮实的事实。另外，播种量根据土壤的类型而变化，通过除草来调整覆土和苗木，并注意水分的程度，为保墒法和发芽而提供了详细的耕地深浅数值和确认方式，这些都是之前的农书中没有的内容。

　　该书的内容中值得关注的另一部分是农谚。通过编制一个单独的

3　在本书中，刘辉蓁的序中「就吾言语声音上所见之进化」部分被省略，未包括在内。

项目，根据四季和耕作活动，详细介绍了223个小乡村的俗语，也就是农谚。遵守"锄钩上有水"，"麦子伤镰赛豆黄，黍子伤镰一团穣"等，就可以收获，但如果未遵守，就没有收获。可以看出，长期以来的地区经验通过农谚成为了一种信仰。不仅如此，「五谷病」的项目中，摘记旱田作物的23种病害原因，从而促使产量提高，在「粮价物价」部分中，研究了1759-1854年的谷物、农用设备和日用品价格波动的原因，特别是，指责为6-8名狡猾者囤积居奇，哄抬价格，垄断利益，导致亿万人民受苦受累，人际关系也日渐荒废。为了防止这种情况的发生，还提出了强调化育循环，农村共同体一起「备荒」的方法。如上所述，在普通农书中没有关于农业生产和外部流入商品流通过程中出现的问题及其对策的内容，因此这是了解当时社会发展和农村经济的重要资料。再加上，本书不仅介绍了农法和农业技术，还通过「杂说」介绍了祭祀多种神以求和谐的「祠祀」和丧礼、葬礼程序、孝的变化及对鬼神的偏见等各种民俗。正因为本书综合了农业、农民生活和民俗、农村的日常生活，所以才取名为农言。

对于『马首农言』，我国学界的研究仍然停留在极其初级阶段。华北地区的旱田农业是中国文明的摇篮，在『吕氏春秋』、『齐民要术』、『四时纂要』和『农桑辑要』等中都有很好地描述，这些农业技术构成了国家经济的基础。经济中心逐渐迁至江南水田地区后，华北农业并未受到太多关注。在这种情况下出现的19世纪『马首农言』成为了了解华北旱田农业技术如何转型，向什么方向发展的良好指南。使用的各种农具和工具没有脱离『王祯农书』阶段的技术，而是依赖于自然的占候。但穷乡僻壤却因外部影响而出现集市，在乡村变化现象中未能很好地遵守原有的农法，生产力下降，牧业比重也大大减弱。18世纪以后，寿阳县也开始开辟水路进行灌溉，并介绍了回回地区的白菜和胡萝卜等的作物，棉花代替了绸缎等，原有的农业生态经历了结构性的变化，传统和风俗因此而发生了改变。本书很好地说明了这些现象。

本译注书的发行工作是在新冠肺炎出现在韩国社会并开始迅速扩散的2月末向出版社发送的原稿。在困难时期得到了不少人的帮助。首先，老朋友南京农大惠富平教授对于本人译注时未能了解的农谚部分，非常亲切地提供了咨询和解释。还有，作为交换学生认识的郑州大学弟子张帆帮我寻找并寄送了原文对照所需的民国21年版本『马首农言』。多亏了这些帮助，才能提出版本之间原文的差异和现有注释版本存在的问题，并能按时将原稿提交至出版社。特别值得一提的是，两位因新冠肺炎在无法正常外出活动的情况下，仍然为笔者提供了一些重要的信息，本人对此深表感谢。

译注者以今年年初为起点，正在设计与过去不同的新生活。成长为一名研究者的过程中，周围的帮助是必不可少的。在继续自己所决定的人生的过程中，持续给我动力的源泉是25年来如进行马拉松般的毅力和一如既往的支持我事业的家人。釜山大学史学系教授、助教、助务和中国史研究者们像家人一样的帮助起了绝对性的作用。除了对时间的宽裕以外，还查找和复印资料，校对本书前后不正确的文章，这些给笔者提供了不少帮助。当然，'农业史研究会'的作用也不少。而且家里的亲人也会在我的研究中给予很大的支持。回顾刚步入社会的自己，为了不让我操心而负责大小家事的妻子李恩荣，还有在家中抓好重心的岳母草堂裴久子，在纽约始终都为我加油助威的解民和震安，还有希望晚上能与爸爸度过快乐时光的女儿慧媛在这本书出版之时也会组成一个新的家庭。希望她能与朋友一样的圣宰度过幸福美满的生活。

　　同时，也感谢一直为了下一代而尖心中国古典并欣然同意出版的世昌出版社社长和金明喜理事。各位才是创作这本书的真正的主人公。

　　　关注WHO对新冠肺炎的全球性大流行 (Pandemic) 宣言的同时写道

　　　　　　　2020年3月11日，崔德卿在Miline丘617号

찾아보기

344

마수농언 역주

馬首農言譯註